普通高等教育电子信息类课改系列教材
安徽省"十二五"规划教材

嵌入式实时操作系统

μC/OS－Ⅱ教程

（第二版）

程文娟　吴永忠　苗刚中　编著

西安电子科技大学出版社

内 容 简 介

本书在介绍嵌入式操作系统基本概念的基础上，以操作系统为背景介绍了其体系结构、任务管理、中断与时间管理、信号量与互斥信号量管理、消息管理、事件标志组管理、内存管理、移植等方面的原理与实现，并给出了范例和应用实例。本书中的全部源代码、范例和应用实例都可在 PC 上运行。

在本书第三章中还对 μC/OS-Ⅱ 任务栈的现有管理模式进行了改进，提出了一种"任务栈的优化管理模式"。这种模式可以极大地减少系统的 RAM 开销，使得即使较为复杂的系统也可以在 RAM 容量很少的 CPU 上得以应用，其性能在大量的工程技术实践中已得到验证。

本书重点突出，注重讲清概念、原理和系统服务函数的应用方法，可作为高等学校嵌入式实时操作系统的教材，也可作为嵌入式系统开发工程技术人员的参考书。

图书在版编目(CIP)数据

嵌入式实时操作系统 μC/OS-Ⅱ 教程/程文娟，吴永忠，苗刚中编著.
— 2 版. —西安：西安电子科技大学出版社，2017.4(2024.7 重印)
ISBN 978-7-5606-4400-4

Ⅰ. ① 嵌…　Ⅱ. ① 程…　② 吴…　③ 苗…　Ⅲ. ① 实时操作系统—
教材　Ⅳ. ① TP316.2

中国版本图书馆 CIP 数据核字(2016)第 316623 号

责任编辑　刘玉芳　马武装
出版发行　西安电子科技大学出版社(西安市太白南路 2 号)
电　　话　(029)88202421　88201467　　邮　编　710071
网　　址　www.xduph.com　　电子邮箱　xdupfxb001@163.com
经　　销　新华书店
印刷单位　陕西天意印务有限责任公司
版　　次　2017 年 4 月第 2 版　2024 年 7 月第 5 次印刷
开　　本　787 毫米×1092 毫米　1/16　印张 20
字　　数　475 千字
定　　价　45.00 元
ISBN 978-7-5606-4400-4

XDUP 4692002-5

前　言

　　嵌入式系统从通用计算机系统中分离出来，走上独立发展的道路以后，无疑已成为当今最热门和最有发展前途的 IT 应用领域之一，其应用范围小到小家电、小仪器、手机、PDA，大到汽车、飞机、坦克、导弹和航天器，几乎涉及所有的电子设备。嵌入式系统主要由两个要素组成：一是硬件，二是软件。软件主要由应用程序、各种协议栈、设备驱动和操作系统等组成。

　　采用嵌入式操作系统的优点在于可用面向对象的并行程序设计方法取代前后台系统模式下面向过程的顺序程序设计方法。有了嵌入式操作系统的支持，编程者就再也用不着为程序的结构以及各程序模块之间的通信和控制劳神了，程序结构因而变得简单易读，线程之间的通信和控制也变得十分容易，极大地提高了编程效率和系统的整体性能。过去许多嵌入式系统受资源的限制，不得不采用前后台系统模式。而如今随着超大规模集成电路成本的极大降低和广泛应用，嵌入式操作系统的开发与应用日趋广泛，以至于工程技术领域对掌握嵌入式操作系统的人才有十分迫切的需求。大量的工程实践表明，编程者一旦掌握了嵌入式操作系统，就再也不愿意回到前后台模式下去编程了。

　　相比其他嵌入式实时操作系统，μC/OS-II 的特点在于源代码小、源代码公开、有详尽的解释、科研和教学可免费使用。正因为其小，才便于学习、研究、理解和掌握；也因为其小，更便于广大的低端用户和小系统使用。

　　为了适应高等学校教学的需要，作者以目前主流 μC/OS-II 版本的核心内容为蓝本，辅之以教学、科研和工程实践经历编写了本书。本书的出版得到了国家自然科学基金项目（编号：51274078）和安徽省重大教研项目（编号：2014zdjy015）的支持。本次修订，作者优化了整体结构，修正了上一版中的错误及不足，提出了"任务栈的优化管理模式"等。为了便于读者更深刻地理解嵌入式操作系统，本书在叙述 μC/OS-II 之前，系统地讨论了嵌入式操作系统中主要的基本概念。书中绝大多数系统服务函数都有应用范例，十分适用于以应用为主的读者学习，同时对服务函数也加注了详尽的注释，可供更深层次的读者学习和研究。

　　本书共 12 章，其中程文娟编写了第 2 章、第 5 章和第 8 章，吴永忠编写了第 1 章、第 3 章、第 4 章、第 6 章、第 7 章和第 10 章，苗刚中编写了第 9 章、第 11 章和第 12 章。本书内容参阅了大量的研究资料，这里谨向书中已列出和未列出的所有文献资料的作者表示敬意。

　　由于编者水平有限，书中难免有不足之处，恳请广大读者批评指正。

编者

2015 年 8 月

第一版前言

嵌入式系统自通用计算机系统中分离出来，走上独立发展的道路以后，无疑已成为当今最热门和最有发展前途的 IT 应用领域之一。其应用范围小到小家电、小仪器、手机、PDA，大到汽车、飞机、坦克、导弹和航天器，几乎涉及所有的电子设备。

嵌入式系统主要由两个要素组成：一是硬件，二是软件。其中软件主要由应用程序、各种协议栈、设备驱动和操作系统等部分组成。采用嵌入式操作系统的优点在于：可用并行程序设计方法取代前后台系统模式下的串行编程方法。有了嵌入式操作系统的支持，编程者就再也用不着为程序的结构以及各程序模块之间的通信和控制伤精劳神了，而且程序结构变得简单易读，线程之间的通信和控制变得十分容易，从而大大地提高了编程效率和系统的整体性能。过去许多嵌入式系统受资源的限制，不得不采用前后台系统模式，而如今随着超大规模集成电路成本的极大降低和广泛应用，程序规模也越来越大，嵌入式操作系统的应用随之风行，以至于工程技术领域对掌握嵌入式操作系统的人才有十分迫切的需求。大量的工程实践表明，编程者一旦掌握了嵌入式操作系统，就再也不愿意回到前后台模式下去编程了。

µC/OS-Ⅱ是著名的且源代码公开的嵌入式实时操作系统。它专门为嵌入式系统的应用而设计，主体代码采用 ANSI C 语言编写，十分易于应用和移植。目前，它已经被成功地移植到了四十多种 CPU 上，涵盖 8 位、16 位、32 位和 64 位等多种机型，其中还包括了部分 DSP 芯片。相比其他嵌入式实时操作系统，µC/OS-Ⅱ的特点在于源代码小且完全公开，有详尽的解释，科研和教学可免费使用。正因为其小，才便于学习、研究、理解和掌握，也因为其小，更便于广大的低端用户和小系统使用。

本书以 µC/OS-Ⅱ V2.52 版为蓝本，结合作者多年的教学科研经验编写而成。

全书共有 11 章和 1 个附录，其中第 1～4、6、10 章由吴永忠编写，第 5 章和附录由郑淑丽编写，第 7、8 章由程文娟编写，第 9、11 章由徐海卫编写。

为了便于读者更深刻地理解嵌入式操作系统，本书在叙述 µC/OS-Ⅱ之前，引入了嵌入式系统这一重要概念，并系统地讨论了嵌入式操作系统中的主要基本概念。文中绝大多数系统服务函数都有应用范例，十分适用于以应用为主的读者学习。本书同时对服务函数也给出了详尽的注释，可供更深层次的读者学习和研究。

由于编写时间仓促，加之自身水平有限，书中难免有不足之处，恳请广大读者批评指正。

编　者

2007 年 8 月

目　　录

第 *1* 章

嵌入式系统导论

本章主要探讨嵌入式系统的起源与发展、基本概念、组成结构、设计方法等，书中还介绍了目前流行的几种嵌入式操作系统，给出了 μC/OS - Ⅱ 的起源及一个简单实例。

1.1　嵌入式系统的基本概念

1.1.1　嵌入式系统的发展概况

1. 嵌入式应用的起源

1946 年 2 月 15 日，世界上第一台电子计算机 ENIAC 在美国诞生，在其后几十年的时间里，计算机作为大型、昂贵、精密的设备，长期放置在特殊的机房中为少数精英所掌握，主要用于数值解算。直到 1971 年 11 月，Intel 公司成功地把算术运算器和控制器电路集成在一起，推出了第一颗商用集成电路微处理器 Intel 4004，其后各厂家陆续推出了许多 8 位、16 位的微处理器，包括 Intel 8080/8085、8086，Motorola 的 6800、68000，以及 Zilog 的 Z80、Z8000 等。至此，计算机才出现了跨时代的变化。以微处理器为核心的微型计算机以其体积小、价格低、性能可靠等特点，迅速走出机房，广泛地应用于仪器仪表、医疗设备、机器人、家用电器等领域，这个时期也被人们称为 PC 时代。

随着计算机运算速度的飞速提高，微型机所表现出来的智力水平引起了控制领域的广泛关注，将微型机嵌入到应用系统中，实现应用系统的智能化控制的设想和实践应运而生。计算机厂家开始大量地以插件方式向用户提供 OEM 产品，再由用户根据自己的需要选择一套适合的 CPU 板、存储器板以及各种 I/O 插件板，并将它们嵌入到自己的系统设备中，从而导致了嵌入式计算机系统的诞生。例如，将微机配置好专用软件、外部接口电路，并经机械、电气加固后，安装到飞机、大型舰船、大型电话交换机中构成自动控制系统或状态监测系统等。

出于兼容性和灵活性的考虑，系列化、模块化的单板机也问世了，其典型代表是 Intel 公司的 iSBC 系列单板机、Zilog 公司的 MCB 单板机等。后来人们可以不必从选择芯片开始，而是只要选择各功能模块，就能够组建一台专用计算机系统。用户和开发者都希望从不同的厂家选购最适合的 OEM 产品，插入外购或自制的机箱中形成新的系统，这就要求插件是互相兼容的，从而导致了工业控制微机系统总线的诞生。1976 年 Intel 公司推出了 Multibus，并在 1983 年将其扩展为带宽达 40 MB/s 的 Multibus Ⅱ 。1978 年由 Prolog 设计的简单 STD 总线被广泛应用。

20 世纪 90 年代，在分布控制、柔性制造、数字化通信和信息家电等巨大需求的牵引下，嵌入式应用进一步加速发展。面向实时信号处理算法的 DSP 产品向着高速度、高精度、低功耗发展。Texas 推出的第三代 DSP 芯片 TMS320C30，引导着微控制器向 32 位高速智能化方向发展。在应用方面，掌上电脑、手持 PC、机顶盒技术相对成熟，发展也较为迅速。特别是掌上电脑，1997 年在美国市场上掌上电脑不过四五个品牌，而 1998 年底，各式各样的掌上电脑如雨后春笋般纷纷涌现出来，如今掌上电脑已被智能手机全面取代。21 世纪无疑是一个网络的时代，把嵌入式计算机系统应用到各类网络中也成为嵌入式系统发展的重要方向。在发展潜力巨大的"信息家电"中，人们非常关注的网络电话设备，如 IP 电话，就是一个代表。

计算机被嵌入到应用系统中，原来通用计算机的标准形态便不再复现了，人机交互模式、处理模式、功耗模式也各不相同。为了把实现嵌入式应用的计算机与通用计算机系统区别开来，就把这种以嵌入为手段、以控制为目的的专用计算机称作嵌入式计算机系统。因此，嵌入式系统起源于微型机时代，嵌入式系统的嵌入性是它的一个根本特点，其本质是将计算机嵌入到应用系统中去。

2. 计算机技术的分化

从产生的背景来看，嵌入式计算机系统与通用计算机系统有着完全不同的技术要求、应用目标和技术发展方向。通用计算机系统的技术要求是高速、海量的数值计算；技术发展方向是总线速度的无限提升，存储容量的无限扩大；应用目标多样化，通过软件的配置完成多种计算。而嵌入式计算机系统的应用目标是实现应用系统的智能化控制；技术要求是可靠、可裁减，能满足应用系统对其体积、功耗等的严格要求；技术发展方向是追求与应用系统密切相关的嵌入性、专用性、智能化和可靠性的提升。

在早期，由于嵌入式应用范围比较狭窄，大多用于工业控制领域，人们还可以勉强将通用计算机通过改装、加固、定制专业软件等方法，嵌入到大型系统中去实现嵌入式应用，但随着经济、技术的高速发展，嵌入式应用越来越广泛，已经深入到我们生活中的方方面面，小到彩电、空调、洗衣机、手机，大到飞机、导弹、汽车等。嵌入式应用对计算机的功能、体积、功耗、价格、重量、可靠性等方面的要求越来越苛刻，通过改造通用计算机的传统方法再也无法满足要求。因此，嵌入式计算机不得不脱离通用计算机系统走上了独立发展的道路。这就形成了现代计算机两大分支并行发展的时期，也称为后 PC 时代。

3. 两大分支的发展方向

嵌入式计算机系统与通用计算机系统的专业分工和独立发展，导致了当今计算机技术的飞速发展。

通用计算机领域致力于发展其专用的软、硬件技术，不必兼顾嵌入式应用的要求，CPU 已经从单核发展到双核、四核、八核、十五核、十六核，微机的处理速度已经远远超过了当年的大中型计算机，超级计算机 1 秒钟已经能运算几千万亿条指令。比如国产天河二号超级计算机已经实现每秒 5.49 亿亿次的峰值计算速度，每秒 3.39 亿亿次的持续双精度浮点运算的计算速度，成为目前全球最快的超级计算机。操作系统的发展使计算机在具备了高速处理海量数据能力的同时，应用也越来越方便。

嵌入式计算机系统则走上了另一条发展之路——单芯片化。如果说微机开创了嵌入式计算机系统的应用，那么单片机则开创了嵌入式计算机系统独立发展的道路。

在单片机的发展道路上，曾出现过两种探索模式，即"∑模式"和"创新模式"。"∑模式"本质上是将通用计算机系统中的基本单元进行裁减后，直接芯片化，构成单片微型计算机。"创新模式"则完全按嵌入式应用的要求，以全新的方式设计能满足嵌入式应用要求的体系结构、指令系统、总线方式、管理模式、外设接口等的单片微型计算机系统。1976年 Intel 公司开发的 MCS-48 和随后开发的 MCS-51 就是按照创新模式发展起来的单片形态的嵌入式系统。历史证明，"创新模式"是嵌入式系统独立发展的正确道路，MCS-51 的体系结构也因此成为单片嵌入式系统的典型体系结构。

1.1.2　嵌入式系统的定义

嵌入式计算机系统简称嵌入式系统，它的应用发源于微机，发展于单片机，那么，究竟什么是嵌入式系统呢？该如何定义嵌入式系统呢？

IEEE(国际电气和电子工程师协会)的定义是："Device used to control, monitor, or assist the operation of equipment, machinery or plants"，即嵌入式系统为控制、监视或者辅助设备、机器甚至工厂运作的装置。它是一种计算机软件和硬件综合体，并且特别强调"量身定制"的原则，也就是基于某种特殊的用途，设计者就会根据这种用途设计出一种截然不同的系统。

Wayne Wolf 在其所著的《嵌入式计算机系统原理》一书中的定义是"What is an embedded system? Loosely defined, it is any device that includes a programmable computer but is not itself a general-purpose computer."，("什么是嵌入式系统？不严格地定义，嵌入式系统是包含可编程计算机的任意设备，而它本身并不是作为通用计算机而设计的。")他还说："一台个人电脑不能称之为嵌入式计算系统，尽管它常常被用于搭建嵌入式系统。"

我国微机学会的定义是"嵌入式系统是以嵌入式应用为目的的计算机系统"，并分为系统级、板级、片级。系统级包括各类工控设备、PC104 模块等；板级包括各类 CPU 主板和 OEM 产品；片级包括各种以单片机、DSP、微处理器为核心的设备。

目前在我国流行的比较广泛的定义是："嵌入式系统是以应用为中心，以计算机技术为基础，软硬件可裁减，适应应用系统对功能、可靠性、成本、体积和功耗等严格要求的专用计算机系统。"

也有人认为以上观点不确切，因为这些观点对嵌入式系统的定义并没有脱离计算机系统范畴，他们认为嵌入式系统首先是非 PC，否则仍然是计算机系统，所以将嵌入式系统描述为下列公式：ES=3C(Computer+Communication+Consumer Electronic)+Internet+WAP+GBS+UPS+Sensors+IP+Other→ESOC。

由上述公式表达的嵌入式系统定义可概括如下：嵌入式系统是现代科学的多学科互相融合的，以应用技术产品为核心，以计算机技术为基础，以通信技术为载体，以消费类产品为对象，引入各类传感器，进入 Internet 网络技术的连接，而适应应用环境的产品。嵌入式系统是软件无多余且已固化，硬件亦无多余存储器，可靠性高、成本低、体积小、功耗少的非计算机系统。因此它包含了十分广泛的、各种不同类型的设备。嵌入式系统又是知识密集，投资规模大，产品更新换代快，且具有不断创新特征才能不断发展的系统，系统中采用片上系统(SOC 亦称系统芯片)将是其发展趋势。

从不同的角度出发，可以得出不同的嵌入式系统定义，但是如果从嵌入式系统的起源、发展、本质性等方面出发来探讨嵌入式系统的定义的话，如下定义更准确、更简练、更具普遍性："嵌入式系统是嵌入到对象体系中的专用计算机系统"，"嵌入性"、"专用性"与"计算机系统"是嵌入式系统的三个基本要素，对象体系则是指所嵌入的应用系统。

按照定义，只要满足嵌入式系统三要素的系统，都可以称为嵌入式系统，因此嵌入式系统根据其形态和规模的不同可分为：

（1）系统级，包括工控机、嵌入到应用中的通用计算机等。随着 IT 技术的不断发展，通用计算机在体积、功耗、性能等各个方面都得到了空前的提高，一些嵌入式系统的特点也在通用计算机上得到体现。在一些产品上，嵌入式系统和通用计算机出现了融合的趋势，智能手机就是一个典型的应用实例。

（2）板级，包括各种 CPU 主板。

（3）芯片级，如 CPU、MCU、SOC、DSP、MPU 等。

在理解嵌入式系统的定义的时候，要分清嵌入式系统与嵌入式应用系统的区别。嵌入式应用系统是指内部含有嵌入式系统的设备、装置或者系统，比如手机、数字彩电、空调、工控单元、PDA、汽车、导弹等。这种区别就好像我们通常所说的计算机系统与计算机应用系统的区别一样，尽管人们常常在不严格的场合将计算机系统和计算机应用系统混称，但是概念上的差别是很明显的。

1.1.3 嵌入式系统的特点

嵌入式系统的本质是专用的计算机系统，与通用计算机系统相比，不同的嵌入式系统的特点会有所差异，但基本特点是一样的，具体包括以下几点。

1. 系统内核小，实时高效

嵌入式系统大多应用于小型电子设备，系统资源有限。例如，一般 MCS-51 系列单片机只有几千字节的内部 RAM、几十千字节的 ROM，经扩展后也大多不会超过 64 千字节，要在这样有限的资源上运行实时内核，就对内核的大小提出了严格的限制，大的通用操作系统肯定是无法运行起来的，一般只能运行嵌入式操作系统，如 μC/OS-Ⅱ的内核最小可裁减到几千字节。嵌入式系统往往应用于各种实时场合，例如导弹控制、机载设备、工业测控、安全气囊等，这就要求嵌入式系统具有与之相应的实时性和可靠性，否则后果严重。

2. 专用性强

嵌入式系统与通用计算机系统的最大不同就是嵌入式系统大多是为特定用户群设计的，产品的个性化很强。它通常都具有低功耗、体积小、集成度高等特点，软件和硬件的结合非常紧密，即使在同一品牌、同一系列的产品中也需要根据应用的需求变化，对系统软件和硬件的配置做较大的更改，程序的编译和下载要与系统相结合。

3. 系统精简

嵌入式系统的硬件和软件都必须高效率地设计，量体裁衣、去除冗余，不要求其功能设计及实现过于复杂，力争在同样的硅片面积上实现更高的性能，这样一方面利于控制系统成本，同时也利于实现系统安全，使产品更具竞争力。

4. 软件固化

为了提高执行速度和系统可靠性，嵌入式系统中的软件一般都固化在存储器芯片或单片机本身中，而不是存储于磁盘等载体中。软件固化是嵌入式软件的基本要求。软件代码要求高质量和高可靠性、高实时性。

5. 嵌入式系统开发需要开发工具和环境

嵌入式系统本身不具备自主开发能力，即使设计完成以后，用户通常也不能对其中的程序和电路进行修改，必须有一套开发工具和环境才能进行开发。这些工具和环境一般是通用计算机、专用的嵌入式开发系统以及各种逻辑分析仪、信号示波器、信号源等。开发时往往有主机和目标机的概念，主机用于程序的开发，目标机作为最后的执行机，开发时需要交替结合进行。

1.2 嵌入式系统的组成结构

嵌入式系统是一种特殊的专用计算机系统。早期，嵌入式系统自底向上主要由硬件环境、嵌入式操作系统和应用程序等三层组成。硬件环境层是整个嵌入式操作系统和应用程序运行的基础，通常，不同的应用对应不同的硬件环境。为了便于操作系统在不同结构的硬件上移植，微软公司提出了将操作系统底层与硬件相关的部分单独抽象出来，设计成单独的硬件抽象层（Hardware Abstraction Layer，HAL）的思想，它通过硬件抽象层接口设计，向操作系统及应用程序提供对硬件进行抽象后的服务。硬件抽象层这个中间层的引入，屏蔽了底层硬件的多样性，操作系统不再直接面对具体的硬件环境，而是面向由这个中间层所代表的逻辑上的硬件环境，实现嵌入式操作系统的可移植性和跨平台性。目前，在嵌入式领域中，HAL 通常是以 BSP（Board Support Package，板级支持包）的形式实现的。这样，原先嵌入式系统的三层结构逐步演化为如图 1.1 所示的四层结构。然而，目前 BSP 形式的硬件抽象层还不能解决大多数操作系统移植和跨平台问题。

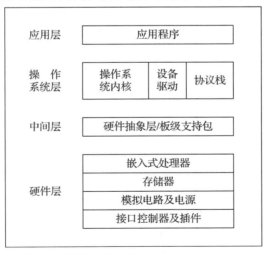

图 1.1 嵌入式系统组成结构图

1.2.1 硬件层

一般的嵌入式系统的硬件层结构如图 1.2 所示，它主要包括嵌入式处理器、存储器、模拟电路及电源、接口控制器及插件等。

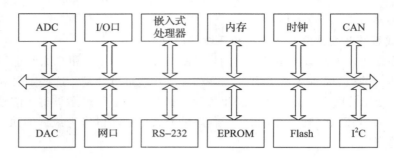

图 1.2　嵌入式系统硬件组成结构图

1. 嵌入式处理器

嵌入式处理器是嵌入式系统的核心,其品种总量已经超过 1000 种,流行的体系结构有 30 多个系列,其中 8051 系列占多半。生产 8051 单片机的半导体厂家有 20 多个,共 350 多个衍生产品,仅 NXP Semiconductors 就有近 100 种。现在几乎每个半导体制造商都生产嵌入式处理器,越来越多的公司有自己的处理器设计部门。嵌入式处理器的寻址空间一般从 64 KB 到 16 MB 不等,处理速度从 0.1 MIPS 到 2000 MIPS,常用封装从 8 个引脚到 144 个引脚。嵌入式微处理器一般具备以下四个特点:

(1) 对实时多任务有很强的支持能力,能完成多任务并且有较短的中断响应时间;

(2) 具有功能很强的存储区保护功能。这是由于嵌入式系统的软件结构已模块化,而为了避免在软件模块之间出现错误的交叉作用,需要设计强大的存储区保护功能,同时也有利于软件诊断;

(3) 可扩展的处理器结构,可以满足快速开发最高性能的嵌入式系统的要求;

(4) 嵌入式微处理器的功耗很低,很多产品的功耗只有毫瓦甚至微瓦级。

嵌入式处理器的分类一般有两种,一是按功能特点分类,可分为:嵌入式微控制器(Micro Controller Unit,MCU)、嵌入式微处理器(Embedded MicroProcessor Unit,EM-PU)、嵌入式 DSP 处理器(Embedded Digital Signal Processor,EDSP)和嵌入式片上系统(System On Chip,SOC);二是按数据总线的位数分类,可分为 4 位机、8 位机、16 位机、32 位机和 64 位机。

1) 嵌入式微控制器(MicroController Unit,MCU)

嵌入式微控制器又称单片机,顾名思义,就是将整个计算机系统集成到一块芯片中。嵌入式微控制器一般以某一种微处理器内核为核心,芯片内部集成 ROM/EPROM、RAM、总线、总线逻辑、定时/计数器、WatchDog、I/O、串行口、脉宽调制输出、A/D、D/A、Flash RAM、EEPROM 等各种必要的功能和外设。为适应不同的应用需求,一般一个系列的单片机具有多种衍生产品,每种衍生产品的处理器内核都是一样的,不同的是存储器和外设的配置及封装。这样可以使单片机最大限度地和应用需求相匹配,从而减少功耗和成本。和嵌入式微处理器相比,微控制器的最大特点是单片化,体积大大减小,从而使功耗和成本下降、可靠性提高。微控制器的片上外设资源一般比较丰富,适合于控制。微控制器是目前嵌入式系统工业的主流。

嵌入式微控制器目前的品种和数量最多,比较有代表性的通用系列包括 8051、P51XA、MCS-251、MCS-96/196/296、C166/167、MC68HC05/11/12/16、68300 等。另

外还有许多半通用系列如：支持 USB 接口的 MCU 8XC930/931、C540、C541；支持 I²C、CAN - Bus、LCD 及众多的专用 MCU 和兼容系列。目前 MCU 占嵌入式系统约 70% 的市场份额。

值得注意的是近年来提供 X86 微处理器的著名厂商 AMD 公司，将 Am186CC/CH/CU 等嵌入式处理器称之为微控制器（Microcontroller），MOTOROLA 公司把以 Power PC 为基础的 PPC505 和 PPC555 亦列入单片机行列。TI 公司亦将其 TMS320C2XXX 系列 DSP 作为 MCU 进行推广。

2）嵌入式微处理器（Embedded Microprocessor Unit，EMPU）

嵌入式微处理器的基础是通用计算机中的 CPU。在应用中，将微处理器装配在专门设计的电路板上，只保留和嵌入式应用有关的母板功能，这样可以大幅度减小系统的体积和功耗。为了满足嵌入式应用的特殊要求，嵌入式微处理器虽然在功能上和标准微处理器基本一样，但在工作温度、抗电磁干扰、可靠性等方面一般都做了各种增强。

和工业控制计算机相比，嵌入式微处理器具有体积小、重量轻、成本低、可靠性高的优点，但是在电路板上必须包括 ROM、RAM、总线接口、各种外设等器件，从而降低了系统的可靠性，技术保密性也较差。嵌入式微处理器及其存储器、总线、外设等安装在一块电路板上，称为单板计算机，如 STD - BUS、PC104 等。近年来，德国、日本的一些公司又开发出了类似"火柴盒"式名片大小的嵌入式计算机系列 OEM 产品。

目前，嵌入式处理器主要有 Am186/88、386EX、SC - 400、Power PC、Motorola 68000、MIPS、ARM 系列等。在 32 位嵌入式处理器市场主要有 Motorola，ARM，MIPS，TI，Hitachi 等公司，有些生产通用微处理器的公司，像 Intel、Sun 和 IBM 等，也生产嵌入式微处理器。

3）嵌入式 DSP 处理器（Embedded Digital Signal Processor，EDSP）

EDSP 处理器对系统结构和指令进行了特殊设计，使其适合于执行 DSP 算法，编译效率较高，指令执行速度也较高。在数字滤波、FFT、频谱分析等方面 DSP 算法正在大量进入嵌入式领域，DSP 应用正在从在通用单片机中以普通指令实现 DSP 功能，过渡到采用嵌入式 DSP 处理器。嵌入式 DSP 处理器有两个发展来源，一是 DSP 处理器经过单片化、EMC 改造、增加片上外设成为嵌入式 DSP 处理器，TI 的 TMS320C2000 /C5000 等属于此范畴；二是在通用单片机或 SOC 中增加 DSP 协处理器，例如 Intel 的 MCS - 296 和 Infineon(Siemens) 的 TriCore。

嵌入式 DSP 处理器比较有代表性的产品是 Texas Instruments 的 TMS320 系列和 Motorola 的 DSP56000 系列。TMS320 系列处理器包括用于控制的 C2000 系列，移动通信的 C5000 系列，以及性能更高的 C6000 和 C8000 系列。DSP56000 目前已经发展成为 DSP56000，DSP56100，DSP56200 和 DSP56300 等几个不同系列的处理器。另外 PHILIPS 公司也推出了一些新型的嵌入式 DSP 处理器。

4）嵌入式片上系统（System On Chip）

随着 EDA 的推广和 VLSI 设计的普及和半导体工艺的迅速发展，在一个硅片上实现一个更为复杂的系统的时代已来临，这就是嵌入式片上系统（System On Chip，SOC）。各种通用处理器内核将作为 SOC 设计的标准库，和许多其他嵌入式系统外设一样，成为 VLSI 设计中一种标准的器件，用标准的 VHDL 等语言描述，存储在器件库中。用户只需定义出其整个应用系统，仿真通过后就可以将设计图交给半导体工厂制作样品。这样除个别无法集成的器件以外，整个嵌入式系统大部分都可集成到一块或几块芯片中去，应用系统电路板将变得很简洁，对于减小体积和功耗、提高可靠性非常有利。

SOC 可以分为通用和专用两类。通用系列包括 Infineon 的 TriCore，Motorola 的 M-Core，某些 ARM 系列器件，Echelon 和 Motorola 联合研制的 Neuron 芯片等。专用 SOC 一般专用于某个或某类系统中，不为一般用户所知。一个有代表性的产品是 Philips 的 Smart XA，它将 XA 单片机内核和支持超过 2048 位复杂 RSA 算法的 CCU 单元制作在一块硅片上，形成一个可加载 Jave 或 C 语言的专用的 SOC，可用于公众互联网如 Internet 安全方面。

2. 存储器

存储器是嵌入式系统中的重要组成部件，用于存放程序和数据。一个嵌入式应用系统是否"聪明"不仅取决于 CPU 的性能，而且在很大程度上还取决于嵌入式系统的存储容量，存储容量越大，嵌入式系统的知识就越多，嵌入式系统的性能就越好，反之亦然。

目前的存储器主要有半导体材料、磁性材料和光介质材料三种。存储器中最小的存储单位就是一个双稳态半导体电路或一个 CMOS 晶体管或磁性材料或光介质的存储元，它可存储一位二进制代码。由若干个存储元组成一个存储单元，然后再由许多存储单元组成一个存储器。

嵌入式系统中，以半导体存储器为多。半导体存储器种类很多，从存取功能上可以分为只读存储器（Read-Only Memory，ROM）、随机存储器（Random Access Memory，RAM）、可编程 ROM（Programmable Read-Only Memory，PROM）、可擦除的可编程 ROM（Erasable Programmable Read-Only Memory，EPROM）、闪存（Flash Memory）、铁电存储器（FRAM）等多种不同类型。

3. 常用的接口总线

嵌入式系统中常用的总线主要可分为两大类，即并行总线和串行总线。常用的并行总线有：① CPU 并行总线；② 工业标准结构（Industry Standard Architecture，ISA）总线；③ 外部设备互连（Peripheral Component Interconnect，PCI）总线等。而常用的串行总线较多，主要有：① 通用异步接收与传输（Uiversal Asynchronous Receiver/Transmitter，UART）总线；② 串行通信接口（Serial Communication Interface，SCI）总线；③ 串行外设接口（Serial Peripheral Interface，SPI）总线；④ 内部集成电路（Inter-IC，I^2C）总线；⑤ IEEE1394、USB 总线；⑥ RS-232、RS-485 总线；⑦ 控制器区域网（Controller Area Network，CAN）总线；⑧ 单总线（1-Wire）和局域互连网络（Local Interconnect Network，LIN）总线等。这些总线在速度、物理接口要求和通信方法上都有所不同。串行总线与并行总线相比，最大的优点在于总线线数少，这有利于减小系统的复杂性。

1.2.2 硬件抽象层

硬件抽象层隐藏特定平台的硬件接口细节，为操作系统提供虚拟硬件平台，使其具有硬件无关性，可在多种平台上进行移植。

在嵌入式系统中，硬件抽象层多以 BSP 的形式实现，它完成系统上电后最初的硬件和软件初始化，并对底层硬件进行封装，使得操作系统不再面对具体的操作。BSP 包括了系统中大部分与硬件联系紧密的软件模块，如：相关底层硬件的初始化与配置、数据的输入/输出操作等功能。

关于 BSP 还存在几种不同的理解：

（1）BSP 是操作系统的驱动程序，最著名例子就是风河系统公司，它倾向于这种理解；

（2）驱动程序，一些嵌入式系统的供应商提供的驱动程序也常称为 BSP；

（3）板级开发工具，因为在某些 BSP 中往往还包括了程序编辑器、编译连接器、嵌入式操作系统、底层支持库等。一般嵌入式操作系统的开发者常常将 BSP 理解为 HAL，本书采用这样的理解。

在绝大多数的嵌入式系统中，BSP 是一个不可或缺的组成部分，操作系统启动以前的初始化工作主要由 BSP 完成，尽管目前没有统一的定义，但其主要功能一般可以归纳为：初始化和设备驱动，主要包括：

（1）片级初始化，主要对 CPU 进行初始化，包括设置 CPU 的存储器地址范围、堆栈指针、程序指针、数据寄存器、控制寄存器、端口输入输出模式、时钟频率设置、屏蔽中断等。片级初始化的过程就是把 CPU 从上电时的默认状态逐步设置成系统所要求的工作状态。这个过程只包含对硬件的初始化。

（2）板级初始化，主要对 CPU 外部其他硬件设备进行初始化，为随后的操作系统初始化和应用程序的运行建立条件，如配置程序的数据结构和参数等。这个过程既包含硬件，又包含软件的初始化。

（3）操作系统初始化，为软件系统提供一个实时多任务的运行环境。在这个过程中，BSP 把嵌入式 CPU 的控制权转交给嵌入式操作系统，由操作系统完成余下的初始化操作，如：加载和初始化与硬件无关的设备驱动程序、建立系统内存区，加载并初始化网络系统、文件系统等。最后，操作系统创建应用程序环境，并将控制权交给应用程序的入口。操作系统初始化不是 BSP 的主要工作，而是由 BSP 发起的，BSP 设计的关键主要在于前面两个过程。

1.2.3　应用层

嵌入式系统的应用层软件结构可以分为两种，一是无操作系统支持的程序结构，二是基于嵌入式实时操作系统（RTOS）支持的程序结构。以一个数据采集系统为例，假设要求完成数据采集、数据处理、键盘输入、LCD 显示、打印等功能的软件工作。

无操作系统支持的系统，一般称之为"前后台"系统，这种系统的程序结构一般可以抽象为如图 1.3（a）所示结构。前台程序通常是中断服务子程序，而后台通常是一个无限循环程序，程序中各功能模块之间的交叉、耦合比较紧密，分解起来比较困难，程序结构很复杂，而且这种模式的程序设计常常是依照程序流程的顺序进行设计的，开发周期很长，不利于软件的工程化设计，但有系统资源需求少、适合小程序设计等优点。而基于 RTOS 支持的系统，其程序结构通常如图 1.3（b）所示，程序中的各功能模块可以很容易地分解为各自独立的任务，任务与任务之间的通信与控制可以通过操作系统来实现，程序结构十分简单，程序设计可以采用并行开发模式，非常适合于大规模、工程化的程序设计，缺点是操作系统需要占用一部分资源。

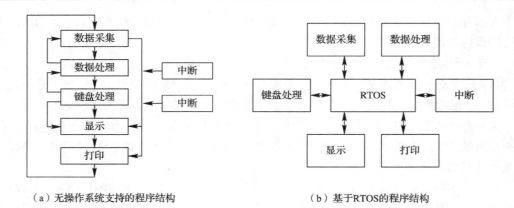

（a）无操作系统支持的程序结构　　　　　　（b）基于RTOS的程序结构

图 1.3　嵌入式系统的两种程序结构

1.3　嵌入式系统设计的基本方法

目前，嵌入式系统工程设计流程模型有很多，如瀑布模型、快速原型模型、螺旋模型、喷泉模型、智能模型、混合模型、增量模型、WINWIN 模型、并行开发模型、基于体系结构的开发模型、基于构建的开发模型和 XP 方法等，设计者可以根据设计对象复杂度和个人爱好，灵活地选择不同的系统设计方法。

一般地，嵌入式系统工程设计常常采用自顶向下的设计方法，从对系统最抽象的描述开始，一步一步地推进到细节内容；也可以采用自底向上的设计方法，从系统的各个细节内容反推，最后将整个系统集成起来。在实际工程设计过程中，自顶向下和自底向上的设计方法常常交叉使用。本节将以一种嵌入式应用系统的工程设计为例，用自顶向下的工程设计方法，详细描述嵌入式（应用）系统设计的基本流程。基本流程如图 1.4 所示，设计一般可分为四个阶段，第一阶段是总体设计阶段，第二阶段是软硬件组件详细设计阶段，第三阶段是系统集成阶段，最后是系统测试阶段。

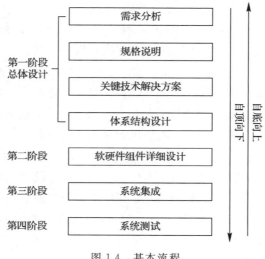

图 1.4　基本流程

1.3.1　总体设计

总体设计是系统设计的第一个阶段，是整个设计的奠基石，其任务是确定设计目标，也就是确定做什么、关键技术是什么，而不是确定如何做。这一阶段的任务常常通过四个过程来实现。

首先是需求分析，收集系统的非形式描述。系统的需求一般分功能性需求和非功能性需求两方面，功能性需求是系统的基本功能，如数据打印或显示、输入输出接口、控制方式、操作方式等；非功能性需求包括系统性能、成本、功耗、体积、重量等因素。为了使需求分析的结果简洁、直观、易懂，一般可用表格形式来描述。例如，设计一种基于嵌入式系统的数字兆欧表，需求分析结果如表 1.1 所示。

表 1.1　需求分析一览表

需求类型	项　目	说　　明
功能性需求	系统名称	数字兆欧表
	设计目标	用于测量绝缘电阻的电子仪器
	系统输入	正负表笔
	系统输出	输出：5 位数字 LCD 显示
	功能描述	能够全自动、高精度测量绝缘电阻，测量范围 0～999 MΩ
非功能性需求	制造成本	××
	功　耗	××
	体　积	××
	重　量	××
	工作环境	温度、湿度、海拔
	储存环境	温度、湿度、海拔
	抗震性能	××
	防水性能	6P
	防爆性能	××

其次是规格说明，规格说明是对需求的提炼，比需求更精确。规格应该包含系统体系结构设计所需要的足够信息，是对需求分析中所涉及的问题的进一步细化。规格说明的主要用途是：（1）作为整个设计所必须遵循的指导原则和设计目标；（2）作为测试和验收的原则。规格说明应力求准确、完整、全面、明确，不能有歧义，如果在某个特定状况下的某些行为在规格说明中不明确，那么设计者就有可能设计出错误的功能；如果规格说明的全局特征不正确或者不完整，那么由该规格说明建造的整个系统体系结构就很难符合现实的要求。例如兆欧表的设计，需要细化的有：

① LCD 显示的具体内容。给出开机画面、开机自检显示和测量显示内容等；

② 测量响应时间；

③ 测量精度、分辨率、灵敏度、量程等；

④ 系统量程控制模式，如量程等级划分方法、量程自动分段等；

⑤ 系统功率控制模式，如多少时间内自动关机；

⑥ 系统使用的适用环境等。

通过规格说明，可以得出更加细化的系统功能和技术指标，结果同样以表格的方式来描述更加直观、清晰和明确。例中，数字兆欧表功能与技术指标如表 1.2 所示。

表 1.2　功能与技术指标一览表

项　　目	说　　明
响应时间	≤2 s
测量模式	上电自动测量
量　　程	0～999 MΩ，分 3 段：0～9MΩ、9～99 MΩ、99～999 MΩ
分段模式	自动
测量精度	每段满刻度值×±2%
分辨率	每段满刻度值×1%
灵敏度	100 kΩ
功率模式	30 s 无输入信号自动关机
适用环境	工作温度：−20℃～45℃，相对湿度：95%，海拔：0～27 300 米
防水性能	6P
防爆性能	不防爆
等　　等	××

再次是关键技术分析。关键技术分析是系统设计中最重要的一个环节，它是从需求分析和规格说明中提炼出来的，主要描述如何保障实现关键功能指标的具体理论方法。例如，对一般的测量系统，主要的技术指标是测量精度、分辨率和灵敏度。在上述系统的设计中，首先查找资料，总结当前电阻测量有哪几种方法，各种测量方法有何优缺点，然后再选择一种合适的测量方法，最后根据选定的测量方法从理论上分析计算测量精度、分辨率和灵敏度如何保障。关键技术分析与解决的一般流程如图1.5 所示。

最后是体系结构设计。体系结构是总体设计中的一个计划，它根据需求描述、规格说明和关键技术分析，来选定整个系统设计的基本构架及系统基本组件。一般嵌入式系统的结构可分为四层，即硬件环境层、硬件抽象层、操作系统层和应用软件层。

体系结构设计首先可以从硬件环境层入手，当然设

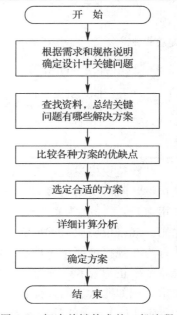

图 1.5　解决关键技术的一般流程

计硬件环境时，也必须综合软件环境的因素。硬件方面需要考虑的问题是：

① 嵌入式 CPU 的选择，选择 CPU 的时候应该考虑 CPU 的资源是否能够满足系统的需求，如：RAM、ROM 的容量是否满足操作系统及应用软件的需求，中断源、时钟、外设、I/O 口的数量等，然后还要考虑 CPU 的价格、是否容易购买、是否容易开发、是否比较容易得到技术支持等；

② 外围芯片的选择；

③ 系统存储器的配置；

④ 系统内部和外部总线的选择；

⑤ 模拟器件的选择；

⑥ 显示器件的选择；

⑦ 如何选择电源等问题。

然后是确定软件的配置问题。在软件方面需要考虑的问题常有：

① 编程语言、软件开发环境；

② 操作系统的选择；

③ 需要编写哪些软件模块；

④ 是否需要数据库的支持等。

软硬件环境选择完毕后，就可以设计出系统的软硬件结构框图了。

1.3.2　软硬件组件的详细设计

当系统总体设计完成以后，就可以根据所选定的软硬件模块进行详细的设计了。为了缩短设计开发周期，软件和硬件的详细设计过程可以同时展开。对于初学者来说，各个软硬件模块可以采用单独设计、单独调试的方法进行，每个模块都调试成功后再进行系统联调。而对熟练开发者来说，就另当别论。

1.3.3　系统集成

当各个软硬件组件都设计完毕后，还要将它们合并到一起，得到一个完整的系统，这样才能运行。当然，这个阶段并不是仅仅把所有的东西简单的联结在一起就算完了，而是通过系统集成进行调试，进而发现错误、及时修改错误。这阶段的测试与调试主要是功能性的，即测试电路是否正常工作、软件是否正常运行。一次设计就成功的例子是很少的，往往需要反复多次，特别是开发设计大的系统更是这样。测试的主要方法可以按阶段组件架构进行，这样可能更容易发现和识别简单的错误。只有在早期修正这些简单的错误，才能在以后的系统测试中发现那些只有在系统高负荷时才能确定的、比较复杂或是含混的错误。必须确保在体系结构和各构件设计阶段尽可能容易地按阶段组装系统和相对独立地测试系统功能。

1.3.4　系统测试

一般地，在系统集成阶段发现的错误往往都属于简单的、单元性的错误，系统集成成功表明系统软硬件流程是可以正常执行的，但并不一定表示能够完全符合设计规格的要求。系统测试阶段主要是进行详细技术规格的测试，这些技术指标在系统集成阶段一般是不测试的，只有系统完善后才能进行有效的测试。系统测试前必须做好准备、写出详细的测试方案，包括测试仪器、测试电路原理、测试的详细步骤等。

1.4　嵌入式操作系统的基本概念

1.4.1　嵌入式操作系统的发展历程

嵌入式操作系统是嵌入式系统极为重要的组成部分，通常包括与硬件相关的底层驱动软件、系统内核、设备驱动接口、通信协议、图形界面、标准化浏览器等。嵌入式操作系统具有通用操作系统的基本特点：能够有效管理越来越复杂的系统资源；能够把硬件虚拟化，使得开发人员从繁忙的驱动程序移植和维护中解脱出来；能够提供库函数、驱动程序、工具集以及应用程序等。与通用操作系统相比较，嵌入式操作系统在系统实时高效性、硬件的相关依赖性、软件固态化以及应用的专用性等方面具有较为突出的特点。嵌入式操作系统伴随着嵌入式系统的发展经历了四个比较明显的阶段。

第一阶段，无操作系统的嵌入算法阶段。通过汇编语言编程对系统进行直接控制，运行结束后清除内存。系统结构和功能都相对单一，处理效率较低，存储容量较小，几乎没有用户接口，比较适合于各类专用领域中。

第二阶段，以嵌入式 CPU 为基础、相对简单的嵌入式操作系统阶段。CPU 种类繁多，通用性比较差；系统开销小，效率高；一般配备系统仿真器，操作系统具有一定的兼容性和扩展性；应用软件较专业，用户界面不够友好；操作系统主要用来控制系统负载以及监控应用程序运行。

第三阶段，通用的嵌入式实时操作系统阶段。以嵌入式操作系统为核心的嵌入式系统能运行于各种类型的微处理器上，兼容性好；内核精小、效率高，具有高度的模块化和扩展性；具备文件和目录管理、设备支持、多任务、网络支持、图形窗口以及用户界面等功能；具有大量的应用程序接口；嵌入式应用软件丰富。

第四阶段，以 Internet 为标志的嵌入式系统，嵌入式实时操作系统开始向网络操作系统方向发展，这是一个正在迅速发展的阶段。目前很多嵌入式系统还孤立于 Internet 之外，但随着 Internet 的发展以及 Internet 技术与信息家电、工业控制技术等结合的日益密切，嵌入式设备与 Internet 的结合将代表着嵌入式技术的真正未来。

1.4.2　嵌入式实时操作系统的定义

1. 操作系统的定义

操作系统(Operating System，OS)是计算机系统中负责支撑应用程序运行环境以及用户操作环境的系统软件，同时也是计算机系统的核心与基石。它的职责通常是合理地组织计算机工作流程，控制程序的执行，对硬件直接进行监管，实现对各种计算资源(如内存、处理器时钟等)的管理、提供诸如作业管理之类的面向应用程序的服务等。操作系统的理论是计算机科学中一个古老而又活跃的分支，而操作系统的设计与实现则是软件工业的基础与核心。

操作系统实际上是一个计算机系统中硬、软件资源的总指挥部，主要有两方面的作用：

（1）管理系统中的各种资源，包括硬件资源和软件资源；

（2）为用户提供良好的界面。

操作系统位于底层硬件与用户应用程序之间，是两者沟通的桥梁。用户可以通过操作系统的用户界面，输入命令。操作系统则对命令进行解释，驱动硬件设备，实现用户要求。操作系统分成四大部分：

（1）驱动程序：最底层的、直接控制和监视各类硬件的部分，它们的职责是隐藏硬件的具体细节，并向其他部分提供一个抽象的、通用的接口。

（2）内核：操作系统之最核心部分，通常运行在最高特权级，负责提供基础性、结构性的功能。

（3）支持库：也称"接口库"，是一系列特殊的程序库，它们职责在于把系统所提供的基本服务包装成应用程序所能使用的编程接口，是最靠近应用程序的部分。

（4）外围：所谓外围，是指操作系统中除以上三类以外的所有其他部分，通常是用于提供特定高级服务的部件。例如，在微内核结构中，大部分系统服务，以及 Unix/Linux 中各种守护进程都通常被划归此列。

目前，用于通用计算机上的操作系统主要有两个家族：类 Unix 家族和微软 Windows 家族。嵌入式系统使用的操作系统多种多样，并且很多和 Windows 和 Unix 都没有直接的联系。

2. 嵌入式实时操作系统的定义

1）实时系统的基本概念

一般地说，实时系统是指系统在限定的时间内能够提供所需要的服务水平的系统，实时系统根据对于实时性要求的不同，可以分为软实时和硬实时两种类型。

软实时系统主要要求任务运行的逻辑正确且越快越好，但并不严格限定任务运行时间的底限。如果系统特定的时序得不到满足，只会引起性能的严重下降，但并不产生严重后果。

硬实时系统不仅要求任务执行的逻辑准确无误而且要求做到及时，如果特定的时序得不到满足，将会引起灾难性的后果。

软实时系统和硬实时系统又称为弱实时系统和强实时系统，其特性对比如图 1.6 所示。

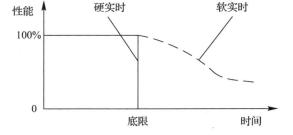

图 1.6　两种实时系统特性对比

2）实时系统的重要特征

在实时系统中，系统的正确性不仅取决于系统计算结果的正确性，而且还取决于正确结果产生的时间（在分时系统中，只要满足前者即可），即时序。如果出现时序和逻辑的偏差将会引起严重的后果。

高速系统往往能完成实时运算，但高速系统不等于实时系统，实时系统强调的不仅仅是运算速度的"快"，强调更多的是运算时序的"及时"和逻辑的"准确"。因此，为了满足运算的"准确"和"及时",系统行为就必须是可预测的和可确定的,而可预测性和可确定性则是实时系统的本质特征。

大多数实时系统是软硬两种实时系统的结合,它们的应用涵盖广泛的领域,而多数实时系统又是由嵌入式系统控制的。这意味着计算机搭建在系统内部,用户看不到有个计算机在系统里面,例如:汽车中的安全气囊、防抱死系统(ABS)、卫星系统、喷气发动机控制、数字电视、数码相机等。

3) 嵌入式操作系统的定义

实时操作系统:泛指所有具有一定实时资源调度和通信能力,能支持实时控制系统工作的操作系统。

嵌入式操作系统(Real-Time Embedded Operating System,RTOS 或 EOS)是指支持嵌入式系统工作的操作系统。大多数嵌入式系统都是实时系统,而且多是硬实时多任务系统,这就要求相应的嵌入式操作系统也必须是实时操作系统。所以通常认为实时操作系统就是嵌入式操作系统,也统称为嵌入式实时操作系统。嵌入式操作系统是嵌入式系统极为重要的组成部分,通常包括与硬件相关的底层驱动软件、系统内核、设备驱动接口、通信协议、图形界面、标准化浏览器等。目前,嵌入式操作系统的品种较多,据统计,仅用于信息电器的嵌入式操作系统就有 40 种左右,其中较为流行的主要有:VxWorks、μC/OS-Ⅱ、安卓、黑莓、苹果 iOS、Windows CE、Palm OS、Real-Time Linux、pSOS、PowerTV以及 Microware 公司的 OS-9 等。与通用操作系统相比较,嵌入式操作系统在系统实时高效性、硬件的相关依赖性、软件固态化以及应用的专用性等方面具有较为突出的特点。

实时操作系统作为操作系统的一个重要分支已成为研究的一个热点,主要探讨实时多任务调度算法和可调度性、死锁解除等问题。

3. 嵌入式操作系统的结构与组成

如图 1.7 所示,通常嵌入式操作系统由内核(Kernel)、文件系统、存储器管理系统、I/O管理系统、设备驱动程序、网络协议栈、标准化浏览器等部分组成。

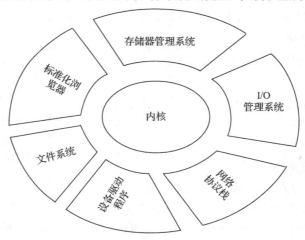

图 1.7　嵌入式操作系统结构与组成

内核是多任务系统中的核心部分,提供多任务,为多任务分配 CPU 时间,提供任务管理与调度、时间管理、任务间通信和同步、内存管理等重要服务，并作为系统调用提供给任务的使用者。内核的基本任务是任务调度和任务间通信，实时内核主要有可剥夺型内核和不可剥夺型内核两种。内核允许将系统分成多个独立的任务，每个任务处理程序的一部分，从而简化系统的设计过程。

一个好的实时内核需要具备以下功能和特点：（1）具有任务管理功能；（2）任务间可以进行同步和通信；（3）具有实时时钟服务功能；（4）具有中断管理服务功能；（5）操作系统的行为是可确定的和可预测的。

操作系统行为的可确定性和可预测性是实时操作系统的本质特征，系统的实时性强调的不是系统的运行速率的快和慢，而是强调能否在规定的时间内完成所需完成的任务。因此，只有每个行为执行的时间都能预测，才能使系统设计的实时性指标得到可靠的保证。

1.4.3　评价嵌入式操作系统的几个重要指标

一个实时操作系统的实时性能的主要评测标准和指标包括系统响应时间、任务切换时间、中断延迟、中断响应时间、调度抖动、调度器延迟等，具体的含义如下：

（1）系统响应时间（System Response Time）是系统发出处理要求到系统给出应答信号的时间。这是实时内核中一个比较综合的性能指标。

（2）任务切换时间（Context-Switching Time）指运行多任务时，系统发生任务切换、保存和恢复 CPU 寄存器内存的时间。任务切换所需要的时间取决于 CPU 有多少寄存器要出入栈。实时内核的性能不应该以每秒钟能做多少次任务切换来评价。

（3）中断延迟（Interrupt latency）是从硬件中断发生到开始执行中断处理程序第一条指令所用的时间，也就是从中断发生到中断跳转指令执行完毕之间的这段时间。

（4）中断响应时间（Interrupt Response Time）定义为从中断发生起到开始执行中断用户处理程序的第一条指令所用的时间，换句话说，中断响应是从中断发生到刚刚开始处理异步事件之间的这段时间，它包括开始处理这个中断前的全部开销。

（5）调度抖动（Jitter）是指一个周期性任务的周期间隔的变化。通常，实时应用以周期性任务的形式被调度，并且在硬件定时器产生一个中断唤醒调度器时开始执行。虽然定时器中断可能发生得跟时钟一样有规律，但是许多不确定因素会导致调度器的运行时间变得不确定，导致接下来的任务的开始时间就会相应地变化，这个影响就叫调度抖动。抖动跟具体的应用紧密相关。

（6）调度器延迟是指进行任务调度时，调度器所花费的时间。精简的调度程序和较短的任务切换将会获得较好的实时性能。

1.4.4　嵌入式实时操作系统的特点

1. 应用嵌入式操作系统的必要性

早期嵌入式系统的硬件设备一般都很简单，软件的编程和调试工具也很原始，程序大都采用宏汇编语言，调试是一件很麻烦的事，应用软件与系统硬件密切相关，一般不讲移植，每个系统软件都从头开发。随着嵌入式技术逐步地向深层次发展，系统越来越复杂，软件开发量越来越大，应用软件从头开发、逐行编写的方式效率太低，已经无法满足高效率开发的需求。于是，人们提出了大规模地移植已有程序、软件开发工程化的思想，为了实现这种思想，人们想到像使用通用计算机平台一样，使应用程序从硬件的关联中脱离出来，把硬件驱动交给专用的程序来完成，同时还需要降低程序间的耦合度、解决程序之间相互通信问题，这些工作都可以由操作系统来完成。

首先，嵌入式操作系统的应用提高了系统的可靠性。在一个性能良好的控制系统中，出于安全方面的考虑，要求系统至少不能崩溃，进一步地还要求系统具有自愈能力。这不仅对硬件电路的可靠性提出了很高的要求，而且还要求在软件设计上尽可能地减少安全漏洞和不可靠的隐患。过去，在前后台系统模式下，常常采用面向过程的顺序程序设计方法，程序模块之间的耦合度往往较高，一旦系统遇到强干扰，就会使运行的程序产生异常、出错、跑飞，甚至死循环，致使系统崩溃。而在嵌入式操作系统管理的系统中，任务与任务之间的通信和控制都通过内核来实现，相互之间很少有直接的联系。在一般情况下，系统受到干扰后可能只是引起若干任务中的一个被破坏，而这个被破坏的任务可以通过专门的系统监控任务对其进行修复，如把有问题的任务删除掉等。从理论上讲，在前后台系统中也可以设计专门的系统监控任务来监控系统，但是这在实现上往往很困难，软件工作量巨大。引入嵌入式操作系统后，这种监控程序的设计就要简单得多了，因为很多业务都可以交给操作系统来管理。

其次，提高了开发效率，缩短了开发周期。在嵌入式实时操作系统环境下，开发一个复杂的应用程序，通常可以按照软件工程中的解耦原则将整个程序分解为多个任务模块。每个任务模块的调试、修改几乎不影响其他模块。商业软件一般都提供了良好的多任务调试环境。

再次，嵌入式实时操作系统为并发执行程序提供了可能，充分挖掘了 CPU 特别是高性能 CPU 的潜能。嵌入式操作系统本来就是为运行多用户、多任务操作系统而设计的，特别适于运行多任务实时系统。一方面多任务并发执行可以极大地提高系统运行效率，降低了整体成本；另一方面，多任务设计有利于提高系统的可靠性和稳定性，使其更容易做到不崩溃。例如，CPU 运行状态分为系统态和用户态。将系统堆栈和用户堆栈分开，以及实时地给出 CPU 的运行状态等，允许用户在系统设计中从硬件和软件两方面对实时内核的运行实施保护。在前后台模式环境下，这是一件不可想象的事情。

从某种意义上说，没有操作系统的计算机（裸机）是没有用的。在嵌入式应用中，只有把 CPU 嵌入到系统中，同时又把操作系统嵌入进去，才是真正的计算机嵌入式应用。开发人员一旦使用操作系统，就会对操作系统产生很大的依赖性。

使用嵌入式实时操作系统最大的缺点是增加了额外的 ROM/RAM 开销，包括 2% ~ 5% 的 CPU 额外负荷，以及内核的费用。

2. 嵌入式操作系统的特点

与通用操作系统相比，嵌入式操作系统具有以下一些特点：

1) 结构紧凑、尺寸微小

嵌入式系统有别于一般的计算机处理系统，它不具备大容量的存储介质，而大多使用闪存（Flash Memory）和 RAM 作为存储介质。这就要求嵌入式操作系统只能存储和运行在有限的空间中，不能使用虚拟内存，中断的使用也受到限制。因此，嵌入式操作系统必须结构紧凑，尺寸微小。

2）实时性强

大多数嵌入式操作系统工作在实时性要求很高的场合，比如，用于控制火箭发动机的嵌入式系统，它所发出的指令不仅要求速度快，而且多个发动机之间的时序要求非常严格，否则就会失之毫厘，谬以千里。而一般的通用操作系统主要用于数值求解，所接受的指令主要是键盘输入和鼠标点击，没有很严格的时间性要求。即我们所开发的并不是那么生命攸关，或者控制这样那样的关键任务系统，例如洗衣机、空调、电冰箱等消费电子产品，设备的高可靠性可以有效地降低维护成本，软件运行效率高也会降低对 CPU 的要求，从而降低硬件成本。对于此类价格十分敏感的产品，实时性、可靠性仍然是非常值得重视的问题。因此，实时性强是嵌入式系统最大的优点，在嵌入式软件中最核心的莫过于嵌入式实时操作系统。

3）可裁剪

首先，从硬件环境来看，通用计算机系统具有标准化的 CPU 存储和 I/O 架构，而嵌入式系统的硬件环境只有标准化的 CPU，没有标准的存储、I/O 和显示器单元。

其次，从应用环境来看，通用操作系统面向复杂多变的应用，而嵌入式操作系统面向单一设备的固定的应用。

最后，从开发界面来看，通用操作系统给开发者提供一个"黑箱"，让开发者通过一系列标准的系统调用来使用操作系统的功能；而嵌入式操作系统试图为开发者提供一个"白箱"，让开发者可以自主控制系统的所有资源。通用系统研究开发的目标是尽可能在不改变自身的前提下具有广泛的适应性；而应用于嵌入式环境的 RTOS，在研发的时候就必须立足于面向对象，改变自身、开放自身，让开发者可以根据硬件环境和应用环境的不同而对操作系统进行灵活的裁剪和配置。由于对于任何一个具体的嵌入式设备，它的功能是确定的，所以只要从原有操作系统中把这个特定应用所需的功能拿来即可。可剪裁性在软件工程阶段是利用软件配置方法实现软件构建的"即插即用"。

4）可靠性高

在大多数情况下，嵌入式系统一旦开始运行就不需要人的过多干预，这就要求负责系统管理的嵌入式操作系统具有较高的稳定性和可靠性，而通用操作系统则无需具备这种特点。这导致通用操作环境与嵌入式环境在设计思路上有很大的不同。

通用计算机的应用环境假定应用软件与操作系统相比而言是不可靠的，而嵌入式环境假定应用软件与操作系统一样可靠。这种设计思路对应用开发人员提出了更高的要求，同时也要求操作系统自身足够开放。

通用操作系统比较庞大复杂，而嵌入式系统提供的资源有限，由于硬件的限制，嵌入式操作系统必须小巧简捷。对于系统来说，组成越简单，性能越可靠，组成越复杂，故障概率越大是一个常理。局部的不足会导致整体的缺陷，系统中任何部分的不可靠都会导致系统整体的不可靠。

5）特殊的开发调试环境

一个完整的嵌入式系统的集成开发环境一般需要提供的工具是编译连接器、内核调试跟踪器和集成图形界面开发平台。集成图形界面开发平台可能包括编辑器、调试器、软件仿真器和监视器等。

1.4.5 嵌入式操作系统的分类

目前，嵌入式操作系统总数超过 150 个，国外嵌入式操作系统已经从简单走向成熟，国内嵌入式操作系统的研究开发有两种类型，一类是基于国外操作系统二次开发完成的，如海信的基于 Windows CE 的机顶盒系统；另一类是中国自主开发的嵌入式操作系统，如凯思集团公司自主开发的嵌入式操作系统 Hopen OS(女娲计划)、北京科银京成技术有限公司开发的道系统(Delta OS)等。

从嵌入式系统的应用来分类，可分为面向低端设备的嵌入式操作系统和面向高端设备的嵌入式操作系统两类。低端设备如各种工业控制系统、计算机外设、民用消费品的微波炉、洗衣机、冰箱等，这类操作系统的典型是 μC/OS-Ⅱ。高端设备如信息化家电、掌上电脑、机顶盒、WAP 手机、路由器，常用的操作系统有 Windows CE、Linux 等。

从嵌入式操作系统的专业化程序来分类，可分为通用型嵌入式操作系统和专用型嵌入式操作系统两类。常见的通用型嵌入式操作系统有 Linux、VxWorks、Windows CE、μC/OS-Ⅱ等。常用的专用型嵌入式操作系统有 Smart Phone、Pocket PC、Symbian 等。

按实时性要求来分类，可分为强(硬)实时性嵌入式操作系统和弱(软)实时性嵌入式操作系统两类。强实时嵌入式操作系统主要面向控制、通信等领域。如 WindRiver 公司的VxWorks、ISI 的 pSOS、QNX 系统软件公司的 QNX、ATI 的 Nucleus 等。弱实时嵌入式操作系统主要面向消费类电子产品。这类产品包括 PDA、移动电话、机顶盒、电子书、WebPhone 等。如微软面向手机应用的 Smart Phone 操作系统。

1.4.6 通用操作系统与嵌入式操作系统的区别

作为操作系统的一个分支，嵌入式操作系统具有通用操作系统的基本特点，但它们的区别也是很明显的，主要表现在设计目标不同、调度原则不同、内存管理机制不同、实时性不同、交互性和稳定性不同等几个方面。

1. 设计目标不同

通用操作系统的设计目标是追求最大的吞吐率、强调系统整体性能最佳。通用操作系统多数由分时操作系统发展而来，大部分支持多用户和多进程。而分时操作系统的基本设计目标是：尽量缩短系统平均响应时间，提高系统的吞吐率，在单位时间内为尽可能多的为用户提供服务。通用操作系统中采用的很多算法和策略技巧都体现了这种设计原则。但也因此丧失了系统行为的可确定性和可预测性。

嵌入式操作系统除了要满足应用的功能需求外，更注重的是满足应用的各种实时性要求。而实时性目标是采用各种算法和策略，始终保证系统行为的可预测性。可预测性是指在系统运行的任何时刻、任何情况下，嵌入式操作系统都能为争夺资源(包括 CPU、内存、网络带宽等)的多个实时任务合理地分配资源，使每个实时任务的实时性要求都能得到满足。系统行为的可预测性是嵌入式操作系统与通用操作系统的根本区别。

由于它们的基本设计原则不同，导致二者在资源调度策略的选择上、操作系统实现的方法上都有较大差异。

2. 调度原则不同

通用操作系统为了达到最佳整体性能，调度原则是公平法则；而嵌入式操作系统为了保证系统的实时性要求，多数采用的是基于优先级的可剥夺的调度策略。

3. 内存管理机制不同

通用计算机系统为了存储和运行海量程序，通常具有海量硬盘和大容量的内存，为了高效率地运行程序，通用操作系统使用了虚拟内存的技术，为用户提供一个功能强大的虚拟机，但因虚存机制引起的缺页掉页现象会给系统带来不确定性。而嵌入式系统一般没有硬盘，操作系统和应用程序大多一起固化在 ROM 中，内存资源也很有限，因此嵌入式实时操作系统很少或有限地使用虚存技术。

4. 稳定性及交互性不同

从硬件环境上看，通用操作系统针对的通用计算机系统，具有标准化的 CPU、存储和 I/O 架构。为了最大限度的兼容各种软硬件产品，通用操作系统一般都要求面面俱到、具有广泛的适应性。通用操作系统通过屏蔽底层资源，为开发者提供一系列标准系统调用来使用操作系统，所以通用操作系统一般都具有人机友好的开发界面。而嵌入式操作系统的硬件资源则相对比较苛刻，通常没有标准化的存储、I/O 和显示器架构，内存容量一般都比较小，能源供给常常也很有限，要在如此紧张的资源下完成复杂的功能，就要求操作系统必须尽量小巧、高效。而且对于嵌入式系统的开发者来说，通常都能够掌握系统的全部资源，具有自主进行控制使用全部资源的能力，所以嵌入式操作系统一般不提供、也无需提供开发界面。即使提供用户界面，嵌入式操作系统的用户接口一般也不提供操作命令，它通过系统的调用命令向用户程序提供服务，控制逻辑相对固定。

嵌入式系统的工作过程是在高度自动化和高度专业化的前提下完成的，通常很少出现有人工干预的情况，这就要求负责系统管理的嵌入式操作系统具有较强的稳定性。

5. 实时性不同

通用操作系统一般是根据用户利用键盘和鼠标发出的命令来进行工作的，在时序上并不十分严格，而嵌入式操作系统主要是对仪器设备的动作进行监测控制，有很大一部分都具有严格的时序要求，特别是在像航空航天器那样的关键任务系统中，实时性的要求可能达到微秒量级，在这样的应用环境中，非实时的通用操作系统无法胜任。

1.5　初识 μC/OS‑Ⅱ 操作系统

μC/OS‑Ⅱ 是 1992 年美国人 Jean Labrosse 编写的适合于小巧控制器的嵌入式实时操作系统，应用面覆盖了诸多领域，如照相机、医疗器械、音响设备、发动机控制、航空器、高速公路电话系统、自动提款机等，其中 μ 是指 micro；C 是指 control。μC/OS‑Ⅱ 一进入中国，就受到了中国嵌入式系统工程师、高校师生的极大关注。

μC/OS‑Ⅱ 是专门为单片机嵌入式系统应用而设计的，主体代码用的是标准的 ANSI C 语言编成，十分易于移植。目前已经成功地移植到几乎所有的知名 CPU 上了，涵盖 8 位、16 位、32 位和 64 位等多种机型，其中还包括部分 DSP 芯片。所有的移植范例都能从网站上下载，移植十分容易，有的厂商在推出嵌入式芯片的同时就提供了 μC/OS‑Ⅱ 的移植代码，如 Motorola 的 16 位 56800 系列单片机。μC/OS‑Ⅱ 有良好应用环境和相当大的应用群体。在现在中国的嵌入式领域，几乎到处都可以见到 μC/OS‑Ⅱ 的影子。

1.5.1　μC/OS-Ⅱ的特点

μC/OS-Ⅱ主要是一个内核，只有任务管理和任务调度，无文件系统、界面系统、I/O管理系统等，特点是：小巧、公开源代码、详细的注解、实时性强、可移植性好、多任务、基于优先级的可剥夺型调度。

1. 源代码公开

许多商业实时内核的软件都提供源代码。但是，μC/OS-Ⅱ注解更详尽、组织更有序、内核结构更清晰，工作原理更容易理解，代码写得干净漂亮、和谐一致。

2. 可移植（Portable）

μC/OS-Ⅱ的绝大部分源码是用 ANSI C 写的，具有很强的移植性。只有与微处理器硬件相关的那部分代码是用汇编语言写的，汇编语言写的部分已经压到了最低限度。μC/OS-Ⅱ可以在绝大多数 8 位、16 位、32 位以至 64 位微处理器、微控制器、数字信号处理器上运行。μC/OS-Ⅱ移植到其他微处理器上只需要改写很少的代码，通常移植的全部工作只需要一二个小时到一二周的时间即可完成。μC/OS-Ⅱ移植的条件是：CPU 必须有堆栈指针、有内部寄存器入栈和出栈指令，使用的 C 编译器必须支持内嵌汇编或者 C 语言可扩展、可连接汇编模块，使得关中断、开中断能在 C 语言程序中实现。

3. 可固化（ROMable）

μC/OS-Ⅱ是为嵌入式应用而设计的，只要具备合适的系列软件（C 编译、连接、下载、固化），μC/OS-Ⅱ就可以嵌入到嵌入式计算机系统的 ROM 中去成为其一部分。

4. 可裁剪（Scalable）

μC/OS-Ⅱ的系统服务函数定义了条件编译配置常量，对不需要的服务可以通过条件编译予以裁剪，只使用 μC/OS-Ⅱ中应用程序需要的那些系统服务。代码最小可以裁剪到 2 kB 左右，这样就可以最大限度地减少产品中的 μC/OS-Ⅱ所需的存储空间（RAM 和 ROM）。

5. 可剥夺（Preemptive）

μC/OS-Ⅱ完全是可剥夺型的实时内核，即已经准备就绪的高优先级任务总是可以剥夺正在运行的低优先级任务的 CPU 使用权。这种内核的实时性比不可剥夺型内核要好。大多数商业内核也是可剥夺型的，μC/OS-Ⅱ在性能上和它们类似。

6. 多任务

μC/OS-Ⅱ可以管理 64 个任务，然而一般建议留 8 个给 μC/OS-Ⅱ。应用程序最多可以有 56 个任务。赋予每个任务的优先级必须是不同的，这意味着 μC/OS-Ⅱ不支持时间片轮转调度法，该调度法适用于调度优先级平等的任务。

7. 可确定性

μC/OS-Ⅱ的绝大部分函数的执行时间具有可确定性，除了函数 OSTimeTick() 和某些事件标志服务外，μC/OS-Ⅱ系统服务的执行时间不依赖于应用程序任务数目的多少，用户总是能知道 μC/OS-Ⅱ的函数调用与服务执行了多长时间。

8. 任务栈

μC/OS-Ⅱ允许每个任务都有自己单独的栈，不同的任务有不同的栈空间，而且每个栈空间的大小可以根据实际需要单独定义，以便降低系统对 RAM 的需求量。应用 μC/OS

-Ⅱ的堆栈校验函数,可以确定每个任务到底需要多少栈空间。

9. 系统服务

μC/OS-Ⅱ可以提供很多系统服务,例如信号量、互斥性信号量、事件标志、消息邮箱、消息队列、信号量、容量固定内存的申请与释放及时间管理函数等。

10. 中断管理

μC/OS-Ⅱ的中断嵌套层数可达255层,中断可以使正在执行的任务暂时挂起,如果中断使更高优先级的任务进入就绪态,则高优先级的任务在中断嵌套全部退出后立即执行。

11. 稳定性与可靠性

μC/OS-Ⅱ是μC/OS升级版,自1992年以来,μC/OS-Ⅱ已经有了大量的商业应用,每一种功能、每一个函数及每一行代码都经过了考验与测试。2000年7月,μC/OS-Ⅱ在一个航空项目中得到了美国联邦航空管理局(Federal Aviation Administration)对于商用飞机、符合RTCA DO-178B标准的认证,能用于性命攸关、安全条件极为苛刻的系统中。

1.5.2 μC/OS-Ⅱ内核文件组成

如图1.8所示,μC/OS-Ⅱ总共16个文件,其中11个文件与微处理器类型无关,移植后无需修改,可直接使用;3个文件与CPU类型相关,在移植时需要根据CPU情况进行修改;2个文件与具体应用有关。

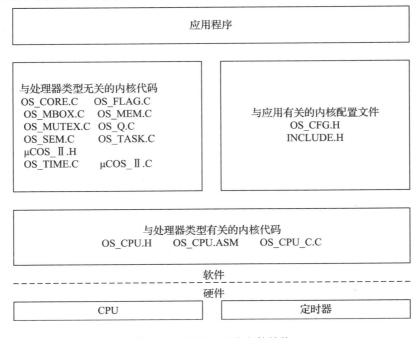

图1.8 μC/OS-Ⅱ的文件结构

1.5.3 如何学好μC/OS-Ⅱ

相比其他嵌入式实时操作系统,μC/OS-Ⅱ的特点在于源代码小、源代码公开、有详尽的解释、科研和教学可免费使用。正因为其小，所以便于学习、研究、理解和掌握；也因为其小，更便于广大的低端用户和小系统使用。那么我们如何学好 μC/OS-II 呢？学习 μC/OS-II 可以简单概述为以下几个方面。

1. 掌握基本概念

掌握和理解基本概念是学好 μC/OS-II 的基础，μC/OS-II 的基本概念包括：内核的整体结构，任务的概念，任务的调度与切换，事件的概念，中断的处理方法，互斥、同步和通信的概念与方法，开关中断的方法，初始化过程和启动过程等。

2. 掌握函数调用方法

用户常用的 μC/OS-II 系统服务函数大约有 70 个，最基本的有 9 个任务管理函数、5 个时间管理函数、时钟节拍函数、初始化函数和系统启动函数，掌握其中的任务建立函数 OSTaskCreate() 或者 OSTaskCreateExt()、延时函数 OSTimeDly() 或者 OSTimeDlyHMSM()、时钟节拍函数、初始化函数 OSInit()、系统启动函数 OSStart()，建立好任务栈，定义好条件编译量，μC/OS-II 就可以运行起来了！对于以应用为主的初学者来说，只要掌握这 70 个系统服务函数的调用方法，就足够了。

3. PC 机运行

为了检验是否真正地掌握了系统服务函数的调用方法，可以在 PC 开发平台上首先根据书中提供的范例仿真运行自己编写的程序，而不是急着下载到嵌入式系统中去，以便于加深理解、减少学习过程中的弯路，这是一个学习 μC/OS-II 的好方法，也是初学者的必由之路。完成以上三步的学习，就可以成为一个合格的 μC/OS-II 开发者了。μC/OS-II 的使用就这么简单！

4. 阅读源代码

对于有更高要求的读者来说，还需要阅读 μC/OS-II 的源代码，阅读源代码可以帮助读者深入地理解实时内核的工作原理，解开实时内核的秘密。μC/OS-II 的源代码简练、整齐、可读性好，通过阅读源代码，还可以从中学习一些良好的编程方法，养成良好的编程习惯。

5. 移植

移植内核是嵌入式系统开发的高级阶段，是对高级开发人员的要求。现在很多 CPU 都有移植范例，从相关的网站上都可以下载到，不需要一般开发人员花很多力气去移植。

6. 自己动手编写内核代码

自己动手编写内核代码是实时内核的最高阶段，在全部精通 μC/OS-II 的基础上，编写内核也不是一件难事，当然编写一个好的实时内核很难。按 Jean Labrosse 先生的话说"不就是不断地保存和恢复 CPU 寄存器内容吗？"，对于完成了以上五步的读者来说，不妨自己试试。

1.5.4 一个简单的实例

为了使初学者尽快认识 μC/OS-II 的易学、好用，从而激发初学者的学习的热情和兴趣，提高学习效率，本节特列举一个简单实例，供读者参考。

编译运行环境 Keil μVision 4.00a，CPU 为 MCS-51 系列单片机，系统建立两个任务，任务 Task1 输出"1"，每秒运行 1 次；任务 Task2 输出"2"，每 2 秒运行 1 次，其运行结果是在 serial windows UART♯1 窗口中交替显示"1、1、2"。程序设计及系统设置过程如下：

（1）运行 Keil μVision 4.00a 程序，按 Keil μVision 4.00a 规范正确建立工程和设置 CPU 类型；

（2）装载 μC/OS-Ⅱ 全部文件，在 OS_CFG.H 文件中做如程序清单 1.1 所示的设置。

程序清单 1.1　OS_CFG.H 文件配置

```
#define OS_LOWEST_PRIO       16        // 定义任务最低优先级，必须小于 63
#define OS_MAX_TASKS         8         // 定义最大任务数，必须大于 2
#define TaskStkSize          64        // 定义每个栈的最大尺寸
#define OS_TASK_CREATE_EN    1         // 允许使用任务建立函数
#define OS_TIME_DLY_EN       1         // 允许使用延时函数
#define OS_TICKS_PER_SEC     20        // 定义时钟节拍频率
```

（3）编写如程序清单 1.2 所示代码。

程序清单 1.2　应用程序

```
/* * * * * * * * * * * * * * * * * * * * * * * * * * * * * * * * * * * * *
模块名称：      main
任    务：      启动代码
功    能：      初始化系统、创建任务、启动多任务
* * * * * * * * * * * * * * * * * * * * * * * * * * * * * * * * * * * * */
#include "includes.h"                        // μC/OS-Ⅱ 总头文件
#include "reg51.h"
OS_STK   Task1Stack[TaskStkSize];            // 声明两个任务栈
OS_STK   Task2Stack[TaskStkSize];
void Task1(void * ppdata) reentrant;         // 声明两个任务函数
void Task2(void * ppdata) reentran;
void InitSerial(void)       reentrant;       // 声明串口初始化函数
void InitTimer0(void)       reentrant;       // 声明定时器 0 初始化函数

void main( void )                            // 必须有一个主函数
{
    InitSerial();                            // 调用函数初始化串口
    InitTimer0();                            // 初始化定时器 0，作内核时钟发生器用
    OSInit();                                // 初始化 μC/OS-Ⅱ
    OSTaskCreate(Task1,(void * )0,&Task1Stack[0],2); // 建立任务 Task1
    OSTaskCreate(Task2,(void * )0,&Task2Stack[0],3); // 建立任务 Task2
    OSStart();                               // 启动多任务，启动后程序永不返回
}


/* * * * * * * * * * * * * * * * * * * * * * * * * * * * * * * * * * * * *
模块名称：      Task1
任    务：      任务 1
功    能：      每隔 1 秒，串口窗输出一个字符 1
```

```
* * * * * * * * * * * * * * * * * * * * * * * * * * * * * * * * * */
void Task1(void * ppdata) reentrant{
    int i=0;
    ppdata = ppdata;                                // 引用一次参数，防止产生编译错误
    while(1){
        printf("\n1");                              // 串口窗输出字符 1
        OSTimeDly(50 * OS_TICKS_PER_SEC);           // 延时 1 秒
    }
}
/* * * * * * * * * * * * * * * * * * * * * * * * * * * * * * * * * * *
模块名称：       Task2
任    务：       任务 2
功    能：       每隔 2 秒，串口窗输出一个字符 2
* * * * * * * * * * * * * * * * * * * * * * * * * * * * * * * * * */
void Task2(void * ppdata) reentrant{
    ppdata = ppdata;
    while(1){
        printf("\n2");                              // 串口窗输出字符 2
        OSTimeDly(100 * OS_TICKS_PER_SEC);          // 延时 2 秒
    }
}


/* * * * * * * * * * * * * * * * * * * * * * * * * * * * * * * * * * *
模块名称：       InitSerial
任    务：       串口初始化
功    能：       CPU 时钟 12 MHz，波特率 = 2400pbs
* * * * * * * * * * * * * * * * * * * * * * * * * * * * * * * * * */
void InitSerial(void) reentrant {          // 串口初始化程序
    // TI 和 TR1 都置位
    SCON = 0x52;                            // SM0 SM1 = 1  SM2 REN TB8 RB8 TI RI
    TMOD = 0x20;                            // GATE C/T M1M0=02 GATE C/T M1M0=0
    TH1  = 0xE6;                            // TH1=E6 当 CPU 时钟为 12 MHz 时候，
                                            // 波特率为 2400 b/s
    TL1 = 0xE6;
    PCON = 0x80;
    TCON = 0x40;                            // TF1 TR1 TF0 TR0 IE1 IT1 IE0 IT
}


/* * * * * * * * * * * * * * * * * * * * * * * * * * * * * * * * * * *
模块名称：       InitTimer0
任    务：       定时器 0 初始化
功    能：       CPU 时钟 12 MHz，50 ms 中断一次
* * * * * * * * * * * * * * * * * * * * * * * * * * * * * * * * * */
```

```
void InitTimer0(void)    reentrant {
    TMOD|= 0x01;
    TH0= 0x3c;
    TL0= 0xaf;
    TR0= 1;                          // TR0 也可以在 OSStart()中置位
    ET0= 1;
}
```

参 考 文 献

［1］　何立民.单片机与嵌入式系统应用［J］.嵌入式系统的定义与发展历史，2004，
1：6－8

习　　题

(1) 嵌入式系统的起源和发展方向如何？嵌入式系统的定义是什么？特点是什么？
(2) 什么是实时系统？有哪几种实时系统？各有何特点？
(3) 嵌入式操作系统经历了哪几个发展阶段？定义是什么？
(4) 嵌入式操作系统由哪几个部分组成？什么是内核？它的主要功能是什么？
(5) 嵌入式实时操作系统的本质特征是什么？如何评价嵌入式实时操作系统？
(6) $\mu C/OS-II$ 的特点是什么？

第 2 章

嵌入式操作系统中的基本概念

本章主要讨论嵌入式操作系统中的前后台系统、调度、临界区、进程与线程、任务与多任务、任务切换、可剥夺和不可剥夺、可重入、优先级反转、事件、互斥、同步、通信等概念。

2.1 前后台系统

前后台系统主要是指无操作系统支撑的计算机系统，如图 2.1 所示，它的软件一般由前台（foreground）和后台（background）两部分程序组成。后台是一个无限循环的应用程序，循环中调用相应的任务函数完成相应的操作，各个任务依次运行，没有调度，运行的次序不能改变。前台是中断服务程序，处理异步事件。一般地，后台也叫任务，前台也叫中断。时间相关性要求很强的关键操作一定要靠中断服务来保证，但是中断服务提供的信息并不能马上得到处理，必须要一直等到后台程序运行到相应的处理任务时才能处理。这种系统对处理信息的及时性比较差，最坏情况取决于整个循环的执行时间。这个指标称作任务级响应时间。由于循环的执行时间不是常数，因此程序经过某一特定部分的准确时间也是不能确定的。如果程序修改了，循环的时序也会受到影响。

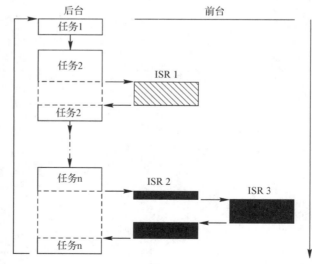

图 2.1 前后台系统

前后台系统也称为超循环系统。一般不复杂且实时性要求不高的小系统很适合采用前后台系统模式,例如微波炉、电话机、玩具等。在另外一些基于省电的应用中,平时微处理器处在停机状态,所有的任务都靠中断服务来完成,也常常采用前后台系统模式。

2.2　调　　度

调度是内核的主要职责之一,为任务分配资源和时间,决定任务运行的次序,从而使系统满足特定的性能要求。

基本的调度算法有先来先服务(FCFS)、最短周期优先(SBF)、优先级法(Priority)和轮转法(Round-Robin)等。

调度的基本方式有可剥夺型(占先式)和不可剥夺型(非占先式),多数实时内核是基于优先级调度的多种方法的复合。

2.3　临　界　区

嵌入式系统中的资源是指为任务所占用的任何实体,它可以是硬件设备,如打印机、键盘、显示器、I/O端口、RAM、ROM、中断源和时钟等,也可以是软件,如变量、结构和数组等。

共享资源是指被两个或者更多任务所使用的资源。

任何时候都只允许一个任务访问的资源称为临界资源,用于访问临界资源的代码段称为临界区或临界段,这部分代码不允许多个并发任务交叉执行,否则会产生严重后果,比如进入中断后的现场保护代码等。为确保临界区代码的安全执行,在进入临界区之前要关中断,而临界段代码执行完以后要立即开中断。

2.4　进程与线程

2.4.1　进程的概念

在现代计算机系统中,为了提高 CPU、内存和 I/O 等设备的利用率,增加系统的吞吐率,充分发挥计算机部件的并行性,通常采用多道程序设计技术。多道程序设计技术是指允许多个程序同时驻留计算机内存并进行计算的方法。在多道程序环境下,CPU 不再被某个程序独占使用,并发运行替代了原来的顺序运行,程序与计算之间也不再呈现一一对应的规律。各道程序之间由于需要共享系统资源,往往存在相互制约的关系,程序的活动也不再处于一个封闭的系统内,而是出现了许多新的特征,如独立性、并发性、动态性和相互制约性。在这种情况下,程序这个静态概念已经不能准确地描述程序活动的内涵了。因此,1964 年由贝尔实验室、麻省理工学院和美国通用电气公司设计的 MULTICS 操作系统,以及 1968 年以荷兰科学家 E. W. Dijkstra 为首设计的 T.H.E 操作系统都广泛地使用了"进程"(process)这一术语来描述系统和用户的程序活动。1964 年 IBM 设计的 OS/360操作系统又使用了"任务"(TASK)术语。"进程"和"任务"两者意义相同。

进程是计算机系统中的程序关于某数据集合上的一次运行活动,是系统进行资源分配和调度的基本单位，是操作系统结构的基础。进程不仅是程序的代码，还包括当前的活动，是一个活动的实体，是一个动态的概念，是可以独立运行的单位。进程通常包括三个组成部分：程序、数据集合和进程控制块。进程具有两种属性：（1）它是一个可以申请和拥有系统资源的独立单位；（2）它是一个可以独立调度和分配的基本单位。正是因为同时具备这两个基本属性，进程才成为能够独立运行的基本单位，从而构成进程并发执行的基础。

2.4.2 线程的概念

1960 年代，在操作系统中能拥有资源和独立运行的基本单位是进程。但随着计算机技术的发展，人们逐步发现进程出现了许多弊端：一是在创建、撤销和切换的过程中，系统付出的时空开销还是很大，需要引入轻型进程；二是由于对称多处理机的出现，可以满足多个单位运行，而多个进程并行运行开销过大。进程这一概念已经不能满足高效率地使用系统资源的需求了。于是，1980 年代中期，提出了比进程更小的独立运行单位——线程。近年来，线程的概念已广为应用，不仅在大量操作系统中被引用，而且在部分数据库和应用软件中，也引入了这一概念以期改善系统性能。

在早期面向进程设计的计算机程序结构中，程序是指令、数据及其组织形式的描述，进程是程序的基本执行实体。在当代面向线程设计的计算机程序结构中，线程是进程中的一个实体，是 CPU 调度和分配的基本单位。进程只拥有维持运行的最少资源（如寄存器、堆栈、程序计数器等）。进程可以独立运行，同一进程可以拥有多个线程，是线程的容器。每个线程都可以共享同一进程中的所有资源，线程可以在进程中并发执行，但不能脱离进程独立运行。线程具有许多进程所具有的特征，所以又称为轻量级进程（Light-Weight Process）或进程元。

2.5 任务与多任务

任务在不同的应用领域具有不尽相同的意义，它既可以是一个独立装载的程序，也可以是全部程序中的一段。在实时操作系统中，有时会用线程或者进程来替代任务。进程是一个完全独立的程序，有自己的地址空间；线程一般定义为具有特定目的的半独立程序段，是进程中的一个子程序，所有线程共用相同进程的地址空间，合并起来构成一个完整的应用程序。线程管理的开销是很小的。大多数嵌入式系统不具备担负面向进程操作系统的内存开销，小的微处理器也不具备支持面向进程操作系统的硬件结构。基于上述原因，绝大多数嵌入式实时操作系统的任务都采用了线程模式。

多任务是指用户可以在同一时间内运行多个应用程序，每个应用程序就是一个任务。对于单 CPU 系统来说，由于 CPU 不能在同一时刻运行多个程序，所以多任务只是在宏观上看起来像是并发执行，而在微观上各个任务还是顺序运行的。

多任务的并发执行通常依赖于一个多任务操作系统。多任务操作系统的核心是系统调度器，它使用任务控制块（Task Control Block，TCB）来管理任务调度功能，如图 2.2 所示。TCB 用来保存任务的当前状态、优先级、要等待的事件或资源、任务程序代码的起始地址、初始堆栈指针等信息。一旦任务建立，TCB 就被赋值，当任务的 CPU 使用权被剥夺时，TCB 用来保存该任务的状态；当任务重新得到 CPU 使用权时，该任务的信息将从它的 TCB 中取出，放入各个寄存器中，TCB 能确保任务从当时被中断的那一点丝毫不差地继续执行。TCB 全部驻留在内存中。

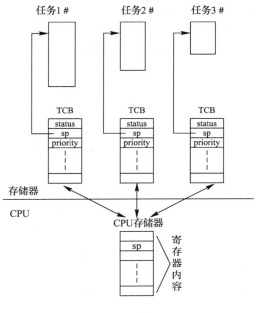

图 2.2　多任务

　　实时应用程序设计的关键就是确定如何把问题分割成多个任务，以及如何确定每个任务的优先级和任务之间的通信。

　　典型地，每个任务都是一个无限的循环，每个任务都处在休眠态、就绪态、运行态、挂起态（等待某一事件发生）和被中断态等五种状态之一。

　　休眠态是指任务驻留在内存中，但还没有交给内核管理，不被多任务内核所调度。

　　就绪态是指任务已经做好了运行的准备，可以运行了，但由于有更高优先级的任务正在控制着 CPU 的使用权，该任务暂时还不能运行。

　　运行态是指任务控制了 CPU 的控制权，正在运行中。

　　挂起态也叫做等待事件态，指任务在等待某一事件的发生，例如等待某外设的 I/O 操作、等待某共享资源的释放、等待定时脉冲的到来、等待超时信号的到来以结束目前的等待状态等。

　　被中断态是指发生中断时，CPU 转入相应的中断服务，原来正在运行的任务暂时放弃 CPU 的使用权。

2.6　任 务 切 换

　　所谓任务切换（Context Switch 或者 Task Switch），实际上是模拟一次中断过程，从而实现 CPU 使用权的转移。每个任务都有自己独立的堆栈，称之为任务栈，用于保存任务的当前状态和所有寄存器内容。当内核决定运行另一个任务时，首先入栈，将当前任务用到的所有寄存器内容以及当前状态保存到自己的任务栈中去，然后像中断返回一样，将下一个将要运行的任务的所有寄存器内容和状态从该任务的任务栈中弹出,重新装入 CPU 的寄存器,任务即恢复到挂起前的状态,并开始执行。这个过程叫任务切换。

任务切换所需要的时间叫任务切换时间,它取决于 CPU 有多少寄存器要进出堆栈,任务切换过程增加了 CPU 的额外负荷,CPU 的内部寄存器越多,额外负荷就越重。实时内核的性能不应该以每秒钟能做多少次任务切换来评价。

2.7　死　　锁

死锁又称抱死,是指两个或者更多的任务相互等待对方占有的资源而无限期地僵持下去的局面。例如,任务 A 正独享资源 R1,任务 B 正在独享资源 R2,而此时任务 A 又要独享资源 R2,任务 B 也要独享资源 R1,于是任务 A 和任务 B 都无法继续执行了,死锁就发生了。

产生死锁的根本原因在于:① 系统资源不足;② 任务运行推进的顺序不合理;③ 资源分配不恰当等。

死锁产生有四个必要的条件:① 互斥条件,系统中某些资源只能独占使用;② 非抢占条件,系统中某些资源仅能被它的占有者所释放,而不能被别的任务强行抢占;③ 占有并等待条件,系统中的某些任务已占有了分给它的资源,但仍然等待其他资源;④ 循环等待条件,系统中由若干任务形成的环形请求链,每个任务均占有若干种资源中的某一种,同时还要求(链上)下一个任务所占有的资源。具备必要的条件后,当任务推进顺序不合理时死锁就发生了。

预防死锁的基本思想是:打破产生死锁的四个必要条件中的一个或几个。

预防死锁的策略有:资源预先分配策略、资源有序分配策略。

(1) 资源预先分配策略:打破占有且申请条件,任务在运行前一次性地向系统申请它所需要的全部资源,如果所请求的全部资源得不到满足,则不分配任何资源,此任务暂不运行。

(2) 资源有序分配策略:打破循环等待条件,把资源事先分类编号,按序分配,使任务在申请、占用资源时不会形成环路。

一旦发生死锁,可用资源剥夺或任务撤销等方法解除死锁。

大多数内核提供了等待超时功能,以此化解死锁。死锁一般发生在大型多任务系统中,在嵌入式系统中不易出现。

2.8　不可剥夺型内核

运行的任务占有 CPU 的绝对使用权,若不自我放弃,准备就绪的高优先级任务不能抢占 CPU 的使用权,具有这种特性的内核称为不可剥夺型内核。不可剥夺型调度法也称作合作型多任务,各个任务彼此合作共享一个 CPU。正在运行的任务允许中断打入,中断服务可以使任务由挂起状态变为就绪状态,但中断服务完成以后 CPU 的使用权还得还给原先被中断了的任务,直到该任务主动释放 CPU,准备就绪的高优先级任务才能获得 CPU 的使用权。图 2.3 所示为不可剥夺型内核的运行情况示意图,过程如下:

（1）低优先级任务正在运行时，有一个异步事件发生，中断打入；

（2）如果此时中断是开放的，CPU 进入中断服务子程序；

（3）假设中断服务子程序使一个更高优先级的任务进入就绪态状态；

（4）中断服务完成后，应用程序返回到原来被中断的任务；

（5）继续执行被中断的任务，该任务完成后，调用内核服务函数释放 CPU 控制权；

（6）准备就绪的高优先级任务获得 CPU 的使用权；

（7）高优先级任务开始处理中断服务所标识的异步事件。

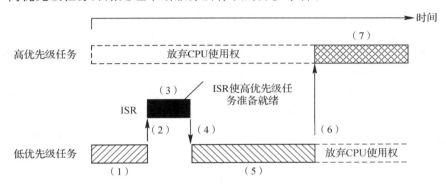

图 2.3　不可剥夺型内核运行过程示意图

不可剥夺型内核的优点在于：① 中断响应时间快，它不像可剥夺型内核要调用内核函数通知内核进入中断服务子程序；② 由于采用了优先级调度法，所以任务级响应比前后台系统快得多，任务级响应时间取决于最长的任务执行时间；③ 由于正在运行的任务占有 CPU，因而不必担心被其他任务抢占。在任务级，不可剥夺型内核允许使用不可重入函数，一般也不需要使用信号量保护共享数据，除了在某些特殊情况下，如处理共享 I/O 设备和使用打印机时，仍需要使用互斥型信号量。

不可剥夺型内核的最大缺陷在于响应时间慢，准备就绪的高优先级任务也许要等很久，直到当前运行着的任务释放 CPU 才能运行。与前后系统一样，不可剥夺型内核的任务级响应时间是不确定的，准备就绪的最高优先级任务何时才能得到 CPU 的控制权，完全取决于正在运行的任务何时释放 CPU。尽管不可剥夺型内核的任务级响应时间要优于前后台系统，但仍是不可知的，商业软件几乎没有不可剥夺型内核。

2.9　可剥夺型内核

一旦有更高优先级的任务准备就绪，当前正在运行的低优先级任务的 CPU 使用权就立即被剥夺，CPU 的使用权移交给那个更高优先级的任务，具有这种特性的内核称为可剥夺型内核。

使用可剥夺型内核，准备就绪的最高优先级任务总是能够得到 CPU 的使用权。如果中断服务使得一个高优先级的任务准备就绪，那么中断服务完成后，被中断的任务将转入就绪，这个高优先级的任务则取得 CPU 的使用权。同样，若中断期间有高优先级任务准备就绪，中断服务完成以后，应用程序也不再回到被中断的那个任务去，而是执行准备就绪的高优先级任务。可剥夺型内核运行情况如图 2.4 所示，其过程简要说明如下：

(1) 低优先级任务正在运行时，有一个异步事件发生，中断打入；

(2) 若此时中断是开放的，CPU 转入中断服务子程序；

(3) 假设中断服务子程序使一个更高优先级的任务进入就绪态状态；

(4) 中断服务完成后，应用程序不再返回到原来被中断的任务，而是执行准备就绪的高优先级任务；

(5) 高优先级任务开始处理中断服务子程序所标识的异步事件；

(6) 高优先级任务执行完毕以后挂起，内核进行任务切换。值得注意的是：若高优先级的任务不自我挂起，低优先级的任务就永远都没有运行的机会；

(7) 若此时没有比原来被中断的那个任务优先级更高的任务准备就绪，被中断的任务将重新获得 CPU 的使用权。若有更高优先级的任务准备就绪，那么 CPU 将运行这个更高优先级的任务，原被中断的任务还是得不到执行，一直要等到没有比它更高优先级的任务准备就绪，才能重新取得 CPU 的控制权。

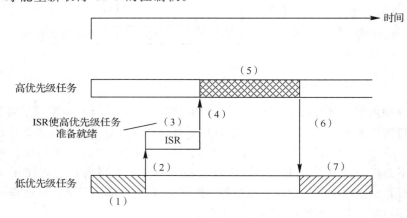

图 2.4　可剥夺型内核运行过程示意图

对于可剥夺型内核，CPU 的使用权是可预测的和可确定的，可使任务级响应得以优化。

当对系统响应时间有严格要求时，可以使用可剥夺型内核。在使用可剥夺型内核时要注意的是：应用程序最好不要直接使用不可重入型函数，因为在低优先级任务的 CPU 使用权被高优先级任务剥夺时，不可重入型函数中的数据有可能遭到破坏。若确需使用不可重入型函数，则可用互斥条件来保护，这可以用互斥型信号量来实现。

μC/OS-Ⅱ 以及绝大多数商业实时内核都是可剥夺型内核。

2.10　可　重　入　型

可重入(reentrant)型函数是指可以被多个任务并发使用，而数据不会遭到破坏的函数。反之，不可重入(non-reentrant)型函数不能由多个任务所共享，除非能确保函数的互斥。可重入型函数只使用局部变量，变量保存在 CPU 寄存器或堆栈中，可以在任意时刻被中断，再重新恢复运行时，数据不会被破坏；若使用全局变量，则需满足互斥条件。

例如，程序清单 2.1 和 2.2 中的两个函数 func1() 和 func2()，功能相同，都是实现两个形参的互换。但是，函数 func1() 中所有变量都是局部变量，存放在可重入堆栈中，被多个任务调用时，参数不会被破坏。func1() 就是一个可重入型函数。而函数 func2() 使用了全局变量，就变成了一个不可重入型函数。

程序清单 2.1　可重入型函数

```
void func1(int * x, int * y) {
    int temp;
    temp= * x;
    * x= * y;
    * y= temp;
}
```

程序清单 2.2　不可重入型函数

```
static int temp;
void func2(int * x, int * y){
    temp= * x;
    * x= * y;
    * y= temp;
}
```

已经知道：不可重入函数不能被多个任务所共享。那么，产生这样的现象是什么原因呢？为了说明这个问题，假定函数 func2() 被两个任务 TASK A 和 TASK B 所共享，内核是可剥夺型的，且中断始终是开放的，temp 定义为静态整型全局变量，其运行情况如图 2.5 所示，详细解释如下：

（1）假设低优先级任务 TASK A 正在调用函数 func2()，temp = 1，此时有中断打入；

（2）中断使高优先级任务 TASK B 准备就绪；

（3）中断退出后，CPU 控制权被任务 TASK B 所抢占，TASK B 也调用函数 func2()；

（4）任务 TASK B 执行完毕后挂起后，此时变量 temp=3；

（5）任务 TASK A 重新控制 CPU，当 func2() 执行完毕后，y=3。但是，正确的结果是 y=1。

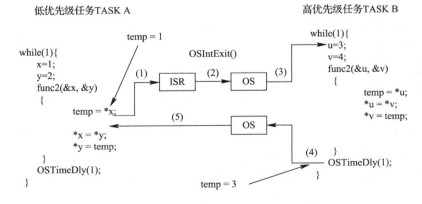

图 2.5　不可重入型函数运行情况示意图

　　在多任务条件下，函数本身的安全十分重要，使用不可重入函数往往会引起错误，有些错误即使测试也难以发现。使用以下技术之一可使函数 func2() 具有可重入性：

　　(1) 将 temp 定义为局部变量，如程序清单 2.1 所示；

　　(2) 在调用前，禁止中断，执行完毕后再开中断；

　　(3) 在调用过程中，应用信号量独占使用该函数。

　　通过这样的技术处理，两个任务都会得到正确结果。

2.11　优先级反转

2.11.1　任务的优先级

　　每个任务都有自己的优先级。任务越重要，赋予的优先级应越高。μC/OS-Ⅱ任务的优先级也是任务的唯一标识。

　　所谓静态优先级是任务在创建时就确定了的、且运行过程中不再动态地改变的优先级。在静态优先级系统中，各个任务以及它们的时间约束在程序编译时是已知的。

　　所谓动态优先级是应用程序在执行过程中，任务的优先级可以根据需要而改变的优先级。可剥夺型实时内核常常会出现优先级反转的问题，优先级反转会造成任务调度的不确定性，严重时可能导致系统崩溃。

2.11.2　优先级反转

　　优先级反转(Priority Inversion)是指一个任务等待比它优先级低的任务释放资源而被阻塞，如果这时有中等优先级的就绪任务，阻塞会进一步恶化。

　　优先级反转原理如图 2.6 所示，详细说明如下：

　　(1) 低优先级任务 C 取得 CPU 的使用权，处于运行状态；

　　(2) 任务 C 得到一个信号量，获得共享资源的使用权，继续运行；

　　(3) 任务 A 准备就绪，由于它的优先级高，所以剥夺了任务 C 的 CPU 使用权；

　　(4) 任务 A 处于运行状态，尽管任务 C 不能运行，但处于就绪状态；

　　(5) 任务 A 也要访问共享资源，申请信号量，但由于任务 C 还在没有释放信号量，所以任务 A 因为等待信号量而被挂起；

　　(6) 此时，因没有更高优先级任务准备就绪，所以任务 C 立即转入运行态；

　　(7) 中等优先级任务 B 准备就绪，它优先级比任务 C 高，从而剥夺了任务 C 的 CPU 使用权；

　　(8) 任务 B 获得 CPU 使用权，处于运行状态，任务 C 转入就绪态，但不能运行；

　　(9) 任务 B 挂起，任务 C 再次转入运行态；

　　(10) 任务 C 取得 CPU 使用权，处于运行状态；

　　(11) 任务 C 共享资源访问完毕，释放信号量；

　　(12) 任务 A 获得信号量得以继续运行。

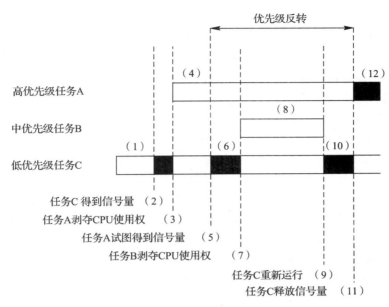

图 2.6　优先级反转原理示意图

通过上述分析，可以看出，由于任务 A 与任务 C 在共享资源的竞争中一时处于劣势，它的优先级实际上降到了任务 C 的水平，比任务 B 的优先级还要低。因为任务 A 要等，一直要等到任务 C 释放共享资源，由于在此期间任务 B 又剥夺了任务 C 的 CPU 使用权，使得任务 A 的状况更加恶化，任务 B 使任务 A 增加了额外的延迟时间。任务 A 和任务 B 的优先级发生了反转。

简单的纠正方法可以是，在任务 C 使用共享资源时，提升优先级，任务完成时予以恢复，任务 C 的优先级必须升至高于允许使用该资源的任何任务。然而改变任务的优先级时间开销很大，且优先级反转并非时时发生，这样做无形中浪费了很多 CPU 时间。

防止发生优先级反转的方法主要有：优先级继承算法（Priority Inheritance）和优先级天花板算法（Priority Ceiling）等。但 μC/OS-Ⅱ 不支持这两种算法，一些商业内核具有这些功能。

2.12　事　件

一个任务或者中断服务子程序可以通过内核服务来向另外的任务发信号，这里所有的信号都被看成是事件（Event）。信号量、互斥信号量、消息邮箱、消息队列、事件标志组等都可以实现事件管理功能。

2.12.1　信号量

信号量与信号在英文中都是同一个词 Semaphore，并不加以区别。信号量是一种通信机制，1965 年荷兰著名计算机科学家艾兹格·迪科斯彻把同步与互斥的关键含义抽象成信号量概念，并在信号量上引入 PV 操作作为同步原语。P 是荷兰语 Proberen（测试）的首字母，含义是申请或等待一个信号量；V 是荷兰语 Verhogen（增加）的首字母，含义是释放或发送一个信号量。信号量的基本思路是用一种新的数据类型（Semaphore）来记录当前可用资源的数量，通过 PV 原语操作信号量来处理进程间的同步与互斥的问题，核心就是一段不可分割不可中断的程序。信号量有两种实现方式：① Semaphore 的取值必须大于或等于 0。0 表示当前已没有空闲资源，而正数表示当前空闲资源的数量；② Semaphore 的取值可正可负，负数的绝对值表示正在等待进入临界区的进程个数。

信号量现在普遍应用于内核，主要作用是：① 满足互斥条件，实现共享资源的独占使用；② 标志某事件的发生；③ 使两个任务的行为同步。信号量就像一把钥匙，要进房间，就要先拿钥匙，谁得到，谁就能运行，得不到的，就只有等待。

信号量是一个受保护的量，只有初始化和 PV 操作才能改变信号量的值。典型地，内核可以提供以下信号量服务：（1）初始化（INITIALIZE）信号量，也可称为建立（CREATE）信号量。信号量初始化时，要给信号量赋初值，等待信号量的任务列表应清空；（2）等信号（P 操作）或申请信号量（PEND）。对于执行等待信号量的任务来说，若该信号量有效，则信号量值减 1，任务继续执行；若信号量值为 0，则任务继续等待。若内核允许定义等待延时时限，则超时后，该任务转入就绪，同时返回错误代码以示发生了超时错误；（3）给信号（V 操作）或发信号（POST）。若没有任务等待该信号量，则信号量的值仅简单加 1；若只有一个任务等待该信号量，则该任务转入就绪状态，信号量的值不加 1；若有多个任务等待信号量，至于谁先得到信号量，那就要看内核是如何调度的了。一般有两种可能：一是按优先级原则，等待信号量的任务中优先级最高的先得到；二是按先进先出的原则，最早开始等待信号量的那个任务先得到。有的内核有选项，两种方法都支持，μC/OS-Ⅱ只支持优先级法。

信号量的一般表示方法如图 2.7 所示，如果信号量用于表示对共享资源的访问就用钥匙符号，数字 N 表示可用资源数，对于二值信号量 N＝1；如果信号量用于表示某事件的发生和同步，就用旗帜符号，数字 N 表示事件已经发生的次数；小沙漏表示延时计时器，旁边的数字表示设置的延时时限值，单位是时钟节拍，0 表示无限期等待，直到得到信号量。

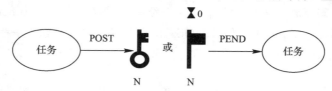

图 2.7　信号量的一般表示方法

2.12.2　消息邮箱

消息邮箱是一种以消息指针的方式进行通信的机制，它可以使一个任务或者中断服务子程序向另一个任务发送一个指针型的变量，该指针指向一个包含了特定"消息"的数据结构。邮箱发送的不是消息本身，而是指向消息的指针，指针指向的内容就是那则消息。根据应用的不同，不同的指针所指向的数据结构也可能有所不同。

消息邮箱的工作原理是：邮箱在初始化时建有一个等待消息的任务列表，若邮箱为空，则等待消息的任务挂起，且被加入到等待消息的任务列表中。一旦邮箱收到消息，或等待任务列表中优先级最高的任务，或最先等待消息的任务得到消息，且转入就绪并从任务列表中清除。

　　一般地，内核允许用户定义等待延时时限。如果等待消息延时期满，仍然没有收到消息，任务转入就绪，并返回出错信息，报告等待超时错误。

　　典型地，内核提供以下邮箱服务：① 邮箱初始化，或邮箱建立；② 发消息给邮箱（POST）；③ 等待消息进入邮箱（PEND）；④ 无等待请求邮箱消息（ACCEPT）。

　　消息邮箱可以用来标识一个事件的发生，也可以当作只取两值的信号量用。

　　消息邮箱的一般表示方法如图 2.8 所示，大写字母 I 表示邮箱；小沙漏表示延时计时器，旁边的数字表示设置的延时时限值，单位是时钟节拍，10 表示最多等待 10 个时钟节拍。

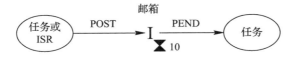

图 2.8　消息邮箱的一般表示方法

2.12.3　消息队列

　　消息队列是一种以消息链表的方式进行通信的机制，它可以使一个任务或者中断服务子程序向另一个任务发送以指针方式定义的变量，指针指向的内容就是那则消息。消息队列本质上是一个邮箱阵列。因具体的应用有所不同，每个指针指向的数据结构变量也可能有所不同。

　　像使用邮箱一样，消息队列在初始化时建有一张等待消息的任务列表，如果消息队列为空，等待消息的任务就被挂起并加入到等待消息的任务列表中。一旦队列中有消息进入，该消息或是传给等待消息的任务中优先级最高的那个任务，或是传给最先进入等待任务列表的那个任务，或是传给最后进入的那个任务，具体传递给谁，取决于内核定义的机制。

　　一般地，内核允许消息队列定义等待延时时限，如果延时期内没有收到消息，任务转入就绪态，同时返回出错代码，报告等待超时错误。

　　典型地，内核提供以下消息队列服务：① 消息队列初始化；② 放一则消息到队列中去（POST）；③ 等待一则消息的到来（PEND）；④ 无等待请求消息。

　　消息队列的一般表示方法如图 2.9 所示，两个大写的字母 I 表示消息队列，数字"10"表示消息队列最多可以放 10 则消息；小沙漏表示延时计时器，旁边的数字表示设置的延时时限值，单位是时钟节拍，0 表示无限期等待，直至收到消息。

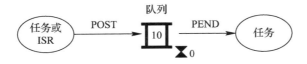

图 2.9　消息队列的一般表示方法

2.12.4　事件标志组

　　事件标志组是一种多个事件组合的通信机制，主要用于一个任务与多个事件的同步。

如果任务需要与多个事件之一发生同步,就称为独立型同步(Disjunctive Synchronization),即逻辑或关系。如果任务需要与多个事件都发生同步,称之为关联型同步,即逻辑与关系。独立型同步及关联型同步如图 2.10 所示。

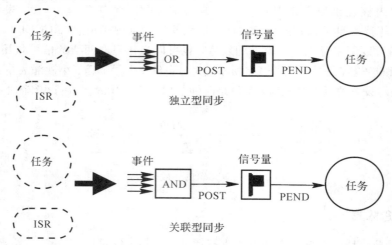

图 2.10　独立型同步及关联型同步

可以用多个事件的组合发信号给其他一个或多个任务。典型地,如图 2.11 所示,事件标志组可以是 8 位、16 位或 32 位事件的组合,每个事件占 1 位。中断或任务可以给某一事件置位和清零。当任务所期望的事件都发生了,任务就会进入就绪。

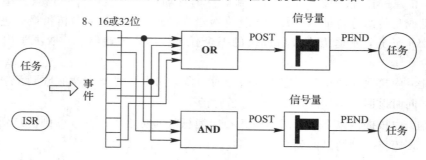

图 2.11　事件标志组

内核支持事件标志组,提供事件标志置位、事件标志清零和等待事件标志等服务。事件标志可以是独立型或组合型。μC/OS-Ⅱ目前支持事件标志组。

2.13　互　　斥

任务间通信的最简单方法就是使用共享数据结构或者共享变量,为了防止任务在使用共享资源时破坏数据,资源必须独占使用。这种独占使用资源的方法称为互斥,互斥的本质是为了有序地利用资源。

一般地,实现互斥的方法主要有:① 禁止中断;② 禁止调度;③ 利用信号量;④ 测试并置位等。

2.13.1 禁止中断

禁止中断是一种最强有力的互斥机制,这种机制保证了对 CPU 的独占访问。在互斥期间,任何异步事件引发的中断,CPU 都不会响应,保证任务不会切换。为了满足多任务需求,互斥事件处理完毕后,必须尽快开放中断,用禁止中断方法实现互斥代码如程序清单 2.3 所示。

程序清单 2.3 用禁止中断方法实现互斥

```
void Function (void){
    关中断;
    处理共享资源;
    开中断;
}
```

μC/OS-Ⅱ内核在处理内部变量和数据结构时使用的就是这种方法,它提供了两个宏调用:关中断(OS_ENTER_CRITICAL())和开中断(OS_EXIT_CRITICAL()),以方便用户利用 C 代码开关中断,这两个宏调用的用法如程序清单 2.4 所示。

程序清单 2.4 利用 μC/OS-Ⅱ 宏调用关中断和开中断

```
void Function(void){
    OS_ENTER_CRITICAL();          // 宏调用,关中断
    处理共享数据;
    OS_EXIT_CRITICAL();           // 宏调用,开中断
}
```

禁止中断实现互斥这种方法是在中断服务子程序中处理共享变量或共享数据结构的唯一手段。当改变或者复制某些变量、结构的值时,这也是一个好方法。

值得注意的是使用这种方法的最大缺点是增大了中断延迟时间,可能影响系统的实时性。在任何情况下,应该使中断禁止的时间尽量短,这也是所有实时系统的基本要求。

在使用实时内核时,关中断的最长时间不超过内核本身的关中断时间,一般就不会影响系统中断延迟。一个好的实时内核,厂商都会提供内核中断关闭的时间的长短。

2.13.2 禁止调度

禁止调度也称禁止抢占,如果任务不与中断服务子程序共享变量或数据结构,可以使用先禁止然后允许任务调度的手段来实现互斥,其代码如程序清单 2.5 所示。以 μC/OS-Ⅱ的使用为例,在处理共享资源时,先禁止调度,处理完毕后允许调度。虽然调度被禁止,任务不能切换了,但中断还是开放的。如果此时有中断打入,中断服务子程序会立即执行。中断服务结束时,不管是否有更高优先级的任务准备就绪,内核都会把 CPU 的控制权交还给被中断了的那个任务,直到共享资源处理完毕且允许任务切换后,准备就绪的高优先级任务才能得到 CPU 的控制权。这种机制比禁止中断方法要弱一些。

这种方法虽然可行,但除非迫不得已,禁止调度之类操作应尽量避免,因为内核最主要的职责就是任务的调度与切换,禁止任务切换显然违背内核的初衷。

程序清单 2.5 利用禁止调度方法实现互斥

```
void Function (void){
```

```
    OSSchedLock();              // 内核函数，调度上锁
    处理共享数据(中断是开放的);
    OSSchedUnlock();            // 内核函数，调度解锁
}
```

2.13.3 信号量

在处理多个任务访问共享资源时，信号量特别有用。假设允许两个任务同时向共享串口发送数据，任务 A 要输出 1、2、3，任务 B 要输出 4、5、6，若不满足互斥条件，串口会交叉输出两个任务的数据，可能的结果是"1、4、2、5、3、6"。

在这种情况下，使用二值信号量并给信号量赋初值 1，要想访问串口的任务，首先请求信号量，得到该资源的访问权。如图 2.12 所示，两个任务竞争得到串口的独占使用权，图中信号量用钥匙表示，想使用串口先要得到这把钥匙，谁先得到，谁先使用。

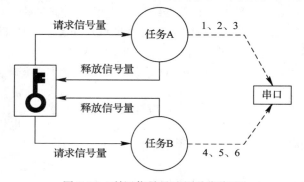

图 2.12　利用信号量访问共享资源

信号量的使用切忌过头，信号量的请求和释放开销相当大，在处理简单共享变量的时候，这种开销往往是不必要的，如果通过禁止中断的方法来处理，可能更方便、更高效。

2.13.4 测试并置位

这是一种常用的互斥方法，当两个任务共享一个资源时，设置一个全局标志变量，约定好，无论哪个任务在访问共享资源以前，首先测试标志变量是否为 1，若标志变量为 1，则表明共享资源正在被其他任务所访问，该任务继续等待直到标志变量为 0；若标志变量为 0，则任务将标志变量置位，然后访问共享资源，访问完毕后再清零标志变量。这种方法，首先测试，然后置位标志变量，所以称为测试并置位（Test and Set，TAS）方法，其程序流程如图 2.13 所示。若置位和清零标志变量只需一条不会被中断的语句的话，就不需要用开关中断的方法来保护对标志变量的操作，否则在操作前后还要使用禁止与允许中断，以免标志变量被破坏。

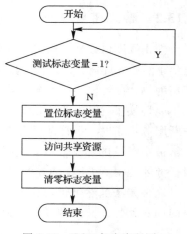

图 2.13　TAS 方法流程图

2.14　同　　步

在实时系统中，一个工作的完成往往需要多个任务或者多个任务与多个中断共同完成，它们之间必须相互配合、协调动作，甚至交换信息，这就要用到同步技术。同步可以是任务与任务之间的同步，也可以是任务与中断之间的同步，但中断不能与任务同步。同步主要有两种方式：① 单向同步；② 双向同步。常用的同步方法有：信号量、事件标志组、消息邮箱、消息队列等。

单向同步是指一个任务只与一个任务或者一个中断同步，如图 2.14 所示。从一个任务或一个中断服务子程序向另外一个任务发一个信号量，该任务得到信号量后转入运行态，继续执行，这就是单向同步。根据不同的应用，发信号以标识事件发生的中断服务或任务可以是一个，也可以是多个。

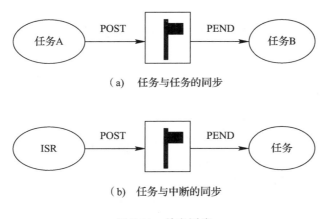

（a）　任务与任务的同步

（b）　任务与中断的同步

图 2.14　单向同步

双向同步是指两个任务之间的相互同步，如图 2.15 所示。任务 A 发一个信号量给任务 B，且申请信号量挂起，任务 B 得到信号量后继续运行，运行到某处，再发一个信号量给任务 A，自身挂起，任务 A 获得信号量后再度继续运行。双向同步同单向同步类似，但任务与中断服务之间不能用双向同步，因为中断服务不允许等待，这将阻塞后续中断。

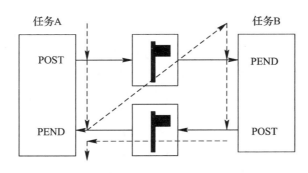

图 2.15　双向同步

2.15 通　　信

任务与任务之间或者任务与中断服务之间的信息传递称为任务间的通信。任务间的通信机制是多任务之间相互同步和协调各活动的主要手段，任务间信息的传递有两个途径：通过全局变量或发信号给另一个任务。常用的通信方法主要有：(1)全局变量；(2)信号量；(3)消息邮箱；(4)消息队列；(5)事件标志组；(6)内存块。

使用全局变量时，必须保证每个任务或中断服务子程序独占该变量，即满足互斥。中断服务子程序中保证独占的唯一办法是关中断。任务与中断服务子程序通信的唯一方法就只有全局变量，而任务并不知道什么时候全局变量被中断服务子程序修改了，在这种情况下，可以考虑使用邮箱、队列、信号量等通知任务，或者任务以查询方式不断地查询变量的值。多任务之间共享全局变量，实现独占的办法可以是满足互斥的各种方法。

2.16 对存储器的要求

2.16.1 代码存储器需求

在前后台系统中，代码存储器(ROM)容量的需求很简单，仅仅取决于应用程序的代码量。在多任务实时内核中，存储器容量不仅取决于应用程序，而且还取决于内核本身所需的代码空间。内核的大小取决于自身的特性，从 1 KB 到 100 KB 都有可能。用于 8 位 CPU 的、且仅提供任务调度、任务切换、信号量处理、延时及超时定义等服务的最小内核，也需要 1 KB 到 3 KB 代码空间。代码存储器(ROM)总需求量由下式给出：

ROM 总需求量 = 应用程序代码 ROM + 内核代码 ROM

2.16.2 数据存储器需求

在前后台系统中，数据存储器(RAM)容量的需求很简单，仅仅取决于应用程序的 RAM 需求量。在实时内核中，每个任务独立运行，都需要独立的栈空间(RAM)，程序设计者应根据任务中局部变量、数据结构、队列、邮箱、信号量、函数调用、中断嵌套、堆栈、内部寄存器的数量等计算 RAM 的多少，使之尽可能地接近实际需求。在计算时还需要分清：任务栈和系统栈是否可以分离，每个任务栈的大小是否可以单独定义等情况。若任务栈和系统栈可以分离，系统栈一般专门用于处理中断级代码，这样就可以大大地减少每个任务需要的栈空间。μC/OS-Ⅱ可以单独定义任务栈的大小，也支持任务栈和系统栈分离配置。某些内核则要求每个任务都有相同的栈空间。所有内核都需要额外的栈空间以保证局部变量、数据结构、队列等。

如果内核不支持单独的中断用栈(系统栈)，RAM 总需求量由下式给出：

RAM 总需求量 = 应用程序 RAM + 内核程序 RAM +(任务栈 RAM
+ 最大中断嵌套栈 RAM + 最多调用嵌套所需 RAM)×任务数

如果内核支持中断用栈(系统栈)分离，总 RAM 需求量由下式给出：

RAM 总需求量 = 应用程序 RAM + 内核程序 RAM + 各任务栈 RAM 之总和
+ 最大中断嵌套 RAM + 最多调用嵌套所需 RAM

除非 RAM 空间足够多,对栈空间的分配与使用要格外小心。为减少对 RAM 的需求量,特别要注意以下几点:

(1) 定义局部变量、大型数组和数据结构所需要的栈空间;

(2) 函数嵌套所需要的栈空间;

(3) 中断嵌套所需要的栈空间;

(4) 库函数需要的栈空间;

(5) 多变元函数调用所需要的栈空间。

综上所述,多任务系统比前后台系统需要更多的代码存储器空间(ROM)和数据存储器空间(RAM),额外的代码空间取决于内核的大小,RAM 的需求量取决于系统中的任务数量。

习　题

(1) 什么是资源和共享资源?什么是临界资源和临界区?

(2) 什么是任务、进程、线程和多任务?任务有哪几种状态?

(3) 什么是任务切换?

(4) 什么是死锁?死锁是如何产生的?如何预防?

(5) 什么是不可剥夺型内核?有何优缺点?请简要说明运行过程。

(6) 什么是可剥夺型内核?有何优缺点?请简要说明运行过程。

(7) 什么是可重入性?

(8) 什么是优先级反转?解决的方法是什么?

(9) 什么是事件?常用的事件有哪几种?什么是消息邮箱、消息队列、信号量?

(10) 互斥的作用是什么?互斥一般有哪几种方法?各有何优缺点?

(11) 什么是同步?有哪几种方法?

(12) 任务间的通信有哪几种方法?

(13) 实时内核与前后台系统对存储器的需求如何?

第 3 章

任 务 管 理

本章讨论 μC/OS-Ⅱ 任务管理的原理和实现方法，主要学习 9 个核心任务管理函数及 9 个用户任务管理函数。

3.1 核心任务管理

如表 3.1 所示，μC/OS-Ⅱ 提供了 9 个核心任务管理函数，实现多任务的初始化、启动、调度与切换以及 CPU 运行时间统计等功能。

表 3.1   9 个核心任务管理函数一览表

核心任务管理函数	功　　能	配置常量
OS_ENTER_CRITICAL()	关中断（宏）	无
OS_EXIT_CRITICAL()	开中断（宏）	无
OSInit()	多任务初始化	无
OSStart()	多任务启动	无
OSSchedLock()	调度上锁	OS_SCHED_LOCK_EN
OSSchedUnlock()	调度解锁	OS_SCHED_LOCK_EN
OS_Sched()	任务调度	无
OSTaskIdle()	空闲任务	无
OSTaskStat()	统计任务	OS_TASK_STAT_EN

3.1.1 临界区的处理

临界区就是访问共享资源的那段代码，μC/OS-Ⅱ 内核为了避免在处理临界区的同时有其他任务或中断抢占，所以需要在处理前先关中断，处理完毕后再开中断。关中断的时间是实时内核最重要的指标之一，它影响系统的实时响应特性，关中断的时间很大程度上取决于微处理器的架构以及编译器所生成的代码质量。

一般情况下，微处理器都有自己的关开中断指令，但是为了便于调用、移植以及避免不同 C 编译器厂商选择不同的方法来处理开关中断，μC/OS-Ⅱ 定义了两个宏来关中断和开中断，分别是 OS_ENTER_CRITICAL() 和 OS_EXIT_CRITICAL()，这两个宏总是成对出现，所属文件是 OS_CPU.H。

μC/OS-Ⅱ提供了三种开关中断宏定义的实现方法，三种方法各自都有自己的优缺点，具体使用哪一种取决于用户想得到什么、牺牲什么。文件 OS_CPU.H 中使用配置常量 OS_CRITICAL_METHOD 来选择具体使用哪种方法。

OS_CRITICAL_METHOD = 1

第 1 种开关中断宏定义的实现方法是直接用微处理器指令开关中断，如 MCS-51 单片机的示意性宏定义程序如下：

```
#define  OS_ENTER_CRITICAL()    EA = 0    // 关中断
#define  OS_EXIT_CRITICAL()     EA = 1    // 开中断
```

这是一种在所有微处理器上都能实现的方法，优点是简单、直接、通用，然而这种方法存在一些瑕疵，比如处理临界区之前中断本来就是关闭的，在处理完毕后由于调用了开中断宏，系统返回的就不是原本中断关闭的状态了。在这种情况下，这种实现方法显然不妥，但对于某些特定的微处理器或编译器，这是唯一的选择。

OS_CRITICAL_METHOD = 2

第 2 种开关中断宏定义的实现方法就是先利用堆栈保存中断状态，然后再关中断；开中断的实现方法是将中断开关状态从堆栈中弹出，恢复中断原始状态。这两个宏定义的示意性程序如下：

```
#define  OS_ENTER_CRITICAL()
         asm("PUSH PSW")
         asm("CLR EA")
#define  OS_EXIT_CRITICAL()
         asm("POP  PSW")
```

PUSH PSW 指令将程序状态字推入堆栈，保存中断状态；CLR EA 指令表示关中断；POP PSW 指令将程序状态字从堆栈中弹出，恢复中断状态。

这种方法的优点是保护了中断的原始状态，缺点是必须使用汇编代码，如果某些编译器对嵌入汇编代码优化得不好将导致严重错误。

OS_CRITICAL_METHOD = 3

第 3 种开关中断宏定义的实现方法是用局部变量来保存中断开关状态，示意性程序如下：

```
OS_CPU_SR  cpu_sr;                         // 在应用程序中定义一个局部变量
#define  OS_ENTER_CRITICAL()
         cpu_sr = get_processor_psw();
         Disable_interrupt();
#define OS_EXIT_CRITICAL()set_processor_psw(cpu_sr);
```

get_processor_psw() 是一个示意性功能函数，它能取得程序状态字 PSW，将 PSW 保存在局部变量 cpu_sr 中，cpu_sr 数据类型在应用程序中定义。Disable_interrupt() 表示禁止中断；set_processor_psw(cpu_sr) 表示将程序中断开关状态返回给 PSW。

在调用开关中断宏前，需要特别小心，如果在调用 OSTimeDly() 之类函数之前关中断，应用程序将会崩溃。因为执行该函数后，任务将被挂起一段时间，但由于中断被关闭了，时钟中断得不到服务，任务就会永久性地等待下去，进而开中断函数永久性地得不到执行。所有挂起函数都有这样的问题，作为一个普遍适用的规则：调用 μC/OS-Ⅱ功能函数时，中断总应该是开放的。

3.1.2　任务的形式

μC/OS-Ⅱ的任务就是一个 C 语言函数，它具有如下特征：

（1）具有一个返回类型和一个形式参数；

（2）形式参数必须定义成一个 void 类型的指针，它可以是一个变量、结构、甚至是函数的地址，以便于应用程序向任务传递任何类型的数据；

（3）任务的返回类型必须定义成 void 型；

（4）任务的函数类型必须定义为可重入型；

（5）任务的结构必须是两种之一：第一种是一个无限循环结构的程序，示意性代码如程序清单 3.1 所示；第二种是一个只执行一次就被删除的程序，示意性代码如程序清单 3.2 所示。任务删除后，代码依然驻留在 RAM 中，只是 μC/OS-Ⅱ将任务转入休眠状态，不再管理这段代码，而不是将代码真正的删除了，除非重新启动，否则代码永远都不会再运行；

（6）任务永不返回。

在第一种结构的任务中，至少要调用一个任务挂起函数，以便于释放 CPU 使用权供其他任务运行。

程序清单 3.1　任务结构一：无限循环结构的任务示意性代码

```
void MyTask( void * ppdata )    reentrant {
    ppdata = ppdata;                    // 使用一次形式参数，以避免出现编译错误
    for(; ; ) {
        用户代码；
        // 至少要求调用一个 μC/OS-Ⅱ系统服务挂起任务
        OSMboxPend();
        OSQPend();
        OSSemPend();
        OSTaskDel(OS_PRIO_SELF);
        OSTaskSuspend(OS_PRIO_SELF);
        OSTimeDly();
        OSTimeDlyHMSM();
        用户代码；
    }
}
```

程序清单 3.2　任务结构二：执行一次就自我删除的任务示意性代码

```
void MyTask(void * ppdata)    reentrant {
    ppdata = ppdata;                    // 使用一次形式参数，以避免出现编译错误
    用户代码；
    OSTaskDel(OS_PRIO_SELF);
}
```

μC/OS-Ⅱ任务的优先级数也是任务的唯一标识，目前版本的 μC/OS-Ⅱ最多有 64 个

优先级，可以管理多达 64 个任务，但是其中两个最低的优先级已分配给系统任务——空闲任务和统计任务。在使用时，建议保留 4 个最高优先级和 4 个最低优先级为将来作扩展应用，因此用户可以使用的优先级有 56 个。优先级的值越小，任务的优先级越高，不同的任务优先级不能相同，在准备就绪的任务中，总是优先级最高的任务得到 CPU 的使用权。实际上，应用程序最多能使用的优先级可以从 0 到 OS_LOWEST_PRIO－2。最低优先级 OS_LOWEST_PRIO 作为常数定义在 OS_CFG.H 文件中。

为了便于 μC/OS-Ⅱ 管理任务，用户必须在建立一个任务的时候，就将任务的起始地址与其他参数一起传给 OSTastCreate() 或 OSTaskCreateExt() 函数，这两个函数将在以后介绍。

3.1.3 任务的状态

图 3.1 表示 μC/OS-Ⅱ 提供的服务函数，这些函数使任务从一种状态变到另一种状态，在任一特定时刻，任务一定处于休眠、就绪、挂起、被中断和运行五种状态之一。

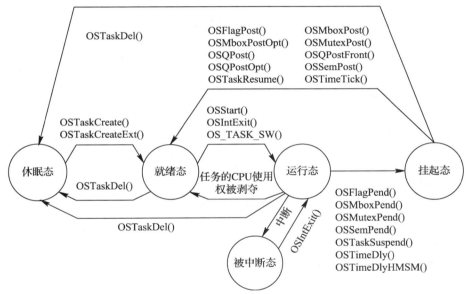

图 3.1 任务的五种状态及其相互转换

3.1.4 任务控制块

任务控制块(Task Control Blocks，OS_TCB)是一个用来保存任务各种状态信息的数据结构，它可以实现如下功能：① 一旦任务建立，任务控制块 OS_TCB 就会被赋值；② 当任务的 CPU 使用权被剥夺时，任务控制块用来保存该任务的状态；③ 当任务重新得到 CPU 使用权时，任务控制块能确保任务从当时被中断的那一点丝毫不差地继续执行。OS_TCB 全部驻留在 RAM 中。任务控制块数据结构如程序清单 3.3 所示。

程序清单 3.3 μC/OS-Ⅱ 任务控制块数据结构

```
typedef struct os_tcb {
    OS_STK * OSTCBStkPtr;              // 指向当前任务栈顶的指针
```

```
 # if OS_TASK_CREATE_EXT_EN > 0
     void * OSTCBExtPtr;              // 指向用户定义的任务控制块扩展数据域的指针
     OS_STK * OSTCBStkBottom;         // 指向任务栈底的指针
     INT32U        OSTCBStkSize;      // 任务栈的容量(以堆栈入口单元的宽度为单位)
     INT16U OSTCBOpt;                 // 传递给 OSTaskCreateExt() 的选择项
     INT16U OSTCBId;                  // 任务的 16 位标识码(0~65 535)
 # endif
     struct os_tcb      * OSTCBNext;  // 指向下一个任务控制块的指针
     struct os_tcb      * OSTCBPrev;  // 指向上一个任务控制块的指针
 # if OS_EVENT_EN > 0
     OS_EVENT      * OSTCBEventPtr;   // 指向事件控制块 ECB 的指针
 # endif
 # if ((OS_Q_EN > 0) && (OS_MAX_QS > 0)) || (OS_MBOX_EN > 0)
     void * OSTCBMsg;                 // 指向传递给消息邮箱或者消息队列的消息的指针
 # endif
 # if (OS_FLAG_EN > 0) && (OS_MAX_FLAGS > 0)
     # if OS_TASK_DEL_EN >0
         OS_FLAG_NODE   * OSTCBFlagNode;   // 指向事件标志节点的指针
     # endif
     OS_FLAGS   OSTCBFlagsRdy;        // 事件标志组中使等待任务进入就绪的事件标志
 # endif
     INT16U OSTCBDly;                 // 任务延时或者等待超时时限的时钟节拍数
     INT8U OSTCBStat;                 // 任务的状态字
     INT8U OSTCBPrio;                 // 任务的优先级(0==最低,63==最低)
     INT8U OSTCBX;                    // 为了加快任务进入就绪或者进入等待
                                      // 事件发生状态而事先算好的变量
     INT8U OSTCBY;
     INT8U         OSTCBBitX;
     INT8U         OSTCBBitY;
  # if (OS_TASK_DEL_EN > 0) && (OS_TASK_DEL_REQ_EN > 0)
     BOOLEAN       OSTCBDelReq;       // 指示任务是否需要删除的布尔变量
  # endif
 } OS_TCB;
```

任务控制块数据结构的各个参数有如下定义:

.OSTCBStkPtr:是指向当前任务栈顶的指针。当任务发生切换时,内核就依据该指针指向的地址,将 CPU 寄存器内容和任务运行状态全部推入或者弹出任务栈。μC/OS-Ⅱ允许每个任务有自己独立的栈和各自不同的栈容量。OSTCBStkPtr 放在数据结构的最前面,优点是用汇编语言处理该变量时,可以更简洁地计算出它的偏移量。

.OSTCBExtPtr:是指向用户定义的任务控制块扩展数据结构或变量的指针,只能在 OSTaskCreateExt() 函数中使用。用户可以用 .OSTCBExtPtr 来扩展任务控制块的功能,而不必修改 μC/OS-Ⅱ 的源代码。例如,可以用它来建立一个包含任务的名字、跟踪任务的执行时间、切换次数的数据结构。

.OSTCBStkBottom：是指向任务栈底的指针。只有用 OSTaskCreateExt() 函数建立任务时，这个指针才有效。若堆栈指针是向下生长的，即堆栈存储器从高地址向低地址方向分配，.OSTCBStkBottom 指向任务栈空间的最低地址。反之，若堆栈指针是向上生长的，.OSTCBStkBottom 指向任务栈空间的最高地址。调用 OSTaskStkChk() 函数时，需要用到该指针。

.OSTCBStkSize：任务栈总容量，单位不是字节，而是堆栈入口单元的宽度。例如，如果任务栈总容量是 1000，每个堆栈入口单元宽度是 4 字节，则实际栈容量是 4000 字节。这个变量主要在 OSTaskStkChk() 函数中使用。

.OSTCBOpt：是传递给 OSTaskCreateExt() 函数的"选择项"。目前，$\mu C/OS - II$ 只支持如下 3 个选择项（见文件 $\mu C/OS\_II.H$）：

（1）OS_TASK_OTP_STK_CHK 表示在任务建立时允许任务栈检验。

（2）OS_TASK_OPT_STK_CLR 表示任务建立时任务栈清零。只有用户在需要检验任务栈时，才需要将栈清零。如果不定义 OS_TASK_OPT_STK_CLR，而后又建立、删除了任务，栈检验功能将报告栈使用情况是错误的。如果任务一旦建立就决不会被删除，而用户初始化时，已将 RAM 清零，则 OS_TASK_OPT_STK_CLR 不需要再定义，这可以节约程序执行时间。传递 OS_TASK_OPT_STK_CLR 将增加 OSTaskCreateExt() 函数的执行时间，因为要将栈空间清零。栈容量越大，清零花的时间越长。

（3）OS_TASK_OPT_SAVE_FP 用于通知 OSTaskCreateExt() 任务要做浮点运算。如果微处理器有硬件的浮点协处理器，则所建立的任务在做任务调度切换时，浮点寄存器的内容要保存。

.OSTCBId：用于存储任务的 16 位识别码。这个变量现在没有使用，留给将来扩展用。

.OSTCBNext 和 **OSTCBPrev**：是任务控制块 OS_TCB 中的双向链表指针，该指针在时钟节拍函数 OSTimeTick() 中使用，用于刷新各个任务的任务延迟变量 .OSTCBDly。每个任务的任务控制块在任务建立时被链接到链表中，在任务删除时从链表中删除。使用双向链表指针的优点是任一成员都能被快速插入或删除。

.OSTCBEventPtr：是指向事件控制块的指针，详细内容将在后续章节中讨论。

.OSTCBMsg：是指向传给任务的消息指针，详细内容将在后续章节中讨论。

.OSTCBFlagNode：是指向事件标志节点的指针，通过这个指针，任务知道在等待哪些事件标志。当需要删除任务时，也需要同时删除那些任务正在等待的事件标志组。

.OSTCBFlagsRdy：指示任务由于得到了所需要的事件标志而进入就绪状态的标志变量。

.OSTCBDly：是延时时钟节拍数量的变量，当任务需要延时，或设置某事件等待超时时限需要用到这个变量。该变量保存的是时钟节拍数。如果这个变量为 0，表示任务不延时，或者无限期等待事件的发生。

.OSTCBStat：是任务的状态字。当.OSTCBStat 为 0，任务进入就绪态，还可以给 .OSTCBStat 赋其他的值，在文件 $\mu C/OS\_II.H$ 中有详细描述。

.OSTCBPrio：是任务优先级。这个值越小，任务的优先级越高。

.OSTCBX、**.OSTCBY**、**.OSTCBBitX** 和 **.OSTCBBitY**：用于加速任务进入就绪态的过程或进入等待事件发生状态的过程，这些值是在任务建立时算好了，或是在改变任务优先级时算出的，目的是为了避免在运算过程中计算。算法如程序清单 3.4 所示。

程序清单 3.4　任务控制块 OS_TCB 中几个成员的算法

OSTCBY	= priority >> 3;
OSTCBBitY	= OSMapTbl[priority >> 3];
OSTCBX	= priority & 0x07;
OSTCBBitX	= OSMapTbl[priority & 0x07];

.OSTCBDelReq：是一个布尔量，用于表示该任务是否需要删除。

OS_TCB 数据结构中的一些成员变量使用条件编译语句定义，为的是便于用户裁剪不需要的功能，以减少对资源的需求。

文件 OS_CFG.H 定义了应用程序中最多任务数量（OS_MAX_TASKS），每个任务都有一个单独的任务控制块，所以最多任务数也是 μC/OS-Ⅱ 分配给用户程序任务控制块的最大数量。最多任务数 OS_MAX_TASKS 不能超过最低优先级数，可以小于它，但最小值必须大于 2。假如最低优先级数设置为 31 的话，共有 32 个优先级的级别，用户应用程序可以只有 10 个任务，但是加上系统内部使用的任务不能超过 32 个任务。OS_MAX_TASKS 的数目设置应根据实际需要尽可能地小，以减小系统对 RAM 的需求量。

任务控制块列表数组 OSTCBTbl[] 以任务优先级为下标，用于保存所有指向任务控制块 OS_TCB 的指针，所以称为 OS_TCB 入口指针数组，每个元素对应一个优先级与下标相同的任务控制块的指针。μC/OS-Ⅱ 分配给系统任务 OS_N_SYS_TASKS 若干个任务控制块（见文件 μC/OS-Ⅱ.H），供其内部使用。目前的系统任务只有两个：一个是空闲任务，一个是统计任务。统计任务的使用前提是将配置常量 OS_TASK_STAT_EN 设置为 1。

如图 3.2 所示，在 μC/OS-Ⅱ 初始化的时候，所有任务控制块被 .OSTCBNext 指针链接成单向空闲任务链表，最后一个任务控制块的 .OSTCBNext 指针指向一个空。空闲任务控制块指针 OSTCBFreeList 永远指向第一个空的任务控制块，一旦任务建立，指针 OSTCBFreeList 指向的任务控制块便赋给了该任务，然后将 OSTCBFreeList 指针指向链表中下一个空的任务控制块；任务一旦被删除，任务控制块还必须还给空闲任务链表。

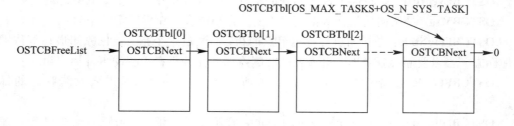

图 3.2　空闲任务控制块链表

3.1.5　就绪表

就绪表是用于存放任务准备就绪标志的列表，它是为保证每次任务切换时间的可确定性、一致性和高速性而设置的，整个算法由两个变量、两个表格和三个程序组成。两个变量分别是 OSRdyGrp 和 OSRdyTbl[]；两个表格分别是位掩码表 OSMapTbl[] 和优先级判定表 OSUnMapTbl[]；三个程序分别是使任务进入就绪、使任务脱离就绪、寻找准备就绪的最高优先级任务程序。

就绪表 OSRdyTbl[] 数组的大小取决于文件 OS_CFG.H 中 OS_LOWEST_PRIO 的取值。若应用程序中任务数量比较少，可减小 OS_LOWEST_PRIO 的值以降低 μC/OS-Ⅱ 对 RAM 的需求量。

如图 3.3 所示，就绪表是一个 8×8 的表格，任务按优先级分为 8 组，每组 8 个任务，一组对应就绪表的一行，因此最多能容纳 64 个任务。变量 OSRdyGrp 中的每一位对应就绪表中的一个行，由优先级数值的次低三位决定；优先级的最低三位决定任务在数组变量 OSRdyTbl[] 中的所在位，即对应就绪表中的一个列，第 1 列位于就绪表的最右边。

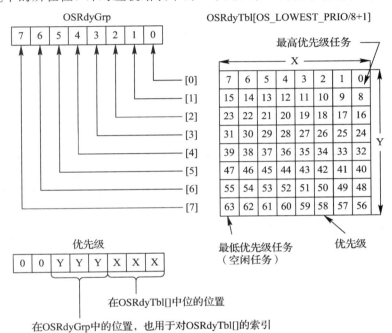

图 3.3　任务就绪表

若某优先级任务进入就绪态，其原理就是将就绪表 OSRdyTbl[] 数组中的相应元素的相应位置位。假设优先级用 prio 表示，则使任务进入就绪态的实现代码如程序清单 3.5 所示。

程序清单 3.5　使任务进入就绪态的实现代码

```
OSRdyGrp=OSMapTbl[prio>>3];
OSRdyTbl[prio>>3]|=OSMapTbl[prio&0x07];
```

空闲任务总是处于就绪态，所以内核调度器总是将 OS_LOWEST_PRIO 在就绪表中相应字节的相应位置 1。

同样，若某优先级任务需要脱离就绪态，其原理就是将就绪表 OSRdyTbl[] 中的相应元素的相应位清零，做求反处理，实现代码如程序清单 3.6 所示。

程序清单 3.6　使任务脱离就绪态的实现代码

```
if((OSRdyTbl[prio >> 3] &= ~OSMapTbl[prio & 0x07])==0)
    OSRdyGrp &= ~OSMapTbl[prio >> 3];
```

其中数组 OSMapTbl[]存放于 ROM 中(见文件 OS_CORE.C)。屏蔽字,也称为位掩码表,其值如表 3.2 所示,它将数组元素下标限制在 0~7 之间,主要是为加快计算速度而预先计算好的。

表 3.2　位掩码表 OSMapTbl[]的值

Index	Bit Mask (Binary)
0	00000001
1	00000010
2	00000100
3	00001000
4	00010000
5	00100000
6	01000000
7	10000000

变量 OSRdyGrp 中的每一位代表一个组,即 8 个任务,在同一个组中,只要有一个任务进入就绪态,OSRdyGrp 相应的位就必须置 1;只有当被删除任务所在任务组中的所有任务都没有进入就绪态时,才能将相应位清零。也就是说将就绪表中第(prio>>3)行全部清零时,OSRdyGrp 的相应位才清零。

为了查出哪个进入就绪态的任务优先级最高,μC/OS-Ⅱ采取的并不是从 OSRdyTbl[0]开始逐位扫描整个就绪任务表的办法,而是通过一定的算法查另外一张表,即优先级判定表 OSUnMapTbl[256](见文件 OS_CORE.C),该表是预先设置好的。算法原理描述如下:OSRdyTbl[]中每个元素的 8 位代表这一组的 8 个任务哪些进入就绪态了,低位的优先级高于高位。以这个元素为下标来查优先级判定表 OSUnMapTbl[],返回的值就是进入就绪态且优先级最高的任务所在就绪表中的行和列的值,根据这两个值就可以计算出该任务的优先级数值。确定进入就绪态的最高优先级任务的实现代码如程序清单 3.7 所示。

程序清单 3.7　找出进入就绪态的最高优先级任务的实现代码

```
y=OSUnMapTbl[OSRdyGrp];
x=OSUnMapTbl[OSRdyTbl[y]];
prio=( y << 3 ) + x;
```

范例:查找优先级最高的就绪态任务。

如图 3.4 所示,假设 OSRdyGrp=0x56,查询优先级判定表 OSUnMapTbl[OSRdyGrp]=1,它对应于 OSRdyGrp 中的第 2 位(bit1)。同理,再假设 OSRdyTbl[1]=0xD4,则查表 OSUnMapTbl[OSRdyTbl[1]] = 2,即第 3 位。即优先级位于就绪表中的第 2 行、第 3 列,于是可求得任务的优先级 prio=y×8+x=1×8+2。利用这个优先级的值,查询任务控制块优先级列表 OSTCBPrioTbl[],就可以得到指向相应任务的任务控制块OS_TCB。

以OSRdyGrp = 0x56为偏移量查表

```
INT8U const OSUnMapTbl[] = {
    0, 0, 1, 0, 2, 0, 1, 0, 3, 0, 1, 0, 2, 0, 1, 0,    //0x00～0x0F
    4, 0, 1, 0, 2, 0, 1, 0, 3, 0, 1, 0, 2, 0, 1, 0,    //0x10～0x1F
    5, 0, 1, 0, 2, 0, 1, 0, 3, 0, 1, 0, 2, 0, 1, 0,    //0x20～0x2F
    4, 0, 1, 0, 2, 0, 1, 0, 3, 0, 1, 0, 2, 0, 1, 0,    //0x30～0x3F
    6, 0, 1, 0, 2, 0, 1, 0, 3, 0, 1, 0, 2, 0, 1, 0,    //0x40～0x4F
    4, 0, 1, 0, 2, 0, 1, 0, 3, 0, 1, 0, 2, 0, 1, 0,    //0x50～0x5F
    5, 0, 1, 0, 2, 0, 1, 0, 3, 0, 1, 0, 2, 0, 1, 0,    //0x60～0x6F
    4, 0, 1, 0, 2, 0, 1, 0, 3, 0, 1, 0, 2, 0, 1, 0,    //0x70～0x7F
    7, 0, 1, 0, 2, 0, 1, 0, 3, 0, 1, 0, 2, 0, 1, 0,    //0x80～0x8F
    4, 0, 1, 0, 2, 0, 1, 0, 3, 0, 1, 0, 2, 0, 1, 0,    //0x90～0x9F
    5, 0, 1, 0, 2, 0, 1, 0, 3, 0, 1, 0, 2, 0, 1, 0,    //0xA0～0xAF
    4, 0, 1, 0, 2, 0, 1, 0, 3, 0, 1, 0, 2, 0, 1, 0,    //0xB0～0xBF
    6, 0, 1, 0, 2, 0, 1, 0, 3, 0, 1, 0, 2, 0, 1, 0,    //0xC0～0xCF
    4, 0, 1, 0, 2, 0, 1, 0, 3, 0, 1, 0, 2, 0, 1, 0,    //0xD0～0xDF
    5, 0, 1, 0, 2, 0, 1, 0, 3, 0, 1, 0, 2, 0, 1, 0,    //0xE0～0xEF
    4, 0, 1, 0, 2, 0, 1, 0, 3, 0, 1, 0, 2, 0, 1, 0     //0xF0～0xFF
};
```

以OSRdyTbl[1] = 0xD4为偏移量查表

1＝OSUnMapTbl[0x56];
2＝OSUnMapTbl[0xD4];
10＝（1<<3）＋2;

图 3.4　找出优先级最高的就绪态任务

3.1.6　任务调度

任务的调度机制是内核的核心，μC/OS -Ⅱ 的调度器主要有两个功能：一是确定进入就绪态的任务中哪个优先级最高；二是进行任务切换。任务调度有两种方式：即任务级任务调度和中断级任务调度。任务级的任务调度是由任务调度器 OS_Sched() 函数完成的，中断级的任务调度是由中断退出函数 OSIntExt() 完成的。本节主要介绍任务级的任务调度原理。

μC/OS -Ⅱ 任务调度所花的时间是常数，与应用程序中所建的任务数无关。为了缩短切换时间，OS_Sched() 的代码可以全部用汇编语言写。但为增加可读性和可移植性，将汇编语言代码最少化是一个很好的选择，因此，OS_Sched() 函数是用 C 写的，程序流程及代码清单如图 3.5 所示，具体解释如下：

（1）采用第三种方法开关中断，即将中断的原始状态保存到局部变量中。

（2）OS_Sched() 函数的所有代码都属临界区代码，为了防止在处理的过程中有中断打入而将某些任务转入就绪状态，中断必须关闭。

（3）若任务处于调度上锁状态，或处于被中断状态，任务的调度是被禁止的，任务调度函数 OS_Sched() 将退出。调度锁定嵌套计数器 OSLockNesting 用于跟踪调度上锁次数，当 OSLockNesting > 0 时，表明调度是禁止的；只有 OSLockNesting = 0 时，调度才是允许的。中断嵌套计数器 OSIntNesting 用于跟踪中断嵌套层数，只要任务进入被中断状态，就有 OSIntNesting > 0；只有所有中断都退出时，才有 OSIntNesting = 0。

（4）若任务的调度处于开放状态，且不处于被中断状态，则利用上一节所述算法从就绪表中找出优先级最高的任务。

（5）一旦找到准备就绪的最高优先级任务，OS_Sched()函数必须检验任务是不是当前正在运行的任务，若是当前正在运行的任务，则退出，以避免不必要的任务调度。

（6）若准备就绪的最高优先级任务不是当前正在运行的任务，就要进行任务切换。为实现任务切换，首先必须切换任务控制块，将 OSTCBHighRdy 指向优先级最高的那个任务控制块 OS_TCB，实现方法如程序清单 3.8（6）所示，以 OSPrioHighRdy 为下标的 OSTCBPrioTbl[]数组中的那个元素值赋给 OSTCBHighRdy。

（7）任务切换计数器 OSCtxSwCtr 加 1，以跟踪任务切换次数。

（8）任务切换是通过一个宏调用 OS_TASK_SW()函数来完成的。任务切换原理很简单，实际上就是人为地模拟一次中断过程。它分两步完成：首先，将被当前处于运行态的任务的 CPU 寄存器值推入任务栈，然后将准备就绪的最高优先级任务的寄存器值从任务栈中恢复到 CPU 中。在 μC/OS-Ⅱ中，任务的栈结构就是模拟中断栈结构，所有 CPU 寄存器值都保存在栈中。切换任务就像发生了一次中断，先保存被中断任务的 CPU 值，但不同的是：中断返回弹出的是被中断任务的 CPU 寄存器值，而任务切换弹出的是准备就绪的最高优先级的任务的 CPU 寄存器值，这样准备就绪的高优先级任务就可以运行了。宏调用 OS_TASK_SW()函数替代了汇编函数 OSCtxSw()，用来模拟一次中断过程。多数微处理器有软中断指令或者陷阱指令来实现上述操作，若没有则可以考虑是否能用程序来代替。汇编函数 OSCtxSw()除了需要 OS_TCBHighRdy 指向即将恢复运行的任务外，还需要让当前任务控制块 OSTCBCur 指向即将恢复运行的任务。

（9）执行完毕，开中断。

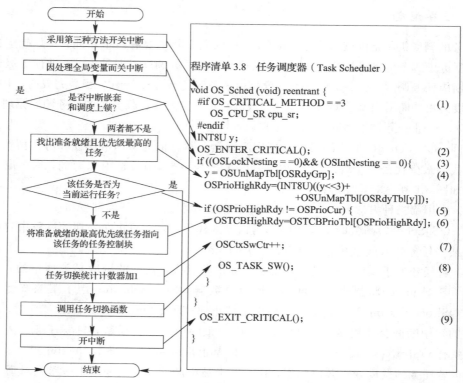

图 3.5　任务调度函数程序流程图及代码清单

3.1.7 任务级的任务切换

任务调度是内核的核心机制，而任务切换则是任务调度的核心机制，是多任务内核中最重要的环节。μC/OS-Ⅱ一旦找到了准备就绪的最高优先级任务，就要进行任务切换。μC/OS-Ⅱ的任务切换有两种不同的模式：一是任务级的任务切换，它通过在任务调度器中调用任务切换函数 OS_TASK_SW() 来实现；二是中断级的任务切换，它通过在中断退出函数中调用 OSIntCtxSw() 函数来实现。本节主要讨论任务级任务切换，中断级任务切换将在下一章中讨论。

为了便于讨论，构造一假想 CPU，该 CPU 拥有 8 个寄存器，即：通用寄存器（R0、R1、R2、R3）、堆栈指针 SP、累加器 A、程序计数器 PC 和程序状态字 PSW，堆栈由高地址向低地址生长。任务栈和系统栈分离配置。

μC/OS-Ⅱ在调用任务切换函数 OS_TASK_SW() 之前一些变量和数据结构如图 3.6 所示，详细解释如下：

（1）由于尚未进行切换，OSTCBCur 指向即将被剥夺 CPU 使用权且正在运行的低优先级任务的任务控制块，其 OSTCBStkPtr 指针指向任务栈的最高地址（栈顶）；

（2）此时，低优先级任务栈是空栈；

（3）系统堆栈指针 SP 指向当前系统栈的栈顶。如果切换前发生过函数调用，此时系统栈内还保存有与调用嵌套相关的 CPU 寄存器值；

（4）即将运行的任务的任务控制块指针 OSTCBHighRdy 已经指向准备就绪的高优先级任务的任务控制块；

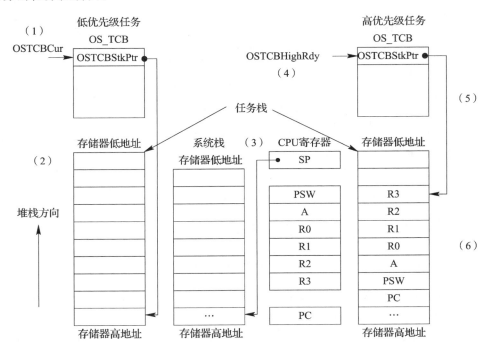

图 3.6 调用任务切换函数前的数据结构

（5）即将运行的高优先级任务的任务控制块中指针 OSTCBStkPtr 指向的是该任务栈的栈顶；

（6）准备就绪的高优先级任务的任务栈中存有该任务上次被切换前的全部 CPU 寄存器值以及调用嵌套所需的 CPU 寄存器值。

当调用任务切换函数 OS_TASK_SW() 后，在准备就绪的高优先级任务的任务栈内容被弹出前，当前任务的 CPU 寄存器内容的保存如图 3.7 所示，详细解释如下：

（1）调用任务切换函数 OS_TASK_SW() 后，模拟中断或软中断指令首先将 PC 寄存器强制压入系统栈；

（2）中断服务子程序依次将寄存器 PSW、A、R0、R1、R2 和 R3 压入系统栈。在支持任务栈与系统栈分离的系统中，可以不保存 SP；

（3）中断服务子程序将系统栈内的全部内容依次复制到低优先级任务栈内，它包括全部 CPU 寄存器（PC、PSW、A、R0～R3）值以及调用嵌套所需的 CPU 寄存器值；

（4）中断服务子程序将低优先级任务栈的当前栈顶指针保存到它的任务控制块中，此时 OSTCBCur－＞OSTCBStkPtr 指向当前任务栈的栈顶。

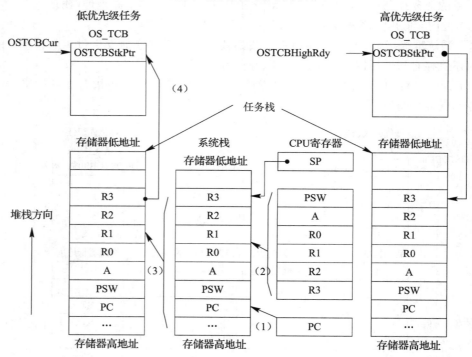

图 3.7　保存当前任务 CPU 寄存器的值

当高优先级任务栈的内容被弹出，且低优先级任务的 CPU 使用权被剥夺后的变量和数据结构如图 3.8 所示，详细解释如下：

（1）由于要保证高优先级任务的运行，所以必须将准备就绪的高优先级任务的任务控制块指针 OSTCBHighRdy 赋给当前运行的任务的任务控制块指针 OSTCBCur，以指向当前运行的任务的任务控制块；

（2）找出需要重新运行的任务的任务栈栈顶指针 OSTCBHighRdy－＞OSTCBStkPtr（它保存在该任务控制块的最前面），将任务栈中的全部 CPU 寄存器值以及调用嵌套所需的 CPU 寄存器值装载到系统栈中；

（3）将任务栈栈顶指针保存到任务控制块中；

（4）按后进先出的方式将系统栈中的 PSW、A、R0～R3 寄存器值推出装入到 CPU 的寄存器中去；

（5）通过调用中断返回指令，PC 值被重新装回 CPU。此时，程序的 PC 值已经变回该任务被中断前的 PC 值，程序便开始从该任务被中断的那一点继续运行。整个任务切换过程就完成了。

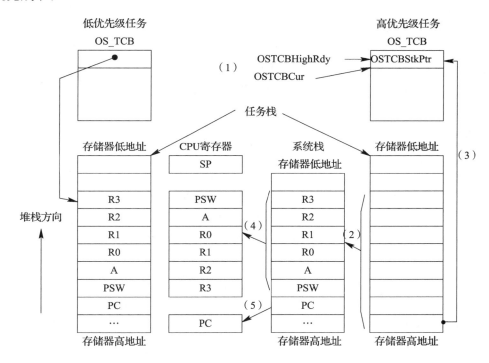

图 3.8　重新装入要运行的任务

OS_TASK_SW( )函数是一个宏定义，用于替代汇编函数 OSCtxSw( )，之所以这样做，就是因为 C 语言不能直接处理 CPU 的寄存器，任务切换的示意性代码如程序清单 3.9 所示。

程序清单 3.9　任务级任务切换示意性代码

```
void OSCtxSw( ) {
    将 PSW、A、R0、R1、R2、R3 推入系统栈；                      // 见图 3.7(2)
    将系统栈中全部内容装载到任务栈中；                          // 见图 3.7(3)
    OSTCBCur－＞OSTCBStkPtr      ＝任务栈栈顶指针；               // 见图 3.7(4)
    OSTCBCur                    ＝OSTCBHighRdy；                 // 见图 3.8(1)
    任务栈栈顶指针              ＝OSTCBHighRdy－＞OSTCBStkPtr；  //
    将任务栈中全部内容装载到系统栈中；                          // 见图 3.8(2)
```

OSTCBCur—>OSTCBStkPtr　　　= 任务栈栈顶指针；　　　　// 见图 3.8(3)

将 R3、R2、R1、R0、A、PSW 从系统栈中弹出；　　　// 见图 3.8(4)

调用中断返回指令（强制返回 PC）；　　　　　　　　//见图 3.8(5)

}

3.1.8　调度器上锁和解锁

调度器上锁的实现函数是 OSSchedlock()，功能是禁止任务调度，使任务保持对 CPU 的控制权。调度器解锁的实现函数是 OSSchedUnlock()，功能是解除对任务调度的禁止。

调度器上锁和解锁的实现原理是：对全局变量锁定嵌套计数器 OSLockNesting 进行操作，OSLockNesting 跟踪 OSSchedLock() 函数被调用的次数，允许嵌套深度达 255 层。调度器上锁即对变量 OSLockNesting 进行加 1 操作，解锁即对变量 OSLockNesting 进行减 1 操作。

调度器上锁函数 OSSchedLock()程序流程如图 3.9、代码程序清单 3.10 所示。对变量 OSLockNesting 的操作必须在多任务已经启动后。变量 OSLockNesting 跟踪 OSSchedLock() 函数被调用的次数，OSLockNesting＋＋ 是临界区代码，不得被其他任务干预。当 OSLockNesting 等于零时，调度将被重新开放。

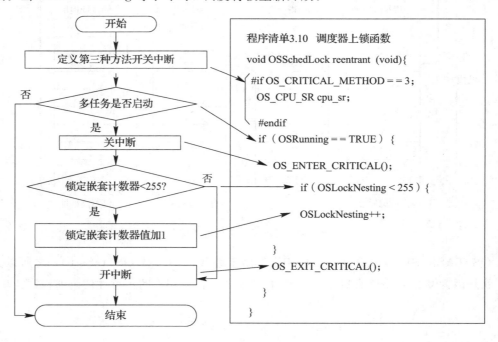

图 3.9　调度器上锁函数程序流程及程序清单

调度器解锁函数 OSSchedUnlock()如程序流程如图 3.10、代码程序清单 3.11 所示。由于 OSSchedUnlock()函数是被某任务调用的，在调度器上锁期间，可能会有事件发生并使一个更高优先级的任务进入就绪态，所以当 OSLockNesting 减到零时，OSSchedUnlock() 必须调用 OS_Sched() 函数，但是这种调用还必须满足另一个前提，也就是调用者不是中断服务子程序。

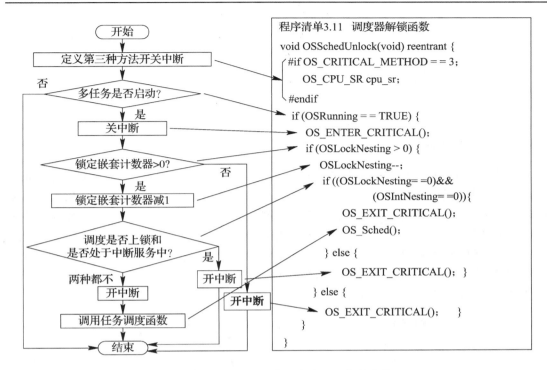

图 3.10　调度解锁函数程序流程及代码清单

函数 OSSchedlock()和 OSSchedUnlock()必须配对使用,上锁后必须要记住解锁。使用时务必非常谨慎,因为它们影响 μC/OS-Ⅱ对任务的正常管理。

当一个任务调用 OSSchedLock()以后,应用程序将该任务挂起,不得使用任何系统调用。因为调度器一旦上锁,系统就被锁住,其他任何任务都不能运行。这些系统调用包括 OSTaskSuspend(OS_PRIO_SELF)、OSMboxPend()、OSQPend()、OSSemPend()、OSTimeDly()和 OSTimeDlyHMSM()等,直到 OSLockNesting 回零为止。

3.1.9　空闲任务

空闲任务 OSTaskIdle()是 μC/OS-Ⅱ不可或缺的系统函数,当没有其他任务进入就绪态时,该任务立即转入运行态。空闲任务的优先级永远设为最低,即 OS_LOWEST_PRIO,永远不被挂起,也不能被删除。

空闲任务 OSTaskIdle()函数的实现代码如程序清单 3.12 所示,它什么都不做,只是在不停地给一个 32 位计数器 OSIdleCtr 加 1,统计任务使用这个计数器以确定当前应用程序实际消耗的 CPU 时间。计数器是一个全局变量,大多数 8 位或 16 位 CPU 对 32 位变量加 1 需要多条指令,所以在访问前,必须先关中断然后再开启,以防高优先级任务或中断打入。

程序清单 3.12　μC/OS-Ⅱ的空闲任务 OSTaskIdle()函数实现代码

```
void OSTaskIdle (void * ppdata)  reentrant {
    ppdata = ppdata;
    for( ; ; )
```

```
        {
            OS_ENTER_CRITICAL();
            OSIdleCtr++;
            OS_EXIT_CRITICAL();
        }
    }
```

3.1.10 统计任务

统计任务 OSTaskStat()也是 μC/OS-Ⅱ 的系统函数之一，功能是计算当前 CPU 的利用率，告诉用户应用程序使用了多少 CPU 时间。一旦将文件 OS_CFG.H 中的配置常数 OS_TASK_STAT_EN 置 1，这个任务就自动建立。它每秒钟运行一次，计算结果放在一个有符号 8 位整数 OSCPUsage 中，表示格式是百分数，精度为 1 个百分点。

计算 CPU 利用率的实现方法是：① 在运行用户任务之前，求出空闲计数器的最大速率 OSIdleCtrMax；② 求出任务正常运行时的空闲计数器的计数速率 OSIdleCtr；③ 利用公式(3.1)~(3.3)之一计算 CPU 利用率，三个公式形式不同，实质一样。

$$OSCPUUsage(\%) = 100 \times \left(1 - \frac{OSIdleCtr}{OSIdleCtrMax}\right) \tag{3.1}$$

$$OSCPUUsage(\%) = 100 - \frac{100 \times OSIdleCtr}{OSIdleCtrMax} \tag{3.2}$$

$$SCPUUsage(\%) = 100 - \frac{OSIdleCtr}{\dfrac{OSIdleCtrMax}{100}} \tag{3.3}$$

统计任务 OSTaskstat()函数的实现方法是：首先用户在初始化时建立一个也只能是一个任务，其次在这个唯一的任务中调用 OSStatInit()函数(见文件 OS_CORE.C)。使用统计任务时任务的建立方法与不使用统计任务时任务的建立方法不同，不使用统计任务时，任务既可以在初始化时建立，也可以在多任务启动后的任务中建立；使用统计任务时，初始化时只能建立唯一的一个任务，其他任务的建立只能在多任务启动后建立。初始化统计任务的示意性程序如程序清单 3.13 所示。值得注意的是：时钟节拍的初始化和启动工作也可以放在 OSStart()函数中完成。一般不要在多任务启动之前启动时钟节拍器，因为这样做可能导致的后果是在多任务开始启动前应用程序就有可能收到时钟节拍中断，以至于导致系统崩溃。

程序清单 3.13 初始化统计任务

```
void main (void){
    OSInit();                              // 初始化 μC/OS-Ⅱ
    设置中断向量；                          // 设置中断模式和中断的开禁
    创建唯一的任务(假设该任务名为 TaskStart)；
    OSStart();                             // 开始多任务调度
}

void TaskStart (void * ppdata) reentrant {
    安装并启动 μC/OS-Ⅱ 的时钟节拍；
```

```
        OSStatInit( )；                      // 调用系统函数，初始化统计任务
        创建应用程序任务；
        for（；；）{
            TaskStart( )代码；                // 利用公式计算 CPU 利用率
        }
    }
```

统计任务 OSStat( )函数实现代码如程序清单 3.14 所示。

程序清单 3.14　统计任务 OSStat( )函数实现代码

```
    void OSTaskStat（void * ppdata）  reentrant {
        # if OS_CRITICAL_METHOD = 3；
        OS_CPU_SR cpu_sr；
        # endif；
        INT32U run；
        INT32U max；
        INT8S usage；
        ppdata = ppdata；
        while（OSStatRdy = = FALSE）
        {                              // 确保统计任务就绪后才运行下面程序
            OSTimeDly(2 * OS_TICKS_PER_SEC)；}
        max = OSIdleCtrMax / 100L；
        for(；；)
        {
            OS_ENTER_CRITICAL( )；
            OSIdleCtrRun = OSIdleCtr；
            run = OSIdleCtr；
            OSIdleCtr= 0L；
            OS_EXIT_CRITICAL( )；
            if（max > 0L）
            {
                usage = （INT8S）(100L - run / max)；        // 计算 CPU 利用率
                if（usage > = 0）
                {
                    OSCPUUsage = usage；// CPU 利用率是保存在 OSCPUUsage 中的
                } else
                {
                    OSCPUUsage = 0；}
            } else {
                OSCPUUsage = 0；
                max = OSIdleCtrMax/100L；
            }
            OSTaskStatHook( )；          // 调用用户自己编写的扩展函数，
                                        // 允许用户扩展统计函数的功能
```

```
                OSTimeDly(OS_TICKS_PER_SEC);
        }
    }
```

3.1.11 μC/OS-Ⅱ 的初始化

μC/OS-Ⅱ要求在调用任何服务之前，必须首先调用系统初始化函数 OSInit()初始化 μC/OS-Ⅱ所有的变量和数据结构(见文件 OS_CORE.C)。初始化功能函数 OSInit()工作内容主要包括：

(1) 首先建立空闲任务 OSTaskIdle()，将其优先级设成最低 OS_LOWEST_PRIO。

(2) 如果 OS_TASK_STAT_EN(统计任务允许)和任务建立扩展配置常量都设为 1，还得建立统计任务 OSTaskStat()。

(3) 初始化 5 个空闲数据结构链表：任务控制块、事件控制块、消息队列控制块、标志控制块、存储控制块等链表。如图 3.11 所示，每个链表都以单向链表指针链接而成，以空指针 NULL 结束。μC/OS-Ⅱ可以从空闲数据结构链表中得到或释放一个控制块。空闲数据结构链表的容量在文件 OS_CFG.H 中定义。μC/OS-Ⅱ自动安排总的系统任务数(见文件 μC/OS_Ⅱ.H)，控制块 OS_TCB 的数目也就自动确定了。当然，在设置的时候必须包括足够的任务控制块分配给统计任务和空闲任务。其余几个空闲数据结构链表将在后续章节讨论。

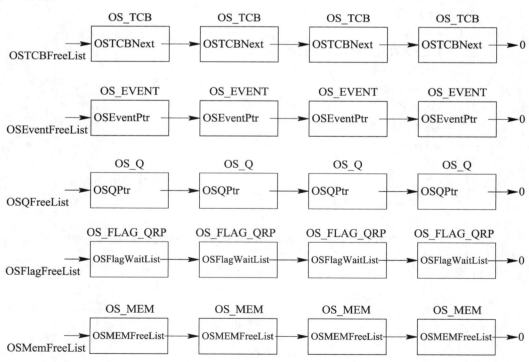

图 3.11 5 个空闲数据结构链表

（4）初始化所有的变量和数据结构，主要内容如表 3.3 所示。

表 3.3 初始化主要变量一览表

变量名	意义
OSPrioCur	保存当前任务的优先级的变量
OSPrioHighRdy	保存准备就绪最高优先级任务的优先级的变量
OSTCBCur	指向当前正在运行的任务的控制块的指针
OSTCBHighRdy	指向准备就绪的最高优先级任务控制块的指针
OSTCBPrioTbl[]	OS_TCB 入口指针数组，存放指向任务控制块的指针
OSTime	系统时间的当前值（以时钟节拍为单位）
OSIntNesting	中断嵌套层数计数器
OSLockNesting	调度锁定嵌套计数器
OSCtxSwCtr	任务切换计数器
OSTaskCtr	保存所建任务数量的变量
OSRunning	内核运行标志变量
OSIdleCtrMax	空闲计数器最大速率
OSIdleCtrRun	1 秒内空闲计数器的计数值
OSIdleCtr	空闲计数器
OSStatRdy	统计任务就绪标志

如果假设在 OS_CFG.H 文件中作如下定义：

（1）将常量 OS_TASK_STAT_EN 置 1，允许统计任务建立；

（2）将常量 OS_TASK_CREATE_EXT_EN 置 1，允许建立扩展任务；

（3）将常量 OS_LOWEST_PRIO 置为 63，最大允许建立 64 个任务优先级；

（4）最多任务数 OS_MAX_TASKS 设成大于 2。

那么，μC/OS-II 调用 OSInit() 之后的变量与数据结构如图 3.12 所示，详细解释如下：

（1）变量解释：初始化部分变量说明如表 3.3 所示；

（2）统计任务和空闲任务的 TCB 通过双向链表链接起来；

（3）OSTCBList 是指向链表起始处的指针，每当有新任务建立，新任务即被放到链表的起始处。最后建立的任务总是放在链表的起始处；双向链表指针指向的终点是 NULL(0)；

（4）变量 OSRdyGrp 最高位置位，就绪表 OSRdyTbl[] 最后一个元素的最高两位也置位，表明优先级最低的两个任务处于就绪态；

（5）统计任务就绪标志 OSStatRdy 变量由函数 OSStatInit() 置位，此时尚未调用

OSStatInit()函数，所以 OSStatRdy = FALSE。

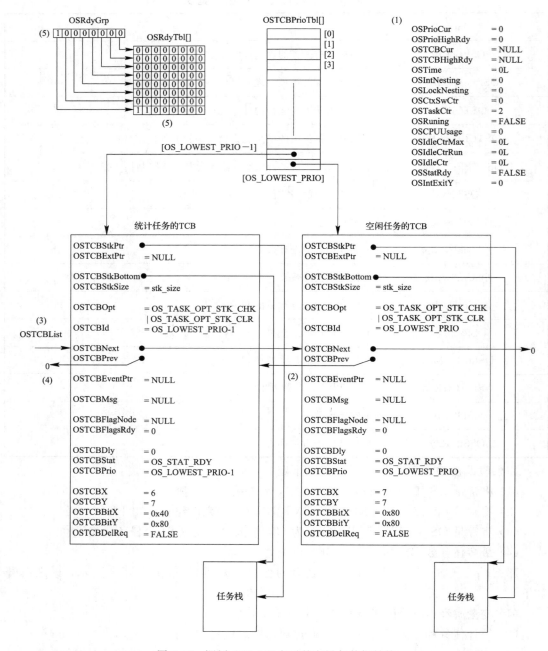

图 3.12 调用 OSInit()之后的变量与数据结构

3.1.12 μC/OS-II 的启动

μC/OS-II 多任务的启动是通过调用系统启动函数 OSStart()实现的，在调用启动函数之前，应用程序至少要建立一个任务，代码如程序清单 3.15 所示。

程序清单 3.15　初始化和启动 μC/OS - Ⅱ

```
void main (void){
    OSInit();                        /*  初始化 μC/OS - II    */
    ⋮
    调用 OSTaskCreate()或 OSTaskCreateExt()创建至少一个任务;
    ⋮
    OSStart();                       /*  开始多任务调度,OSStart()永远不会返回    */
}
```

　　系统启动函数 OSStart()程序流程如图 3.13 所示,代码如程序清单 3.16 所示。值得注意的是:当一切准备就绪后,OSStart()调用函数 OSStartHighRdy(),该函数的功能是运行准备就绪的最高优先级任务,原理是:首先,将任务栈中保存的内容弹出到 CPU 寄存器中;其次,执行一条中断返回指令,强制性地将程序计数器指针指向该任务代码。该函数编写在汇编语言文件 OS _ CPU _ A. ASM 中,与 CPU 类型相关,移植时需改写。OSStartHighRdy()函数将永远不返回到函数 OSStart()中。

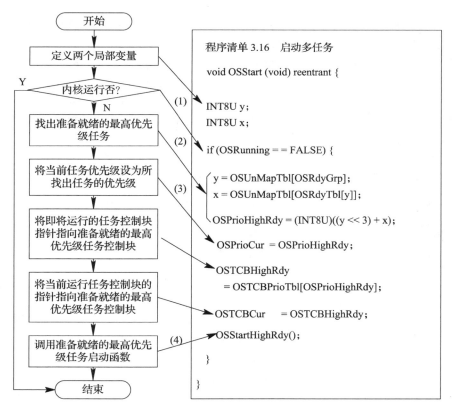

图 3.13　系统启动函数 OSStart()程序流程及代码清单

　　如果假设用户所建任务的优先级为 6,则多任务启动后变量与数据结构中的内容如图 3.14 所示。此时,变量 OSTaskCtr=3,表明已经建立了三个任务,即两个系统任务、一个用户任务;变量 OSRunning="TRUE",表明多任务已经启动运行;此时,依然未调用 OSStatInit()函数,仍有 OSStatRdy = FALSE;用户任务优先级最高,且准备就绪,所以

变量 OSPrioCur 和 OSPrioHighRdy 保存的是用户任务的优先级。同样，指针 OSTCBCur
和 OSTCBHighRdy 也都指向准备就绪的用户任务的任务控制块。

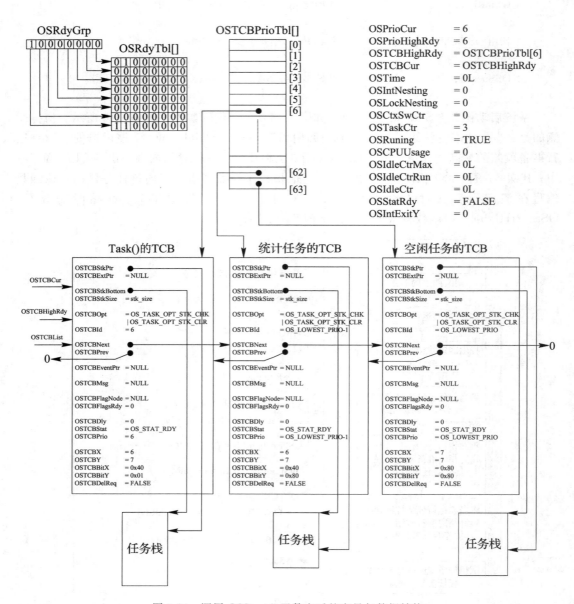

图 3.14 调用 OSStart() 函数之后的变量与数据结构

3.2 用户任务管理

如表 3.4 所示，μC/OS-Ⅱ提供了九个用户级任务管理函数，用户任务管理函数代码
在 OS_TASK.C 文件中。

表 3.4　用户级任务管理函数一览表

用户任务管理函数	功 能	配置常量	调用者
OSTaskChangePrio()	优先级变更	OS_TASK_CHANGE_PRIO_EN	任务
OSTaskCreate()	任务建立	OS_TASK_CREATE_EN	任务、启动代码
OSTaskCreateExt()	扩展任务建立	OS_TASK_CREATE_EXT_EN	任务、启动代码
OSTaskDel()	删除任务	OS_TASK_DEL_EN	任务
OSTaskDelReq()	请求删除任务	OS_TASK_DEL_REQ_EN	任务
OSTaskQuery()	获取任务的信息	OS_TASK_QUERY_EN	中断、任务
OSTaskResume()	任务恢复	OS_TASK_SUSPEND_EN	任务
OSTaskStkChk()	堆栈检验	OS_TASK_STK_CHK_EN	任务
OSTaskSuspend()	任务挂起	OS_TASK_SUSPEND_EN	任务

3.2.1　任务栈管理

1. 堆栈的概念

μC/OS - Ⅱ 多任务系统中同时存在三种堆栈，即：CPU 系统硬件堆栈（简称系统栈或硬件栈）、可重入函数的可重入参数仿真堆栈（简称可重入栈或仿真栈）以及 μC/OS - Ⅱ 系统的任务堆栈（简称任务栈或用户栈）。μC/OS - Ⅱ 支持任务栈和系统栈分离配置。

系统栈（硬件栈）是由 CPU 硬件系统内核决定的堆栈，有自己特定的堆栈指针，用于保存中断和调用返回的程序计数器指针以及 CPU 其他寄存器值，生长方向由硬件系统内核决定。一个中断或调用发生后，硬件系统内核会自动地将返回的程序计数器指针保存到堆栈中，并在返回时弹出堆栈赋给程序计数器指针，程序便可以在中断或调用的那一点往下继续执行；而 CPU 其他寄存器值的保存与否或者数量的多少一般由用户根据实际需求指定，堆栈指针的增减由硬件内核控制。

可重入栈（仿真栈）是由连续内存空间构成的软件仿真堆栈，有自己特定的堆栈指针，用于保存可重入函数中所有的局部变量和数据结构等参数，实际生长方向由编译系统决定。μC/OS - Ⅱ 的每一个任务都应该是一个可重入函数。μC/OS - Ⅱ 任务函数的可重入栈必须满足以下要求：

（1）每个堆栈有自己独立的内存空间，堆栈容量必须能够满足保存可重入函数中所有可重入变量和数据结构等参数的需求；

（2）每个堆栈都有自己的栈顶指针，指针的值可由用户根据实际需求指定；

（3）堆栈必须由连续的内存空间组成。

任务栈（用户栈）是由连续内存空间构成的软件仿真堆栈，用于保存全部 CPU 寄存器值、调用嵌套所需的 CPU 寄存器值以及任务函数中所有的可重入局部变量和数据结构等参数，生长方向可由用户根据实际需求决定，一般以与系统栈生长方向相同为宜，以便于模拟系统栈。μC/OS - Ⅱ 的任务栈必须满足以下要求：

（1）堆栈指针必须声明为 OS_STK 类型，与系统栈的宽度相同；

（2）堆栈指针必须声明为全局变量；

（3）任务必须有自己独立的堆栈空间，堆栈容量可以根据实际需求指定，但至少要求能够保存全部 CPU 寄存器值、调用嵌套所需的 CPU 寄存器值以及任务的可重入参数等；

（4）堆栈必须由连续的内存空间组成。

归根结底，μC/OS - Ⅱ 任务栈的设计目标是实现两个功能：一是用于备份任务即将切换时系统栈中的全部内容，包括：（1）全部 CPU 寄存器的值，这是不可或缺的。（2）如果切换前有调用未返回，还需加上调用嵌套所需的 CPU 寄存器值，但不包括中断嵌套所需的 CPU 寄存器值；二是保存任务的可重入参数。

μC/OS - Ⅱ 的每个任务都有自己独立的任务栈，优化的任务栈管理模式除了要求任务栈能够保存全部 CPU 寄存器值以及调用嵌套所需的 CPU 寄存器值以外，还能够保存任务函数的可重入栈指针以及所有的可重入局部变量和数据结构等参数，这样做有利于节省系统对 CPU 数据存储器容量的需求，简化系统设计。

2. 任务栈的分配方法

任务栈主要分为两类：

（1）在编译时分配的静态堆栈空间，程序清单如：

     static OS_STK   TaskStk[stk_size] 或 OS_STK   TaskStk[stk_size]；

（2）在运行时分配的动态堆栈空间，它可用 C 编译器提供的 malloc() 函数来动态地分配堆栈空间，其示意性代码如程序清单 3.17 所示。

程序清单 3.17   动态分配堆栈空间示意性代码

```
OS_STK    * tstk；
tstk = (OS_STK *)malloc(stk_size)；
if (tstk != (OS_STK *)0) {              /* 检验 malloc() 是否能得到所需要的内存空间 */
    建立任务；
}
```

无论是静态堆栈还是动态堆栈，都必须声明为全局变量。

3. 任务栈的传递方法

任务栈是通过堆栈指针传递给任务的。μC/OS - Ⅱ 既支持堆栈指针从下向上生长（堆栈指针由低地址向高地址递增）的堆栈，也支持从上向下生长（堆栈指针由高地址向低地址递增）的堆栈。在调用 OSTaskCreate() 或 OSTaskCreateExt() 函数时，必须知道堆栈指针的生长方向，因为这两个函数需要得到任务栈的栈顶，而栈顶指针可能指向堆栈的最高地址，也可能指向最低地址。

当 OS_CPU.H 文件中的 OS_STK_GROWTH = 0 时，表示堆栈指针向上生长，栈顶在内存的最低地址，用户需要将堆栈的最低内存地址传递给任务创建函数，代码如程序清单 3.18 所示。

程序清单 3.18   指针向上生长的堆栈代码

```
OS_STK    TaskStk[TASK_STK_SIZE]；                  // 在外面声明任务堆栈
OSTaskCreate(task, ppdata, &TaskStk[0], prio)；      // 建立任务时将最低堆栈地址传递给任务
```

当 OS_CPU.H 文件中的 OS_STK_GROWTH = 1 时，表明堆栈指针向下生长，栈顶在内存的最高地址，用户需要将堆栈的最高内存地址传递给任务创建函数，代码如程序清单 3.19 所示。

程序清单 3.19   指针向下生长的堆栈代码

```
OS_STK    TaskStk[TASK_STK_SIZE]；                           // 在外面声明任务堆栈
OSTaskCreate(task, ppdata, &TaskStk[TASK_STK_SIZE-1], prio)；  // 建立任务时将最高堆栈地址传递给任务
```

若用户想将代码从堆栈指针向上生长的 CPU 中移植到堆栈指针向下生长的 CPU 中，或者反过来，用两段程序分别设置会影响代码的可移植性。因此，为了方便移植，程序清单 3.18 和 3.19 可合并编写如程序清单 3.20 所示的形式。

程序清单 3.20　支持两个方向生长的堆栈

```
OS_STK   TaskStk[TASK_STK_SIZE];                    // 在外面声明任务堆栈
#if OS_STK_GROWTH == 0
    OSTaskCreate(task，ppdata，&TaskStk[0]，prio);
#else
    OSTaskCreate(task，ppdata，&TaskStk[TASK_STK_SIZE−1]，prio);
#endif
```

4. 任务栈的结构

μC/OS-Ⅱ 的任务栈要求能够保存全部 CPU 寄存器、调用嵌套和可重入局部变量等参数，任务栈结构如图 3.15 所示，简要说明如下：

（1）任务栈由一段连续的自由内存空间构成。若堆栈指针由下向上生长，任务栈的初始栈顶总位于堆栈的最低地址处，栈底位于堆栈的最高地址处；若堆栈指针由上向下生长，则反之。任务栈要求能够保存全部 CPU 寄存器值、调用嵌套和可重入参数等。

（2）任务栈初始栈顶和栈底的物理位置是编译系统自动分配的，堆栈容量(.OSTCBStkSize)是由用户指定的。利用这些参数，任务建立函数通过调用任务栈初始化函数构建任务栈，并将这些参数保存在任务控制块数据结构中。

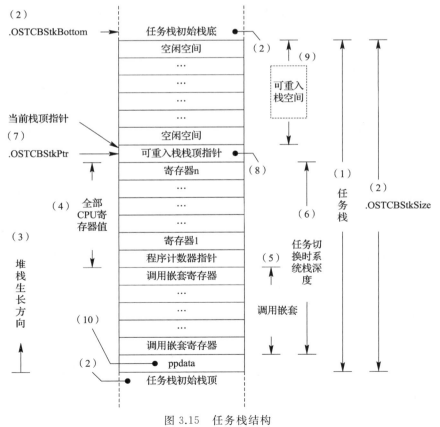

图 3.15　任务栈结构

（3）任务栈生长方向总是由栈顶向栈底方向生长。

（4）对于同类型的 CPU，全部 CPU 寄存器的数量是一定的，不会因运行状态的改变而改变。任务栈总是从栈顶位开始压栈和出栈，工作原理看起来和系统栈一样。不同的是：系统栈有专用的出入栈指令，任务栈是软件栈，没有专用的出入栈指令，一般用通用的数据传送指令替代。

（5）调用嵌套所需的 CPU 寄存器的数量与任务发生切换时的调用嵌套层数密切相关，是动态变化的。

（6）由于任务不允许在中断嵌套内发生切换，所以任务切换时系统栈的深度只包括全部 CPU 寄存器和(可能的)调用嵌套所用寄存器的数量，一定没有中断嵌套。

（7）由于调用嵌套所涉及的 CPU 寄存器数量是动态变化的，所以任务栈当前栈顶指针的值也是动态变化的，可能指向任务栈空间中的任何位置。

（8）可重入栈栈顶指针是一个十分重要的参数，初值由编译系统自动分配，始终保存在任务栈的当前栈顶处，这样做的好处是用汇编语言处理该变量时，可以更简洁地计算出它的偏移量。

（9）理想的可重入栈最好能够完整地嵌入在自身任务的任务栈内，以便于优化系统设计，减少系统对数据存储器的需求量。但是，由于目前 μC/OS-Ⅱ的可重入栈指针初值仅由编译系统自动分配，所以就导致了可重入栈位置事先不可预知，编译完成后更不能改动。

（10）ppdata 是任务栈初始化函数 OSTaskStkInit()中的一个参数，如果没有用到，可以不保存。

5. 任务栈的初始化

μC/OS-Ⅱ 每一个任务都有自己独立的任务栈，每建立一个任务都要通过任务建立函数调用任务栈初始化函数 OSTaskStkInit()按图 3.15 所示的任务栈结构对任务栈进行初始化。函数 OSTaskStkInit()的主要任务是：(1) 计算并保存任务第一条代码的程序计数器指针值，供任务首次时运行调用；(2) 构建一个与系统栈规格相同的标准堆栈，供任务切换时保存或者恢复全部 CPU 寄存器值以及调用嵌套所用的 CPU 寄存器值；(3) 计算并保存可重入栈栈顶指针的初值，为任务指定可重入栈。在任务运行的过程中，可重入栈的实时指针依然保存在任务栈中；(4) 返回任务栈栈顶指针，供后续应用。任务栈初始化函数原型为：

void ＊OSTaskStkInit（void（＊task）(void ＊ pd)，void ＊ ppdata，OS_STK ＊ ptos，INT16U opt） reentrant

其中：

void（＊task)(void ＊pd)：任务代码的起始地址指针

void ＊ppdata：传递给任务的一个指针参数，用于扩展任务的功能

OS_STK ＊ptos： 任务栈栈顶的指针

INT16U opt：传递给任务的选项参数，详见任务栈控制块 OSTCBOpt 变量

为了便于描述任务栈初始化函数的实现原理，假设某型 CPU 堆栈向上生长，共有 16 个寄存器，其中包括：

（1）8 个 8 位通用寄存器(R0～R7)；

（2）1 个 8 位程序状态字寄存器（PSW）；

（3）2 个 8 位累加器（A 和 B）；

（4）1 个 16 位外部数据指针寄存器（由 DPH 和 DPL 组成）；

（5）1 个 8 位硬件堆栈指针（SP）；

（6）1 个 16 位程序计数器指针（PC）。

任务栈初始化代码如程序清单 3.21 所示。

程序清单 3.21 任务栈初始化（普通模式）

```
void * OSTaskStkInit (void ( * task)(void * pd), void * ppdata, OS_STK * ptos, INT16U opt)   reentrant
{
    OS_STK * stk;                    //   定义堆栈指针

    ppdata = ppdata;                 //   ppdata 没有使用，采用此语句防止产生编译告警错误
    opt     = opt;                   //   opt 没有使用，采用此语句防止产生编译告警错误
    stk     = (OS_STK * )ptos;       //   任务栈初始栈顶在堆栈的最低有效地址
    * stk++ = 15;                    //   需要保存的 CPU 寄存器数量，对应系统栈深度
    * stk++ = (INT16U)task & 0xFF;   //   计算保存任务第一条代码的低 8 位 PC 指针值
    * stk++ = (INT16U)task >> 8;     //   计算保存任务第一条代码的高 8 位 PC 指针值
    * stk++ = 0x00;                  //   PSW
    * stk++ = 0x0A;                  //   ACC
    * stk++ = 0x0B;                  //   B
    * stk++ = 0x00;                  //   DPL
    * stk++ = 0x00;                  //   DPH
    * stk++ = 0x00;                  //   R0
    * stk++ = 0x01;                  //   R1
    * stk++ = 0x02;                  //   R2
    * stk++ = 0x03;                  //   R3
    * stk++ = 0x04;                  //   R4
    * stk++ = 0x05;                  //   R5
    * stk++ = 0x06;                  //   R6
    * stk++ = 0x07;                  //   R7
                                     //   SP 不保存，任务切换时根据硬件堆栈深度计算得出
    * stk++ = (INT16U)(ptos+MaxStkSize) >> 8;
                                     //   计算并保存可重入栈栈顶指针? C_XBP 的高 8 位值
    * stk++ = (INT16U)(ptos+MaxStkSize) & 0xFF;
                                     //   计算并保存可重入栈栈顶指针? C_XBP 的低 8 位值
    return ((void * )ptos);  //  不返回当前栈顶，而是返回初始栈顶
}
```

任务栈的初始化是在任务建立时进行的，此时任务还没有运行，仅仅为任务的第一次运行做准备，所以除了 PC 指针外，其他 CPU 寄存器的值都没有实际意义。不需要保存 SP 指针，任务切换时，根据硬件堆栈深度的实时值来实现任务栈与系统栈两者之间的数据交换。堆栈深度值保存在堆栈的初始栈顶，这样做可以不用复杂的计算就能很方便地获取堆栈深度值，所以程序的返回值不是栈顶的当前指针，而是初始栈顶。初始化时，由于不

可能有调用发生，SP 指针也没保存，所以堆栈深度为 15 字节。与初始化不同的是：一旦任务运行后，所有的寄存器都可能有意义，而且堆栈深度是实时变化的，但深度只会增大，而不会变得更小。所谓的"全部 CPU 寄存器"，在这里就是这 15 个寄存器。任务栈在初始化时，必须算出可重入栈栈顶指针初值，以为每个任务确定可重入栈。编译系统都有自己的可重入栈指针，注释中的？C_XBP 是 KEIL C 编译系统中定义的可重入栈栈顶指针助记符。

程序清单 3.21 所示的任务栈管理模式，这里称为任务栈的普通管理模式，简称"普通模式"。

6. 任务栈的优化

简而言之，任务栈的基本功能就是：① 拷贝任务即将切换时系统栈中保存的所有内容，即备份系统栈；② 保存可重入参数。基本工作过程是：当任务需要切换时，首先，将当前任务的全部 CPU 寄存器值压入系统栈；其次，将系统栈中的全部内容（全部 CPU 寄存器值＋调用嵌套所用的 CPU 寄存器值）拷贝给当前任务的任务栈，此时系统栈被清空，可重入栈指针值直接保存到当前任务的栈顶；第三，再将即将运行的任务的任务栈中的全部 CPU 寄存器值以及调用嵌套所用的 CPU 寄存器值转移给系统栈，而任务栈中保存的可重入栈指针值直接从任务栈中取出赋给可重入栈指针；最后，从系统栈中弹出全部 CPU 寄存器值赋给 CPU，此时系统栈未必被全部清空，如任务在被剥夺使用权之时有调用未返回，此时系统栈依然保留了与调用返回相关的 CPU 寄存器值。

为了最经济地利用 CPU 的数据存储器，最好的方法就是将系统栈和任务自身的可重入栈完全嵌入到任务栈中。但是，目前 μC/OS－Ⅱ并不支持这种管理模式。究其原因就在于目前 μC/OS－Ⅱ的可重入栈指针初值是编译系统自动分配的，从而导致了可重入栈空间位置的不确定性，很难刚好将可重入栈嵌入到自己的任务栈中。

在很多 C 语言编译系统中，可重入栈与系统栈相对生长。例如，在 KEIL C51 系统中，系统栈从内存的低地址向高地址生长，而可重入栈则从内存的高地址向低地址生长。其他系统不一一列举，具体情况参见其编译系统使用说明。任务栈总是人为地设置成与系统栈的特性相同。故对具有这种特性的系统，可以推断：如果将可重入栈栈顶指针的初值指向任务栈的初始栈底（最高内存地址），使任务的可重入参数保存在任务栈的底部空间，而 CPU 寄存器的值始终保存在任务栈的顶部空间，以顶部空间备份系统栈、底部空间寄生可重入栈，两者张弛相映、和谐共存，不管 CPU 寄存器和可重入参数数量的多少，都可以根据实际需求量丝毫不差地充分利用任务栈，内存空间的利用率可以精确到个位数。这种任务栈管理模式可称为任务栈的优化管理模式，简称"优化模式"。

相反，如果采用任务栈普通管理模式，例如 KEIL C 及其类似系统，虽然编译系统同样可以根据关键字 reentrant 识别每个任务函数中的可重入参数，但由于每个任务的可重入栈的内存空间位置是随机分配的，也就无法在编译时分配一段确定的内存空间供其运行时安全使用。为了保证可重入栈的安全，系统将付出极大的内存开销。例如，从程序清单 3.21 的倒数第二、三行中可以看出：当任务栈容量不等时，由于 MaxStkSize 是对所有任务都相同的常数，＊ptos（任务栈初始栈顶）变量的值是编译系统随机分配的，致使可重入栈指针？C_XBP(ptos＋MaxStkSize) 的初值也是随机的，所以它一定无法指向所有任务的初始栈底，甚至无法保证任务的可重入栈指针指向自己的任务栈空间内，可重入参数的存储空间具有极大的不确定性。为了克服这种不确定性，现有的解决方案是：在编译前保留一大块自由空间，并加大任务栈的冗余容量，以确保可重入栈能随机地嵌入到这些未被占用的内存空间内，这样便会增大数据存储器数量的不必要开销；如果采用等任务栈容量模式，尽管可以保证可重入栈嵌入于任务栈的底部空间，但必须要求所有任务栈的容量都等于最大任务栈的容量，那么同样会造成数据存储器使用的浪费。

在"普通模式"中，主要是采取了以牺牲数据存储器数量来保证可重入栈安全的策略。为了克服这种缺陷，减少系统对数据存储器的需求，简化系统设计，本文提出了一种任务栈的优化管理模式。具体实现方法之一如下：

（1）修改任务栈初始化函数 OSTaskStkInit() ，为其增加一个指针参数 * pbos（任务栈栈底指针），其余参数不变。函数原型改为：

void　* OSTaskStkInit（void（ * task）（void　* pd），void　* ppdata，OS_STK　* ptos，INT16U opt，OS_STK　* pbos）　reentrant

（2）修改 2 行任务栈初始化函数 OSTaskStkInit()程序代码，将可重入栈指针指向任务栈的初始栈底。具体方法如下：

① 将程序清单 3.21 中倒数第 3 行：* stk++ ＝（INT16U）（ptos＋MaxStkSize）＞＞8；改为程序清单 3.22 中的倒数第 3 行：* stk++ ＝（INT16U）（pbos）＞＞ 8；

② 将程序清单 3.21 中倒数第 2 行：* stk++ ＝（INT16U）（ptos＋MaxStkSize）&0xFF；改为程序清单 3.22 中的倒数第 2 行：* stk++ ＝（INT16U）（pbos）& 0xFF；

（3）用 OSTaskCreateExt() 函数来建立任务。这是因为优化后的任务栈初始化函数多了一个指针参数 * pbos，所以不能再用函数 OSTaskCreate()来建立任务。

（4）任务栈的优化管理模式程序代码如程序清单 3.22 所示。

程序清单 3.22　任务栈初始化（优化模式）

```
void  * OSTaskStkInit (void ( * task)(void * pd), void * ppdata,OS_STK * ptos, INT16U opt, OS_
STK  * pbos)  reentrant
    {
        OS_STK * stk;            //   定义堆栈指针

        ppdata = ppdata;         //   ppdata 没有使用, 采用此语句防止产生编译告警错误
        opt    = opt;            //   opt 没有使用, 采用此语句防止产生编译告警错误
        stk    = (OS_STK *)ptos; //   任务栈初始栈顶在堆栈的最低有效地址
        * stk++ = 15;            //   需要保存的 CPU 寄存器数量, 对应系统栈深度
        * stk++ = (INT16U)task & 0xFF;   //   任务第一条代码的低 8 位程序计数器指针(PC)
        * stk++ = (INT16U)task >> 8;     //   任务第一条代码的高 8 位程序计数器指针
        * stk++ = 0x00;          //   PSW
        * stk++ = 0x0A;          //   ACC
        * stk++ = 0x0B;          //   B
        * stk++ = 0x00;          //   DPL
        * stk++ = 0x00;          //   DPH
        * stk++ = 0x00;          //   R0
        * stk++ = 0x01;          //   R1
        * stk++ = 0x02;          //   R2
        * stk++ = 0x03;          //   R3
```

```
    * stk++ = 0x04;              //  R4
    * stk++ = 0x05;              //  R5
    * stk++ = 0x06;              //  R6
    * stk++ = 0x07;              //  R7
                       //  SP 不保存，任务切换时根据硬件堆栈深度计算得出
    * stk++ = (INT16U)(pbos) >> 8;      //  ？C_XBP 可重入栈高 8 位指针
    * stk++ = (INT16U)(pbos) & 0xFF;    //  ？C_XBP 可重入栈低 8 位指针
    return ((void *)ptos);       //  返回栈顶
}
```

经过大量的实践表明，优化的任务栈管理模式，可以实现以任务栈顶部空间备份系统栈、底部空间嵌入可重入栈的目标，极大地减少了系统对数据存储器的需求量，降低了系统设计的复杂性。

这里提出的任务栈优化管理模式，以抛砖引玉为用，仅供读者参考。后续章节的内容，依旧按照"普通模式"描述。

7. 任务栈的应用要点

在使用任务栈时必须考虑两个问题，一是堆栈容量问题，二是内存碎片问题。

任务所需的堆栈容量是由用户根据实际需要指定的，在确定容量时必须考虑如下几方面的问题：

（1）用户任务所调用函数的嵌套情况；

（2）任务所调用函数的可重入局部变量和数据结构的数目；

（3）堆栈必须能保存全部 CPU 寄存器；

（4）任务栈无需考虑中断嵌套所需的堆栈容量，因为在中断嵌套时不会发生任务切换，中断嵌套中的 CPU 寄存器都只保存在系统栈中。

在需动态分配堆栈时，尤其要注意内存碎片问题。内存碎片产生的主要原因是用户反复地建立和删除任务，导致自由内存区不连续而造成的。若内存区没有足够大的连续自由空间可作任务堆栈，malloc() 便无法成功地为任务分配堆栈空间。例如：如图 3.16 所示，① 假定有一个 6 KB 自由空间的内存区；② 用户要建立三个任务（任务 A、B 和 C），每个任务均需 2 KB 的空间，用 malloc() 函数分别将第一、第二、第三个 2 KB 存储空间分给任务 A、B 和 C；③ 当不需要时，再将任务 A 和任务 C 删除，并用 free() 函数释放内存到内存区中。结果是内存区虽有 4 KB 的自由内存空间，但它们是不连续的，不能为需要大于 2 KB 堆栈的任务分配空间。如果任务建立后就不再删除，使用 malloc() 是没有问题的。

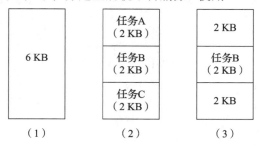

图 3.16　内存碎片

3.2.2　建立任务——OSTaskCreate( )函数

在 μC/OS-Ⅱ 中，若要管理用户任务，就必须首先利用 OSTaskCreate( )或 OSTaskCreateExt( )两个函数中的任意一个来建立任务，通过这两个函数来将任务代码的地址和它的参数传递给内核。OSTaskCreate( )是向下兼容的，OSTaskCreateExt( )则是 OSTaskCreate( )的扩展版本，提供了一些附加的功能。任务建立方法如下：

（1）任务可以在多任务启动前建立，也可以在其他任务的执行过程中建立。在开始多任务调度前，用户必须至少建立一个任务；

（2）任务不能由中断服务子程序来建立。

1. 函数原型

INT8U OSTaskCreate（void（∗ task）（void ∗ pd），void ∗ ppdata，OS_STK ∗ ptos，INT8U prio）reentrant

函数需要四个参数：

（1）task：是任务代码的指针。

（2）ppdata：是当任务开始执行时传递给任务的参数的指针。

（3）ptos：是分配给任务堆栈的栈顶指针。

（4）prio：是分配给任务的优先级。

2. 返回值

OSTaskCreate( )函数的返回值有如下几种：

（1）OS_NO_ERR：　　　　　　任务建立成功。

（2）OS_PRIO_EXIST：　　　　指定的优先级已经被占用。

（3）OS_PRIO_INVALID：　　　指定的优先级大于 OS_LOWEST_PRIO。

（4）OS_NO_MORE_TCB：　　系统中没有空闲任务控制块可以分配给任务。

3. 原理与实现

OSTaskCreate( )的基本计算原理如图 3.17 所示，实现代码如程序清单 3.23 所示，解释如下：

（1）OSTaskCreate( )函数首先要检查分配给任务的优先级是否有效，若无效则返回相应的错误代码，并退出。

（2）若优先级在有效范围内，则需要检查该优先级是否已经被其他任务所占用。在 μC/OS-Ⅱ 中，不同任务的优先级各不相同。若某优先级未被使用，μC/OS-Ⅱ 会在任务控制块优先级列表 OSTCBPrioTbl[]数组中放置一个空指针，否则为非空。

（3）若该优先级未被占用，则在 OSTCBPrioTbl[]中放置一个非空指针以占用该优先级；若该优先级已经被占用，则返回相应错误代码通知应用程序，并退出。

（4）调用 OSTaskStkInit( )函数建立任务堆栈，函数返回值 psp 是任务栈的新栈顶，并保存在任务的 OS_TCB 中。OSTaskCreate( )函数不支持任务创建过程中的不同选项设置，OSTaskStkInit( )函数中的第四个参数主要是为了兼容 OSTaskCreateExt( )函数而设置的，在此处无用，所以设置为 0。OSTaskStkInit( )函数是与处理器的硬件体系相关，编写在 OS_CPU_C.C 文件中，其实现详细方法在后续章节中介绍。如果已经得到移植成功的 μC/OS-Ⅱ 代码，其实现细节就无需再考虑了。

（5）当任务栈建立工作完成后，就要调用 OSTCBInit() 函数初始化任务控制块，该函数从空闲的 OS_TCB 缓冲区中获得并初始化一个 OS_TCB。OSTCBInit() 所属文件是 OS_CORE.C。

（6）OSTCBInit() 函数返回后，对返回代码进行检验，若任务控制块初始化成功，任务数量计数器 OSTaskCtr 的值就加 1，OSTaskCtr 是保存任务数量的变量；若任务控制块初始化失败，就置 OSTCBPrioTbl[prio] 的值为空，放弃使用该任务的优先级。

（7）OSTaskCreate() 函数的调用可在多任务启动前进行，也可在多任务启动后的某个任务中进行。若在多任务启动后调用 OSTaskCreate() 函数，则 OSRunning 已经为"真"，在这种情况下，则需要调用任务调度函数来判断当前所新建的任务是否比原有任务优先级更高。如果新任务优先级更高，内核会发生一次任务切换：挂起旧任务，运行新任务。若在多任务启动之前建立新任务，则不需要调用任务调度函数。

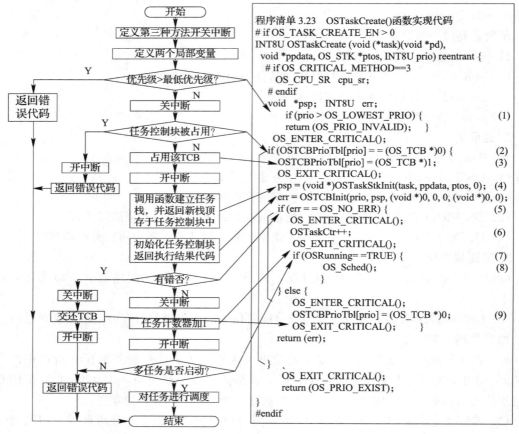

图 3.17　OSTaskCreate() 计算原理流程及程序清单

4. 应用要点

（1）任务函数类型必须声明为可重入型。

（2）建立任务前必须为任务指定任务栈。

（3）任务栈数据类型必须声明为 OS_STK 类型，且为全局变量。

（4）在任务中必须调用 μC/OS-Ⅱ 提供的下述系统函数之一：任务延时、任务挂起及等待信号量、消息邮箱及消息队列，以便挂起当前任务，使其他任务有机会得到 CPU 的使用权。

（5）在用户程序中，建议不要使用优先级：0、1、2、3、OS_LOWEST_PRIO－3，OS_LOWEST_PRIO－2，OS_LOWEST_PRIO－1，OS_LOWEST_PRIO。这些优先级被操作系统保留，其余56个优先级提供给应用程序。

（6）任务建立函数的应用模式有多种：一是，既可在启动代码段程序中调用，也可在任务中调用。二是，既可测试调用返回值，也可不测试调用返回值。

（7）调用前，需将配置常量OS_TASK_CREATE_EN设置为1。

（8）在任务中调用后，可能会发生一次任务切换。

5. 应用范例

任务建立函数OSTaskCreate()在启动代码段和任务中的应用范例如程序清单3.24所示，简要说明如下：

（1）传递给任务的参数ppdata不使用，所以指针ppdata被设为NULL。

（2）程序中设定堆栈向下生长，传递的栈顶指针为高地址＆Task1Stk[99]；如果设定堆栈向上生长，则传递的栈顶指针应该为＆Task1Stk[0]。

（3）为了避免编译时出现警告错误，应给ppdata赋值，让它等于自身。不加这行，编译显示"WARNING—variable ppdata not used"。

程序清单3.24　OSTaskCreate()函数的应用范例

```
OS_STK    Task1Stk[100];                                    // 定义任务堆栈
void main(void)
{
    OSInit();                                               // 初始化操作系统
    OSTaskCreate(Task1,,(void *)0,＆Task1Stk[99],20);        // 调用任务建立函数,建立任务
    OSStart();                                              // 启动多任务环境
}


void Task1(void * ppdata)    reentrant {
    INT8U err;
    ppdata = ppdata;                                        // 防止编译出现警告信息
    for(; ; ){
        err = OSTaskCreate(Task2,,(void *)0,＆Task1Stk[99],25);// 调用任务建立函数,建立任务
        if (err == OS_NO_ERR) {                             // 成功建立任务
            /* 应用程序代码 */                                // 执行应用程序
        }
        else{                                               // 任务建立不成功
            /* 错误处理代码 */
        }
    }
}
void Task2(void * ppdata) reentrant {
    ppdata = ppdata;                                        // 防止编译出现警告信息
    for(; ; ) {
        /* 应用程序代码 */
    }
```

　　}

3.2.3　建立任务——OSTaskCreateExt() 函数

1. 函数原型

INT8U OSTaskCreateExt（void（*task)(void * pd)，void * ppdata，OS_STK * ptos，INT8U prio，INT16U id，OS_STK * pbos，INT32U stk_size，void * pext，INT16U opt）reentrant

　　OSTaskCreateExt() 一共需要九个参数，说明如下：

　　(1) 前四个参数(task, ppdata, ptos 和 prio) 与 OSTaskCreate() 的四个参数完全相同，顺序一样。这样做的目的是为了便于将代码从 OSTaskCreate() 移植到 OSTaskCreateExt() 上去。

　　(2) 参数 id 为要建立的任务创建一个特殊的标识符，它用于扩展 μC/OS-II 功能，使执行的任务数超过目前的 64 个。该参数在目前版本的 μC/OS-II 中尚未使用，保留给将来的升级版本。在当前版本中，用户只需要简单地将该参数设置成与任务的优先级值一样就可以了。

　　(3) 参数 pbos 是指向任务的堆栈栈底的指针，用于堆栈检验。

　　(4) 参数 stk_size 用于指定任务栈的容量，单位是堆栈入口单元宽度，而不是字节。如果堆栈的入口单元宽度为 4 字节宽，那么 stk_size 为 1000 是指任务栈有 4000 个字节。该参数与 pbos 一样，也用于堆栈检验。

　　(5) 参数 pext 是指向用户附加数据结构的指针，用于扩展任务的 OS_TCB。例如，用户可以为每个任务增加一个名字，或在任务切换过程中将浮点寄存器的内容储存到这个附加数据结构中，等等。

　　(6) 参数 opt 用于设定 OSTaskCreateExt() 的选项，指定是否允许任务栈检验、是否将任务栈清零、是否进行浮点操作等等。μC/OS_II.H 文件中有三个可选的常数：

　　① OS_TASK_OPT_STK_CHK：允许任务栈检验

　　② OS_TASK_OPT_STK_CLR：允许任务栈清 0

　　③ OS_TASK_OPT_SAVE_FP：允许任务作浮点运算

　　每个选项占有 opt 的一位，并通过该位的置位来选定。使用时，只需要将以上 OS_TASK_OPT_??? 选项常数进行位或(OR)操作就可以了。

2. 返回值

　　OSTaskCreateExt() 函数的返回值有如下几种：

　　(1) OS_NO_ERR：任务建立成功。

　　(2) OS_PRIO_EXIST：指定的优先级已经被占用。

　　(3) OS_PRIO_INVALID：指定的优先级大于 OS_LOWEST_PRIO。

　　(4) OS_NO_MORE_TCB：系统中没有空闲任务控制块可以分配给任务了。

3. 原理与实现

　　OSTaskCreateExt() 的计算原理如图 3.18 所示，实现代码如程序清单 3.25 所示，解释如下：

　　(1) OSTaskCreateExt() 函数首先要检查分配给任务的优先级是否有效，优先级必须在所设置的范围内，若超出则返回相应的错误代码，并退出。

（2）若优先级在有效范围内，则需要检查该优先级是否已经被其他任务所占用。在 $\mu C/OS-II$ 中，不同的任务其优先级各不相同。若某优先级未被使用，$\mu C/OS-II$ 会在 OSTCBPrioTbl[]中放置一个空指针，否则为非空。

（3）若该优先级未被占用，则在 OSTCBPrioTbl[]中放置一个非空指针以占用该优先级；若该优先级已经被占用，则返回相应错误代码通知应用程序，并退出。

（4）检验 opt 选项中的 OS_TASK_OPT_STK_CHK 和 OS_TASK_OPT_STK_CLR 参数，以确定是否需要检验任务栈或任务栈清 0。当 opt＝OS_TASK_OPT_STK_CHK 时，需进行任务栈检验，但是只有当 opt＝OS_TASK_OPT_STK_CHK＋OS_TASK_OPT _STK_CLR 时，才清零任务栈。

（5）调用 OSTaskStkInit()函数建立任务堆栈，函数返回值 psp 是任务栈的新栈顶，并保存在任务的 OS_TCB 中。OSTaskStkInit()函数与处理器的硬件体系相关，所属文件是 OS_CPU_C.C，详细实现方法将在后续章节中介绍。如果已经得到了移植成功的 $\mu C/OS-II$ 代码，实现细节就无需再考虑了。

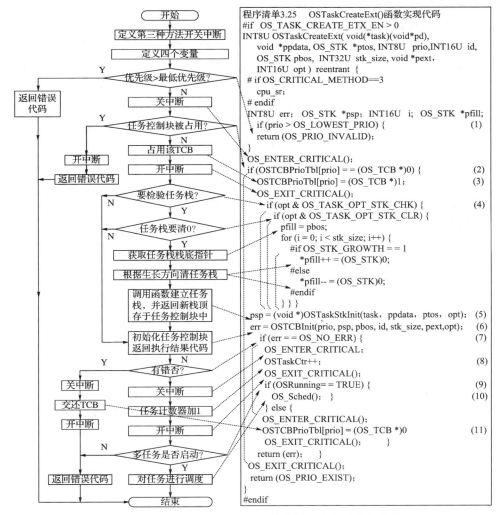

图 3.18 OSTaskCreateExt()计算原理流程及程序清单

嵌入式实时操作系统 μC/OS-Ⅱ教程

（6）当任务栈建立工作完成后，就要调用 OSTCBInit()函数初始化任务控制块，该函数从空闲的 OS_TCB 缓冲区中获得并初始化一个 OS_TCB。OSTCBInit()所属文件是OS_CORE.C。

（7）OSTCBInit()函数返回后，对返回代码进行检查，若任务控制块初始化成功，就增加任务数量计数器 OSTaskCtr，OSTaskCtr 是保存任务数量的变量；若任务控制块初始化失败，就置 OSTCBPrioTbl[prio]的值为空，放弃使用该任务的优先级。

（8）OSTaskCreateExt()函数的调用可在多任务启动前进行，也可在多任务启动后的某个任务中进行。若在多任务启动后调用 OSTaskCreateExt()函数，则 OSRunning 已经为"真"，在这种情况下，则需要调用任务调度函数来判断当前所新建的任务是否比原有任务优先级更高。如果新任务优先级更高，内核会发生一次任务切换：挂起当前任务，运行新任务。若在多任务启动之前建立新任务，则不需要调用任务调度函数。

4. 应用要点

（1）任务函数类型必须声明为可重入型。

（2）建立任务前必须为任务指定任务栈。

（3）任务栈数据类型必须声明为 OS_STK 类型，且为全局变量；

（4）必须在任务中调用 μC/OS-Ⅱ 提供的下述系统函数之一：任务延时、任务挂起及等待信号量、消息邮箱及消息队列，以便挂起当前任务，使其他任务有机会得到 CPU 的使用权；

（5）在用户程序中，不能使用 64 个优先级中的最高 4 个和最低 4 个，这些优先级被操作系统保留，其余 56 个优先级可以提供给应用程序。

（6）与 OSTaskCreate()函数相比，用 OSTaskCreateExt()函数来建立任务会更加灵活，只是会增加一些额外的开销，建议尽量使用该函数建立任务。

（7）任务建立函数的应用模式有多种：一是，既可在启动代码段程序中调用，也可在任务中调用。二是，既可测试调用返回值，也可不测试调用返回值。

（8）调用前，需将配置常量 OS_TASK_CREATE_EXT_EN 设置为1。

（9）在任务中调用后，可能会发生一次任务切换。

5. 应用范例

OSTaskCreateExt()函数在启动代码段程序中的应用范例如程序清单 3.26 所示。

程序清单 3.26　OSTaskCreateExt() 函数的应用范例

```
OS_STK   Task1Stk[100];                    // 声明任务堆栈
void main(void)
{
    OSInit();                              // 初始化操作系统
    OSTaskCreateExt(Task1,                 // 任务代码指针
            (void * )0,                    // 没用到，传递空指针
            &Task1Stk[99],                 // 栈顶，堆栈向下生长
            20,                            // 优先级和 id
            20,
            &Task1Stk[0],                  // 栈底，堆栈向下生长
            100,                           // 任务栈容量
            (void * )0,                    // 无附件数据域，指针指向空
```

· 82 ·

```
          OS_TASK_OPT_CHK）；              // 允许堆栈检验
   OSStart（）；                           // 启动多任务环境
}
```

3.2.4　优先级变更——OSTaskChangePrio（）函数

1. 函数原型

INT8U OSTaskChangePrio（INT8U oldprio，INT8U newprio）reentrant

在程序运行期间，用户可以通过调用 OSTaskChangePrio（）来动态地改变任务的优先级。调用者只能是任务，配置常量是 OS_TASK_CHANGE_PRIO_EN。

函数有两个参数：

（1）oldprio：任务的原优先级。

（2）newprio：任务的新优先级。

2. 函数返回值

OSTaskChangePrio（）函数的返回值有如下几种：

（1）OS_NO_ERR：优先级改变成功。

（2）OS_PRIO_INVALID：原优先级或新优先级值大于等于 OS_LOWEST_PRIO。

（3）OS_PRIO_EXIST：任务的优先级已经被占用。

（4）OS_PRIO_ERR：任务原优先级不存在。

3. 原理与实现

优先级变更的基本计算原理如图 3.19 所示。如果需要变更优先级的任务存在，那么它不是处于就绪状态，就是处理等待某事件发生的状态，所以要么在就绪表中，要么在等待任务列表中用新优先级替换原优先级。优先级变更后，会调用 OS_Sched（）函数，可能会发生一次任务切换。

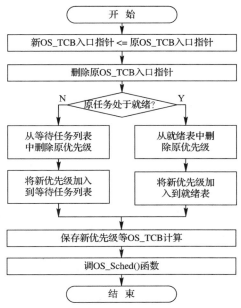

图 3.19　优先级变更的计算原理主要流程

OSTaskChangePrio（）函数实现代码如程序清单 3.27 所示。

程序清单 3.27　OSTaskChangePrio( )函数实现代码

```
# if OS_TASK_CHANGE_PRIO_EN > 0
INT8U OSTaskChangePrio (INT8U oldprio,, INT8U newprio) reentrant {
  # if OS_CRITICAL_METHOD==3
    OS_CPU_SR    cpu_sr;                          /* 定义局部变量,保存中断的状态 */
  # endif
  # if OS_EVENT_EN > 0
    OS_EVENT    * pevent;                         /* 定义一个事件控制块类型的指针 */
  # endif
    OS_TCB    * ptcb;                             /* 定义一个任务控制块类型的指针 */
    INT8U    x;
    INT8U    y;
    INT8U    bitx;
    INT8U    bity;
    INT8U    y_old;
  # if OS_ARG_CHK_EN > 0
    if (oldprio >= OS_LOWEST_PRIO) {              /* 检查原优先级是否有效 */
        if (oldprio != OS_PRIO_SELF) {            /* OS_PRIO_SELF = 0xFF */
            return (OS_PRIO_INVALID);             /* 若无效,则返回并给出错误代码 */
        }
    }
    if (newprio >= OS_LOWEST_PRIO) {              /* 检查新优先级是否有效 */
        return (OS_PRIO_INVALID);                 /* 若无效,则返回并给出错误代码 */
    }
  # endif
    OS_ENTER_CRITICAL();
    if (OSTCBPrioTbl[newprio] != (OS_TCB * )0) {  /* 检查新优先级是否已被占用 */
        OS_EXIT_CRITICAL();
        return (OS_PRIO_EXIST);                   /* 若被占用,则返回并给出错误代码 */
    }
    if (oldprio == OS_PRIO_SELF) {                /* 将 OS_PRIO_SELF 换算成为   */
                                                  /* 当前任务优先级 */
        oldprio = OSTCBCur ->OSTCBPrio;
    }
    ptcb = OSTCBPrioTbl[oldprio];                 /* 获取原任务控制块指针 */
    if (ptcb == (OS_TCB * )0) {                   /* 若指针无效  */
        OS_EXIT_CRITICAL();                       /* 开中断      */
        return (OS_PRIO_ERR);                     /* 不能变更优先级,携出错代码返回 */
    }
    y    = newprio >> 3;    /* 为加快任务切换速度,预先计算出任务块中的几个就绪变量 */
    bity= OSMapTbl[y];
```

```
    x= newprio & 0x07;
    bitx= OSMapTbl[x];
    OSTCBPrioTbl[oldprio] = (OS_TCB *)0;              /* 原任务控制块入口指针清空 */
    OSTCBPrioTbl[newprio] = ptcb;                     /* 将新优先级任务控制块指针 */
                                                      /* 指向原优先级任务控制块 */
    y_old= ptcb ->OSTCBY;
    if ((OSRdyTbl[y_old] & ptcb ->OSTCBBitX) ! = 0x00 {   /* 检查原优先级任务是否就绪 */
        OSRdyTbl[y_old] &= ~ptcb ->OSTCBBitX;
        if (OSRdyTbl[y_old] == 0x00) {
            OSRdyGrp &= ~ptcb ->OSTCBBitY;            /* 若就绪,从就绪表中删除该优先级 */
        }

        OSRdyGrp    | = bity;                         /* 新优先级插入就绪表,替换原优先级 */
        OSRdyTbl[y]  | = bitx;
#if OS_EVENT_EN > 0                                   /* 如果定义了事件 */
    } else {        /* 如果原任务未就绪,那么它可能是因为在等待某事件的发生而引起的 */
        pevent = ptcb ->OSTCBEventPtr;                /* 局部变量 pevent 指向事件控制块 */
        if (pevent != (OS_EVENT *)0) {                /* 检查指针是否有效           */
        pevent ->OSEventTbl[y_old] &= ~ptcb ->OSTCBBitX;
        if (pevent ->OSEventTbl[y_old] == 0){         /* 检查原任务是否在等待某事件发生   */
            pevent ->OSEventGrp &= ~ptcb ->OSTCBBitY;
                                                      /* 若是,原优先级移出事件等待列表 */
        }
        pevent ->OSEventGrp    | = bity;              /* 新优先级加入事件等待列表 */
        pevent ->OSEventTbl[y]  | = bitx;             /* 替换原优先级 */
    }
#endif
    }
    OSTCBPrioTbl[newprio] = ptcb;                     /* 将新优先级任务控制块指针指向原任务控制块 */
                                                      /* 执行的结果是任务变更了优先级,但任务信息依然 */
                                                      /* 保存在原任务控制块中,这样加快了运算 */
    ptcb ->OSTCBPrio      = newprio;  /* 新的优先级保存到任务控制块中 */
    ptcb ->OSTCBY         = y;        /* 预先计算的一些值保存到任务控制中 */
    ptcb ->OSTCBX         = x;
    ptcb ->OSTCBBitY      = bity;
    ptcb ->OSTCBBitX      = bitx;
    OS_EXIT_CRITICAL();
    OS_Sched();                                       /* 调用调度函数,裁决是否需要进行任务切换 */
    return (OS_NO_ERR);
}
#endif
```

4. 应用要点

(1) 参数中的新优先级必须是没有使用过的，否则会返回错误码。

(2) 若要改变优先级，则首先要判断优先级是否存在。

(3) 调用者只能是任务，调用前配置常量 OS_TASK_CHANGE_PRIO_EN 须置 1。

(4) 调用函数后，可能会发生一次任务切换。

5. 应用范例

根据是否需要测试调用后的返回值，优先级变更函数 OSTaskChangePrio() 的应用可以有两种不同的模式，程序清单 3.28 所给出了最常用(不测试调用返回值)的应用范例。

程序清单 3.28　OSTaskChangePrio() 函数应用范例

```
void TaskX(void * ppdata) reentrant {
    ppdata = ppdata;
    for(; ; )
    {
        OSTaskChangePrio(10, 15);              /* 任务优先级由 10 变更为 15 */
        应用程序;
    }
}
```

3.2.5　删除任务——OSTaskDel() 函数

1. 函数原型

INT8U OSTaskDel(INT8U prio)　reentrant

μC/OS-Ⅱ 任务的结构有两种，一种是无限循环结构，另一种是只执行一次的程序。若采用只执行一次的程序结构，就要用任务删除函数来实现。

删除任务的功能不是删除任务代码，而是使任务返回并处于休眠态，任务的代码将不再被 μC/OS-Ⅱ 管理，除非重新启动。

OSTaskDel() 函数只有一个参数 prio，是所要删除任务的优先级，或者 OS_PRIO_SELF，调用者只能是任务，配置常量是 OS_TASK_DEL_EN。调用后下一个准备就绪的最高优先级任务开始运行，发生一次任务切换。

2. 函数返回值

OSTaskDel() 函数的返回值有如下几种：

(1) OS_NO_ERR：任务删除成功。

(2) OS_TASK_DEL_IDEL：试图删除空闲任务。

(3) OS_TASK_DEL_ERR：指定要删除的任务不存在。

(4) OS_PRIO_INVALID：参数指定的优先级大于 OS_LOWEST_PRIO。

(5) OS_TASK_DEL_ISR：试图在中断服务子程序中删除任务。

3. 原理与实现

任务删除的基本计算原理如图 3.20 所示。执行完毕这个过程后，被删除的任务既不会再等待延时期满，也不会再出现在就绪表、事件等待列表和标志等待列表中，内核再也找不到它了，所以就不会再被其他任务或中断子程序置于就绪状态了。任务删除后发生一次任务切换。

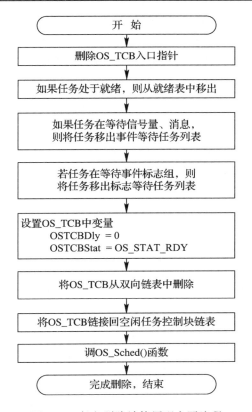

图 3.20 任务删除计算原理主要流程

OSTaskDel()函数实现代码如程序清单 3.29 所示，详细解释如下：

程序清单 3.29 OSTaskDel()函数实现代码

```
#if OS_TASK_DEL_EN > 0
INT8U OSTaskDel (INT8U prio){
    #if OS_CRITICAL_METHOD == 3
        OS_CPU_SR    cpu_sr;                    /* 定义局部变量，保存中断的状态 */
    #endif
    #if OS_EVENT_EN > 0
        OS_EVENT    * pevent;                   /* 定义一个事件控制块类型的指针 */
    #endif
    #if (OS_FLAG_EN > 0) && (OS_MAX_FLAGS > 0 )
        OS_FLAG_NODE   * pnode;                 /* 定义一个事件标志节点类型的指针 */
    #endif
    OS_TCB    * ptcb;                           /* 定义一个任务控制块类型的指针 */
    INT8U y;
    if(OSIntNesting > 0){                       /* 检查是否在中断内调用 */
        return(OS_TASK_DEL_ISR);                /* 若是，则返回并给出错误代码 */
    }
    #if OS_ARG_CHK_EN > 0
        if(prio == OS_IDEL_PRIO){               /* 检查删除的是不是空闲任务 */
```

```
                return(OS_TASK_DEL_IDEL);              /* 若是，则返回并给出错误代码 */
            }
        if(prio >= OS_LOWEST_PRIO && prio ! = OS_PRIO_SELF){
                                                        /* 检查要删除的优先级是否有效 */
                return(OS_PRIO_INVALID);                /* 若无效，返回并给出错误代码 */
            }
    #endif
    OS_ENTER_CRITICAL();                                /* 以下要处理共享变量，所以关中断 */
    if (prio == OS_PRIO_SELF) {                         /* 当优先级参数为 OS_PRIO_SELF 时 */
        prio = OSTCBCur ->OSTCBPrio;                    /* 从当前任务控制块中获取优先级 */
    }
    ptcb = OSTCBPrioTbl[prio];                          /* 将指针指向将被删除任务的 TCB */
    if (ptcb != (OS_TCB *)0) {                          /* 确保将被删除的 TCB 是存在的 */
        y    =    ptcb ->OSTCBY;
        OSRdyTbl[y] &    = ~ptcb ->OSTCBBitX;
        if (OSRdyTbl[y] == 0x00) {                      /* 若任务处于就绪状态           */
            OSRdyGrp &= ~ptcb ->OSTCBBitY;              /* 将任务移出就绪表             */
        }
    #if OS_EVENT_EN > 0                                 /* 如果定义了事件控制块          */
        pevent = ptcb ->OSTCBEventPtr;                  /* 从 TCB 中获取事件控制块指针    */
        if (pevent != (OS_EVENT *)0) {
            pevent ->OSEventTbl[y] &= ~ptcb ->OSTCBBitX;
            if((pevent ->OSEventTbl[y]) == 0) {         /* 若任务在等待消息、信号量等      */
                pevent ->OSEventGrp &= ~ptcb ->OSTCBBitY;
                                                        /* 需将任务从事件等待列表中移出    */
            }
        }
    #endif
    #if (OS_VERSION >= 251) && (OS_FLAG_EN > 0) && (OS_MAX_FLAGS > 0)
        pnode = ptcb ->OSTCBFlagNode;
                            /* 若任务在等待事件标志，则必须从标志等待列表中移出 */
        if (pnode != (OS_FLAG_NODE *)0 {
            OS_FlagUnlink(pnode);
        }
    #endif
        ptcb ->OSTCBDly    = 0;          /* 延时数清 0，以阻止 OSTimeTick()更新该变量 */
        ptcb ->OSTCBStat    = OS_STAT_RDY;
                                /* 设置变量为 OS_STAT_RDY，以阻止其他任务 */
                                /* 或中断服务调用 OSTaskResume()激活任务 */
/* * * * * * * * * * * * * * * * * * * * * * * * * * * * * * * * * * * * * *
```

　　执行完毕上述过程以后，被删除的任务既不会再等待延时期满，也不会再出现在就绪表、事件等待列表和标志等待列表中，内核再也找不到它了。所以它就不会再被其他任务或中断子程序置于就绪状态了。

```
    * * * * * * * * * * * * * * * * * * * * * * * * * * * * * * * * * * * * */
```

```
    if (OSLockNesting < 255){              /* 锁住调度器                    */
        OSLockNesting++;
    }
    OS_EXIT_CRITICAL();
                          /* 因中断关闭得太久,所以开放一次中断,以缩短中断响应 */
    OSDummy();            /* 执行一条宏定义的空指令,增加中断打入的机会      */
    OS_ENTER_CRITICAL();                         /* 关中断,禁止中断打入     */
    if (OSLockNesting > 0 ){           /* 因中断已关闭,所以可以重开调度      */
        OSLockNesting--;
    }
#if (OS_CPU_HOOKS_EN > 0) && (OS_TASK_DEL_HOOK_EN > 0)
    OSTaskDelHook(ptcb);
                   /* 调用扩展函数,利用它删除或释放用户定义的 TCB 附加数据结构 */
#endif
    OSTaskCtr--;             /* 将任务数量计数器减 1,以示系统中少了一个任务  */
    OSTCBPrioTbl[prio] = (OS_TCB *)0;
                                /* 从 OS_TCB 入口指针数组中删除 OS_TCB 指针 */
    if (ptcb->OSTCBPrev == (OS_TCB *)0) {
        ptcb->OSTCBNext->OSTCBPrev    = (OS_TCB *)0;
                                        //在双向链表中去掉被删除的 TCB/
        OSTCBList                     = ptcb->OSTCBNext;
    } else {
        ptcb->OSTCBPrev->OSTCBNext    = ptcb->OSTCBNext;
        ptcb->OSTCBNext->OSTCBPrev    = ptcb->OSTCBPrev;
    }
    ptcb->OSTCBNext = OSTCBFreeList;
                          //将被删除的 TCB 放回空闲链表中去以便其他任务使用
    OSTCBFreeList       = ptcb;
    ptcb->OSTCBStkPtr = (OS_STK *)0;
                          /* 任务控制块扩展指针清空,以标识其为未使用状态 */
    OS_EXIT_CRITICAL();
    OS_Sched();      /* 调用任务调度程序,以使重新就绪的最高优先级任务得以运行 */
    return (OS_NO_ERR);
    }
    OS_EXIT_CRITICAL();
    return (OS_TASK_DEL_ERR);
}
#endif
```

4. 应用要点

(1) 不能在 ISR 中去试图删除一个任务。

(2) 不能删除空闲任务。

(3) 可以删除统计任务。

（4）可以通过指定 OS_PRIO_SELF 参数来删除自己。

（5）在删除占用系统资源的任务时要小心。在这种情况下，为了安全起见，可以使用另一个函数 OSTaskDelReq() 来实现。

（6）调用者只能是任务，调用前需置配置常量 OS_TASK_DEL_EN = 1。

（7）应用模式有两种，即测试和不测试返回值的调用。

（8）调用后，会发生一次任务切换。

5. 应用范例

删除任务 OSTaskDel() 函数的应用范例如程序清单 3.30 所示。

程序清单 3.30　OSTaskDel() 函数应用范例

```
void Task(void * ppdata) reentrant {
    INT8U          err ;
    ppdata    =    ppdata;
    for(; ; ){
        ...
        err = OSTaskDel(10);
        if(err == OS_NO_ERR){              // 任务被删除
            ...
        }else{
            ...
        }
        ...
    }
}
```

3.2.6　请求删除任务——OSTaskDelReq() 函数

假设任务 A 拥有如信号量之类的资源，如果任务 B 想删除该任务，那么这些资源就可能因为没被释放而丢失。面对这种情况，用户就必须想办法让拥有这些资源的任务在使用完资源后，先释放资源，再删除。要实现这个功能，用户可以通过 OSTaskDelReq() 函数来完成。

1. 函数原型

INT8U OSTaskDelReq(INT8U prio)　reentrant

函数只有一个参数 prio，它是要删除任务的优先级，也可以用 OS_PRIO_SELF 表示。删除后，下一个优先级任务最高的就绪任务将开始运行。调用者只能是任务，配置常量是 OS_TASK_DEL_EN。

2. 函数返回值

OSTaskDelReq() 函数的返回值有如下几种：

（1）OS_NO_ERR：函数调用成功。

（2）OS_TASK_NOT_EXIST：指定的任务不存在。发送删除请求的任务可以通过检查此返回值，判断删除是否成功。

（3）OS_TASK_DEL_IDEL：试图删除空闲任务。

（4）OS_PRIO_INVALID：指定的优先级大于 OS_LOWEST_PRIO。

（5）OS_TASK_DEL_REQ：当前任务收到来自其他任务的删除请求。

3. 原理与实现

OSTaskDelReq()的计算原理如图 3.21 所示，实现代码如程序清单 3.31 所示。详细说明如下：

（1）若被删除的任务是空闲任务，则 OSTaskDelReq()返回，并给出错误代码。

（2）确保被删除的任务优先级数值有效。

（3）若所要删除的是调用者自身，则存储在任务控制块中的标志将会作为返回值返回。

（4）若所要删除的不是调用者自身，则将指针指向相应的任务控制块。

（5）检查所要删除的任务控制块是否为空，若为空则说明该任务不存在，则返回相应的参数；若不为空，则在任务控制块中设置标志。

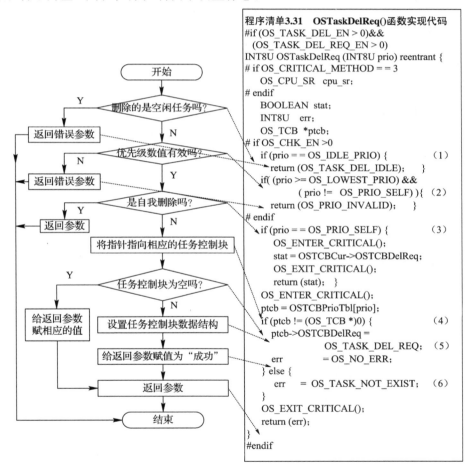

图 3.21　请求删除任务的计算原理流程及程序清单

4. 应用范例

假设任务 B 发出删除请求，任务 A 根据删除请求进行自我删除，那么任务 A 和任务 B 都要调用 OSTaskDelReq()函数。任务 A 和任务 B 的代码如程序清单 3.32 和 3.33 所示，

详细说明如下:

(1) 任务 B 决定是否需要请求删除任务。

(2) 如果符合删除条件,则以被删除任务的优先级为参数调用 OSTaskDelReq()函数。如果 OSTaskDelReq()返回 OS_TASK_NOT_EXIST,则表明要被删除的任务可能已被删除,也可能尚未建立,所以退出循环。

(3) 如果 OSTaskDelReq()返回 OS_NO_ERR,表明请求已被接受但任务还没被删除,则通过一个延时调用挂起任务 B 自身,以便使任务 A 得以运行。如果需要,延时可以更长一些。等到任务 B 重新运行的时候,OSTaskDelReq()函数必然返回 OS_TASK_NOT_EXIST,从而退出循环。

(4) 任务 A 调用 OSTaskDelReq(),查询是否收到删除请求,若收到,释放所有资源,并自我删除;若没有收到,则继续执行其他用户程序。

程序清单 3.32　请求删除其他任务的任务(任务 B)

```
void   Task_B(void * ppdata)   reentrant {
    ppdata = ppdata;
    for ( ; ; ) {
        应用程序代码;
        if( 任务 A 需要被删除 ){                                        (1)
            while(OSTaskDelReq(PrioDeleted)! = OS_TASK_NOT_EXIST) {       (2)
                OSTimeDly(1);                                            (3)
            }
        }
        应用程序代码;
    }
}
```

程序清单 3.33　需要删除自己的任务(任务 A)

```
void Task_A (void * ppdata) reentrant {
    ppdata = ppdata;
    for ( ; ; ) {
        应用程序代码;
        if (OSTaskDelReq(OS_PRIO_SELF) = = OS_TASK_DEL_REQ) {            (4)
            释放所有占用的资源;
            OSTaskDel(OS_PRIO_SELF);
        } else {
            应用程序代码;
        }
    }
}
```

3.2.7　堆栈检验——OSTaskStkChk()函数

很多嵌入式 CPU 的资源十分有限,RAM 数量一般都不很多,比如 MCS-51 系列

CPU，大多数内部 RAM 都少于 1 KB，在这样的 CPU 中就很难使用嵌入式操作系统。为了避免分配给任务栈的 RAM 空间过多，使应用程序代码 RAM 用量得不到保证，准确地确定实际任务栈空间的大小十分必要。OSTaskStkChk()函数可以解决这个问题，功能是检查任务所需的实际任务栈空间大小。

1. 函数原型

    INT8U OSTaskStkChk(INT8U prio，OS_STK_DATA ∗ ppdata) reentrant

函数需要两个参数：

（1）prio：需要检验的堆栈的任务优先级，也可以用 OS_PRIO_SELF 表示。

（2）ppdata：指向一个类型为 OS_STK_DATA 的数据结构，其成员是：

· INT32U：OSFree 堆栈中未使用的字节数；

· INT32U：OSUsed 堆栈中已使用的字节数。

2. 函数返回值

OSTaskStkChk()函数的返回值有如下几种：

（1）OS_NO_ERR：任务栈检验成功。

（2）OS_PRIO_INVALID：参数指定的优先级大于 OS_LOWEST_PRIO，或者未指定 OS_PRIO_SELF。

（3）OS_TASK_NOT_EXIST：指定的任务不存在。

（4）OS_TASK_OPT_ERR：建立任务时没有指定 OS_TASK_OPT_STK_CHK 操作，或者任务是用 OSTaskCreate()函数建立的。

3. 原理与实现

如图 3.22 所示，以自下向上生长的堆栈为例，说明任务栈检验的原理，这种讨论方法也适合自上向下生长的堆栈。

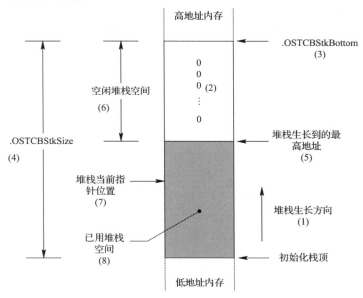

图 3.22　任务栈检验

（1）因为堆栈自下向上生长，所以 OS_STK_GROWTH = 0。通过查看堆栈本身的内容，μC/OS-II 从而决定堆栈的方向。堆栈检验不会自动执行，只有发出堆栈检验命令时，堆栈检验功能才会被执行。

（2）进行堆栈检验时，μC/OS-II 要求在任务建立时堆栈被清零。

（3）根据 OS_TCB 中存储的数据，μC/OS-II 可以得到堆栈栈底的位置和分配给任务的堆栈的容量。

（4）堆栈检验函数 OSTaskStkChk() 开始沿着栈底计算空闲堆栈空间数量，具体实现方法是统计存储值为 0 的连续堆栈入口的数量，直到发现存储值不为 0 的堆栈入口为止。堆栈空间的计算单位是堆栈入口的宽度，而不是字节，其具体数据类型参看 OS_CPU.H 中的 OS_STK。也就是说，如果堆栈入口的宽度是 16 位，对 0 的比较也是按 16 位完成的。已用堆栈空间的数量可以从用户在 OSTaskCreateExt() 中定义的堆栈尺寸中减去了存储值为 0 的连续堆栈入口尺寸后得到。计算完毕后，OSTaskStkChk() 把空闲堆栈的字节数和已用堆栈的字节数放置在数据结构 OS_STK_DATA 中（参看 μC/OS-II.H）。

（5）在给定的某个时刻，被检验任务的堆栈指针可能会指向整个堆栈中的任何位置。每次调用 OSTaskStkChk() 时，用户也可能会因为任务还没触及堆栈的最深处而得到不同的堆栈的空闲空间数。因此，为了能得到正确的空闲堆栈数量，用户必须使应用程序运行得足够久，并且确保经历了最坏的堆栈使用情况。用户可以根据最坏情况下的堆栈需求设置堆栈的最终容量。

一般建议多分配 10%～100% 的堆栈空间，以便于升级和扩展。堆栈检验的结果并不是堆栈使用的全部实际情况，只是一个大致的使用结果。

OSTaskStkChk() 函数的实现代码如程序清单 3.34 所示。

程序清单 3.34　OSTaskStkChk() 函数实现代码

```
#if ((OS_TASK_STK_CHK_EN > 0) || ((OS_TASK_STAT_STK_CHK_EN > 0) && (OS_
    TASK_STAT_EN >0))) && (OS_TASK_CREATE_EXT_EN > 0)
INT8U OSTaskStkChk (INT8U prio, OS_STK_DATA * ppdata)   reentrant  {
  #if OS_CRITICAL_METHOD==3
    OS_CPU_SR    cpu_sr;
  #endif
    OS_TCB     * ptcb;
    OS_STK     * pchk;
    INT32U     free;
    INT32U     size;
  #if OS_ARG_CHK_EN > 0
    if ((prio > OS_LOWEST_PRIO) &&( prio!= OS_PRIO_SELF)){ /* 确保优先级有效 */
        return (OS_PRIO_INVALID);
    }
  #endif
    ppdata ->OSFree      =0;
    ppdata ->OSUsed      =0;
    OS_ENTER_CRITICAL();
    if (prio == OS_PRIO_SELF) {              // 将 OS_PRIO_SELF 换算为当前任务优先级
        prio = OSTCB ->OSTCBPrio;
```

```
        }
        ptcb = OSTCBPrio[prio];                    // 获取任务控制块指针
        if (ptcb == (OS_TCB * ) 0){                // 指针为空，说明需检验的任务不存在
            OS_EXIT_CRITICAL();
            return (OS_TASK_OPT_EXIST);
        }
        if (ptcb == (OS_TCB * )1) {                // 指针为1，表明 TCB 已被占用，但不能使用
            OS_EXIT_CRITICAL();
            return (OS_TASK_NOT_EXIST);
        }
/* * * * * * * * * * * * * * * * * * * * * * * * * * * * * * * * * * * *
        堆栈检验必须用 OSTaskCreateExt()建立任务，且设置了选项 OS_TASK_OPT_CHK；
        如果任务是 OSTaskCreate()函数建立的，因为选项 opt 参数为 0，则将造成检验失败
 * * * * * * * * * * * * * * * * * * * * * * * * * * * * * * * * * * */
        if ((ptcb ->OSTCBOpt & OS_TASK_OPT_STK_CHK) == 0) { // 检查选项 opt 是否为 0
            OS_EXIT_CRITICAL();
            return (OS_TASK_OPT_ERR);              // 返回，并给出错误代码
        }
/* * * * * * * * * * * * * * * * * * * * * * * * * * * * * * * * * * * *
        从栈底开始计算堆栈的空闲空间，直到发现非 0 的堆栈入口为止
 * * * * * * * * * * * * * * * * * * * * * * * * * * * * * * * * * * */
        free = 0;                                  // 设置空闲堆栈累计初值
        size = ptcb ->OSTCBStkSize;                // 获取堆栈总容量
        pchk = ptcb ->OSTCBStkBottom;              // 获取栈底指针
        OS_EXIT_CRITICAL();
        #if OS_STK_GROWTH == 1                     // 栈底在低地址处
        while ( * pchk++ == (OS_STK) 0) {          // 从低地址开始计算
            free++;                                // 累计空闲堆栈空间
        }
        #else/                                     // 栈底在高地址处
        while ( * pchk-- == (OS_STK) 0) {          // 从高地址开始计算
            free++;                                // 累计空闲堆栈空间
        }
        #endif
        ppdata ->OSFree    = free * sizeof(OS_STK);      // 存储计算结果
        ppdata ->OSUsed    = (size-free) * sizeof(OS_STK);
        return (OS_NO_ERR);
}
#endif
```

4. 应用要点

（1）堆栈检验的时间取决于任务栈容量的大小，事先不可预知。

（2）调用者是任务，配置常量是 OS_TASK_CREATE_EXT_EN。

（3）原则上中断服务程序可以调用该函数，但由于该函数执行时间不可预知，可能很短，也可能很长，所以一般不提倡这种做法。

（4）堆栈的容量可以由 OS_STK_DATA 结构中的成员 OSFree 和 OSUsed 相加得到。

（5）堆栈功能的使用前提是：

· 在 OS_CFG.H 文件中置 OS_TASK_CREATE_EXT_EN 为 1。

· 用 OSTaskCreateExt()建立任务，并给予任务比实际需要更多的内存空间。

· 将 opt 设置为 OS_TASK_OPT_STK_CHK＋OS_TASK_OPT_STK_ CLR，如果在启动时所有的 RAM 都已经被清 0，且已经建立的任务从未被删除过，那么选项 OS_TASK_OPT_STK_CLR 可不必设置。这样就会减少 OSTaskCreateExt()的执行时间。

· 将需要检验的任务的优先级作为 OSTaskStkChk()的参数并调用。

（6）执行的结果不会导致任务发生切换。

（7）特别值得注意的是：根据任务栈的管理原理，OSTaskStkChk()函数实际上不能对任务栈进行有效的容量检验。

5. 应用范例

任务栈检验函数 OSTaskStkChk()应用范例如程序清单 3.35 所示。

程序清单 3.35   OSTaskStkChk()函数应用范例

```
void Task(void * ppdata)   reentrant {
    OS_STK_DATA            stkdata;
    INT32U                 stksize;
    INT8U                  err;
    ppdata       =         ppdata;
    for(; ; ){
        ...
        err = OSTaskStkChk(20, &stkdata);
        if(err==OS_NO_ERR) stksize = stkdata.OSFree + stkdata.OSUsed;
        ...
    }
}
```

3.2.8 任务挂起——OSTaskSuspend()函数

1. 函数原型

INT8UOSTaskSuspend（INT8U prio）   reentrant

任务挂起函数 OSTaskSuspend()无条件挂起一个任务，它必须和任务恢复函数 OSTaskResume()成对使用。任务一旦被挂起，被挂起的任务就只能通过其他任务调用 OSTaskResume() 函数来恢复。

任务挂起的操作可以叠加进行，如果任务在被挂起的同时也在等待延时期满，那么，当挂起操作被取消，但延时期未满，任务只有在延时结束后才能转入就绪状态。

任务可以挂起自己或者其他任务，当任务挂起自身时，将发生一次任务切换，运行下一个准备就绪的最高优先级任务。

函数只需要一个参数 prio，即被挂起任务的优先级，也可以用 OS_PRIO_SELF。

调用者只能是任务，配置常量是 OS_TASK_SUSPEND_EN。

2. 函数返回值

任务挂起函数 OSTaskSuspend()的返回值有如下几种：

(1) OS_NO_ERR：函数调用成功。

(2) OS_TASK_SUSPEND_IDLE：试图挂起空闲任务，为非法操作。

(3) OS_PRIO_INVALID：参数指定的优先级大于 OS_LOWEST_PRIO，或没有设定 OS_PRIO_SELF 的值。

(4) OS_TASK_SUSPEND_PRIO：被挂起的任务不存在。

3. 原理与实现

任务挂起函数 OSTaskSuspend()的基本计算原理如图 3.23 所示，挂起后可能发生一次任务切换。实现代码如程序清单 3.36 所示。

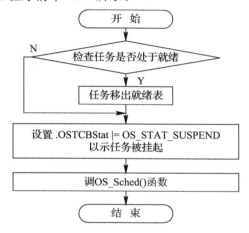

图 3.23　任务挂起计算原理主要流程

程序清单 3.36　OSTaskSuspend()

```
#if OS_TASK_SUSPEND_EN > 0
INT8U OSTaskSuspend (INT8U prio){
   #if OS_CRITICAL_METHOD == 3
     OS_CPU_SR    cpu_sr；
   #endif
     BOOLEAN    self；
     OS_TCB      * ptcb；
   #if OS_ARG_CHK_EN > 0
     if (prio == OS_IDLE_PRIO) {                    /* 确保挂起的不是在空闲任务 */
        return (OS_TASK_SUSPEND_IDLE)；
     }
     if ((prio >= OS_LOWEST_PRIO) && ( prio != OS_PRIO_SELF)) {
                                        /* 确保被挂起任务的优先级有效 */
        return (OS_PRIO_INVALID)；
     }
   #endif
```

```
OS_ENTER_CRITICAL();
if (prio == OS_PRIO_SELF) {                      /* 如果是自我挂起             */
    prio = OSTCBCur->OSTCBPrio;                  /* 将 OS_PRIO_SELF 换算为优先级值 */
    self = TRUE;                        /* 设置挂起调度标志变量,以便于挂起后切换任务  */
} else if (prio == OSTCBCur->OSTCBPrio) {  /* 如果是自我挂起                   */
    self = TRUE;                        /* 设置挂起调度标志变量,以便于挂起后切换任务  */
} else {                                          /* 如果挂起的是其他任务        */
    self = FALSE;                       /* 设置挂起调度标志变量,挂起后不切换任务    */
}
ptcb = OSTCBPrioTbl[prio];
if (ptcb == (OS_TCB *)0) {                        /* 检查将要被挂起的函数是否存在  */
    OS_EXIT_CRITICAL();
    return (OS_TASK_SUSPEND_PRIO); }              /* 不存在,则返回             */
if ((OSRdyTbl[ptcb->OSTCBY] &= ~ptcb->OSTCBBitX) == 0) {
                                                  /* 如果任务存在              */
    OSRdyGrp &= ~ptcb->OSTCBBitY;                 /* 则任务从就绪表中清除       */
}
ptcb->OSTCBStat |= OS_STAT_SUSPEND;               /* 设置标志,以示任务已被挂起   */
OS_EXIT_CRITICAL();
if (self == TRUE) {                               /* 如果是自我挂起             */
    OS_Sched();                                   /* 调用调度函数,切换任务      */
}
return (OS_NO_ERR);
}
#endif
```

4. 应用范例

任务挂起函数 OSTaskSuspend()的应用范例如程序清单 3.37 所示。

程序清单 3.37   OSTaskSuspend()函数应用范例

```
void Task(void * ppdata)  reentrant {
    INT8U    err;
    ppdata = ppdata;
    for(; ; ){
        err = OSTaskSuspend(20);                  /* 挂起优先级为 20 的任务 */
        应用程序代码;
    }
}
```

3.2.9 任务恢复——OSTaskResume()函数

1. 函数原型

INT8UOSTaskResume(INT8U prio)   reentrant

OSTaskResume()函数可以恢复被 OSTaskSuspend() 函数挂起的任务,是唯一能"解挂"或者"唤醒"被挂起任务的函数,它必须和任务挂起函数 OSTaskSuspend() 成对出现,被 OSTaskSuspend()挂起的任务只能通过调用这个函数才能恢复。

函数只需一个参数 prio，即指定要唤醒任务的优先级。调用者只能是任务，配置常量是 OS_TASK_SUSPEND_EN。

2. 返回值

任务恢复函数 OSTaskResume()的返回值有如下几种：

(1) OS_NO_ERR：函数调用成功。

(2) OS_PRIO_INVALID：参数指定的优先级大于 OS_LOWEST_PRIO。

(3) OS_TASK_RESUME_PRIO：要唤醒的任务不存在。

(4) OS_TASK_NOT_SUSPENDED：要唤醒的任务不在挂起状态。

3. 原理与实现

任务恢复函数 OSTaskResume()的基本计算原理如图 3.24 所示，调用后可能发生一次任务切换。函数实现代码如程序清单 3.38 所示。

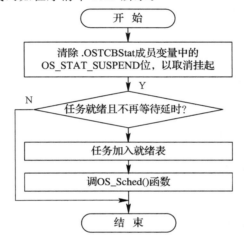

图 3.24　任务恢复计算原理主要流程

程序清单 3.38　OSTaskResume()函数实现代码

```
#if OS_TASK_SUSPEND_EN > 0
INT8U OSTaskResume (INT8U prio) reentrant {
  #if OS_CRITICAL_METHOD == 3
    OS_CPU_SR    cpu_sr;
  #endif
    OS_TCB    * ptcb;
  #if OS_ARG_CHK_EN > 0
    if (prio >= OS_LOWEST_PRIO) {          // 确保任务优先级有效，且不是空闲任务
        return (OS_PRIO_INVALID);
    }
  #endif
    OS_ENTER_CRITICAL();
    ptcb = OSTCBPrioTbl[prio];             // 获取任务控制块指针
    if (ptcb == (OS_TCB *) 0) {            // 检查需要恢复的任务是否存在
```

```
                OS_EXIT_CRITICAL();
                return (OS_TASK_RESUME_PRIO);              // 若不存在，则返回并给出错误代码
            }
        if ((ptcb ->OSTCBStat & OS_STAT_SUSPEND)！= OS_STAT_RDY) {
                                                  // 检查是否被挂起函数挂起
                // 清除 OSTCBStat 成员中的 OS_STAT_SUSPEND 位，以取消挂起
                ptcb ->OSTCBStat &= ～OS_STAT_SUSPEND;
                if (ptcb ->OSTCBStat == OS_STAT_RDY) {        // 如果任务准备就绪
                    // 要使任务加入就绪表，OSTCBDly 必须为 0
                    if (ptcb ->OSTCBDly  == 0) {              // 如果任务没有延时等待

                        OSRdyGrp                |= ptcb ->OSTCBBitY;// 将任务加入到就绪表中

                        OSRdyTbl[ptcb ->OSTCBY] |= ptcb ->OSTCBBitX;
                        OS_EXIT_CRITICAL();
                        OS_Sched();                           // 调度任务
                    } else {                                  // 如果任务延时期未满
                        OS_EXIT_CRITICAL();                   // 开中断
                    }
                } else {                                      // 如果任务未就绪
                  OS_EXIT_CRITICAL();;                        // 开中断
                }
                return (OS_NO_ERR);
            }
        OS_EXIT_CRITICAL();
        return (OS_TASK_NOT_SUSPENDED);
    }
#endif
```

4. 应用范例

OSTaskResume()函数应用范例如程序清单 3.39 所示。

程序清单 3.39   OSTaskResume()函数应用范例

```
void Task(void  * ppdata) reentrant{
    INT8U     err;
    ppdata = ppdata;
    for(；；){
        err = OSTaskResume (20);                 /* 唤醒优先级为 20 的任务 */
        应用程序代码；
    }
}
```

3.2.10   任务信息的获取——OSTaskQuery()函数

1. 函数原型

INT8UOSTaskQuery(INT8U prio，OS_TCB ＊ ppdata)   reentrant

应用程序可以通过调用 OSTaskQuery() 来获取自身或其他任务的信息,这些信息就是相应任务的 OS_TCB 中内容的拷贝。由于 μC/OS-Ⅱ 是可裁剪的,它只包括那些用户的应用程序所要求的属性和功能。用户能访问的 OS_TCB 的成员数据取决于 OS_CFG.H 文件中下述配置常量的配置:OS_TASK_CREATE_EN、OS_Q_EN、OS_FLAG_EN、OS_MBOX_EN、OS_SEM_EN、OS_TASK_DEL_EN。

如果配置常量为 1,就可以访问相应的成员数据,反之则不能。这个函数可为用户提供内核的调试功能。

允许用户查询所有的任务,包括空闲任务,可以在任务和中断中调用该函数。调用时注意不要改变 OSTCBNext 与 OSTCBPrev 的指向。

函数需要如下两个参数:

(1) prio:指定要获取 TCB 内容的任务优先级,也可以用参数 OS_PRIO_SELF,获取调用者的信息。

(2) ppdata:指向一个 OS_TCB 类型的数据结构,保存返回的任务 TCB 的一个拷贝。

2. 函数返回值

OSTaskQuery() 函数的返回值有如下几种:

(1) OS_NO_ERR:函数调用成功。

(2) OS_PRIO_ERR:指定任务的优先级错误。

(3) OS_PRIO_INVALID:参数指定的优先级大于 OS_LOWEST_PRIO。

3. 原理与实现

任务信息获取函数 OSTaskQuery() 的基本计算原理就是复制 OS_TCB 中的相关内容,函数实现代码如程序清单 3.40 所示。

程序清单 3.40　OSTaskQuery() 函数实现代码

```
# if OS_TASK_QUERY_EN > 0
INT8U OSTaskQuery (INT8U prio, OS_TCB * ppdata)   reentrant {
  # if OS_CRITICAL_METHOD == 3
    OS_CPU_SR   cpu_sr;
  # endif
    OS_TCB * ptcb;
  # if OS_ARG_CHK_EN > 0
    if ((prio > OS_LOWEST_PRIO) && (prio != OS_PRIO_SELF)) {
                                              // 确保指定的优先级参数有效
        return (OS_PRIO_INVALID);
    }
  # endif
    OS_ENTER_CRITICAL();
    if (prio == OS_PRIO_SELF) {               // 如果参数是 OS_PRIO_SELF
        prio = OSTCBCur->OSTCBPrio;           // 换算为优先级
    }
    ptcb = OSTCBPrioTbl[prio];                // 获取任务控制块指针
    if (ptcb == (OS_TCB *)0) {                // 确保需要查询的任务是存在的
        OS_EXIT_CRITICAL();                   // 开中断
```

```
                return (OS_PRIO_ERR);                          // 不存在，则返回
            }
        memcpy (pdata, ptcb, sizeof (OS_TCB));                 // 调 C 函数，复制 OS_TCB 中内容
        OS_EXIT_CRITICAL();
        return (OS_NO_ERR);
    }
    #endif
```

4. 范例

调用 OSTaskQuery() 时，应用程序必须分配一个 OS_TCB 类型的数据空间，这个数据结构在存储空间上与 μC/OS-II 分配给任务的 OS_TCB 完全不同。调用 OSTaskQuery() 后，这个 OS_TCB 数据结构包含了对应任务的 OS_TCB 的副本。使用时，必须十分小心地处理 OSTCBNext 和 OSTCBPrev 指针，不要去改变它们！一般来说，本函数只用来了解任务正在干什么，是用于调试的工具。OSTaskQuery() 函数应用范例如程序清单 3.41 所示。

程序清单 3.41　OSTaskQuery() 函数应用范例

```
OS_TCB    MyTaskData;
void MyTask (void * ppdata)  reentrant  {
    OS_TCB        tdata;
    INT8U         err;
    void          * pext;
    INT8U         statu;
    ppdata = ppdata;
    for ( ; ; ) {
        用户代码;
        err = OSTaskQuery(10, &tdata);
        if (err == OS_NO_ERR){
            pext = tdata.OSTCBExtPtr;          // 取得 TCB 扩展数据结构的指针
            statu = tdata.OSTCBStat;           // 取得任务的状态
        }
        用户代码;
    }
}
```

3.3　部分其他系统服务功能

获取当前 μC/OS-II 的版本号

函数原型 INT16U OSVersion(void) reentrant

调用该函数可以获得当前 μC/OS-II 的版本号，函数没有参数，格式为 x.yy，返回值为乘以 100 以后的数值，例如当前版本号为 2.52，则返回 252。

函数所属文件 OS_CORE.C，调用者可以是任务，也可以是中断，配置常量是 OS_VRESION_EN。

习　题

（1）μC/OS-Ⅱ的临界区是如何处理的？开关中断有哪几种实现方法？

（2）任务的特征是什么？有哪两种结构？什么是任务删除？

（3）什么是任务控制块？有何作用？

（4）什么是任务就绪表？如何使一个任务进入就绪？如何使一个任务脱离就绪？如何查找进入就绪态且优先级最高的任务？

（5）任务调度的功能是什么？有哪几种方式？

（6）任务级任务切换的过程如何？写出任务切换程序示意性代码。

（7）什么是调度器上锁和解锁？如何实现的？

（8）空闲任务的功能和特点是什么？

（9）统计任务的功能是什么？如何计算 CPU 的利用率？

（10）μC/OS-Ⅱ的初始化包括哪些工作？

（11）任务的用户管理函数有哪几个？

（12）什么是 μC/OS-Ⅱ的任务栈？它有何特点？是如何分配和传递给任务的？使用时需要注意什么问题？

（13）描述任务建立函数的原理、原型、返回值、应用要点。举例说明其使用方法。

（14）描述优先级变更函数的原理、原型、返回值、应用要点。举例说明其使用方法。

（15）描述两种任务删除函数的原理、原型、返回值、应用要点。举例说明其使用方法。

（16）写出堆栈检验函数的原理、原型、返回值、应用要点。举例说明其使用方法。

（17）写出任务挂起和任务恢复函数的原理、原型、返回值，举例说明其使用方法。

（18）写出任务信息获取函数的原型、返回值，举例说明其使用方法。

第 *4* 章

中断与时间管理

本章描述 µC/OS－Ⅱ 的中断处理与时间管理，主要学习与中断相关的概念、µC/OS－Ⅱ中断处理的方法、中断级的任务切换、时钟节拍器的原理与正确应用方法以及5 个时间管理函数。

4.1 中断相关概念

4.1.1 中断

中断定义为 CPU 对系统内、外发生的异步事件的响应。异步事件是指没有一定时序关系的、随机发生的事件。当中断产生时，由硬件向 CPU 发送一个异步事件请求，CPU 接收到请求后，中止当前工作，保存当前运行环境，转去处理相应的异步事件任务，这个过程称为中断。事件处理完毕后，程序回到：

· 在前后台系统中，程序回到后台程序；

· 在不可剥夺型内核中，程序回到被中断了的任务；

· 在可剥夺型内核中，让进入就绪态的优先级最高的任务开始运行，若没有更高优先级任务准备就绪，则回到被中断了的任务。

使用中断机制的优点在于：CPU 无需连续不断地查询是否有新的事件发生，只需在有事件发生时才作出响应。CPU 可以通过关中断（Disable Interrupt）和开中断（Enable Interrupt）指令来确定响应和不响应中断。关中断会影响中断延迟时间，时间太长可能会引起中断丢失。所以在实时环境中，关中断的时间应尽量短。在中断服务期间，CPU 一般允许中断嵌套，如图 4.1 所示，允许新的中断打入，识别中断优先级别更高的事件。

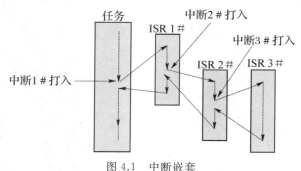

图 4.1 中断嵌套

4.1.2 中断延迟时间

中断延迟时间定义为从硬件中断发生到开始执行中断处理程序第一条指令所用的时间，也就是说，中断延迟是从中断发生到中断跳转指令执行完毕之间的这段时间，它是实时内核最重要的指标。由于实时操作系统考虑得更多的是最坏的情况，而不是一般的情况，因此指令执行的时间必须按照最长的指令执行时间来计算，中断延迟时间通常是由关中断的最长时间来决定的。关中断的时间越长，中断延迟就越长。中断延迟由下式给出：

在前后台系统中：

中断延迟 ＝ MAX(最长指令，关中断的最长)时间＋中断向量跳转时间

在不可剥夺型和可剥夺型内核中：

中断延迟＝MAX(最长指令，用户关中断，内核关中断)时间＋中断向量跳转时间

4.1.3 中断响应时间

中断响应时间定义为从中断发生起到开始执行中断用户处理程序的第一条指令所用的时间，换句话说，中断响应是从中断发生到刚刚开始处理异步事件之间的这段时间，它包括开始处理这个中断前的全部开销。一般地，执行用户代码之前要保护现场，将 CPU 的各个寄存器推入堆栈。这段时间就被称为中断响应时间。

在前后台系统和不可剥夺型内核中，保存寄存器以后立即执行用户代码，中断响应时间由下式给出：

中断响应时间＝ 中断延迟 ＋ 保存 CPU 内部寄存器的时间

在可剥夺型内核中，要先调用一个特定的函数，通知内核即将进行中断服务，使得内核可以跟踪中断的嵌套。对于 μC/OS－Ⅱ 来说，这个函数是 OSIntEnter()，可剥夺型内核的中断响应时间由下式给出：

中断响应＝中断延迟＋保存 CPU 内部寄存器的时间＋内核进入中断服务函数的执行时间

中断响应考虑的是系统在最坏情况下的响应中断时间，而不是平均时间。如某系统 100 次中有 99 次在 100 μs 之内响应中断，只有一次响应中断的时间是 200 μs，只能认为中断响应时间是 200 μs。

4.1.4 中断恢复时间

中断恢复时间定义为 CPU 返回到被中断了的程序代码所需要的时间。

在前后台系统和不可剥夺型内核中，中断恢复时间只包括恢复 CPU 内部寄存器值的时间和执行中断返回指令的时间。中断恢复时间由下式给出：

中断恢复时间 ＝ 恢复 CPU 内部寄存器值的时间 ＋ 执行中断返回指令的时间

对于可剥夺型内核，中断的恢复要复杂一些。一般地，可剥夺型内核在中断服务子程序的末尾，都要调用一个由实时内核提供的中断脱离函数。在 μC/OS－Ⅱ 中，这个函数是 OSIntExit()，它首先判断是否脱离了所有的中断嵌套，然后再判断是否有更高优先级的任务准备就绪。若还处于中断嵌套中，那么程序返回到前一级中断服务子程序继续执行；若已经脱离了所有的中断嵌套，则检查当前是否有优先级更高的任务准备就绪，若有则返回到这个优先级更高的任务，被中断了的任务只有重新成为优先级最高的就绪态任务时才能

恢复运行；如果没有更高优先级任务准备就绪，则返回到被中断的任务继续执行。在这种情况下，可剥夺型内核的中断恢复时间由下式给出：

$$中断恢复时间 = 执行中断脱离函数的时间 + 恢复 CPU 内部寄存器的时间$$
$$+ 执行中断返回指令的时间$$

4.1.5 中断延迟、响应和恢复比较

前后台系统、不可剥夺型内核以及可剥夺型内核的中断延迟、中断响应和中断恢复时间的比较如图 4.2、图 4.3 所示。

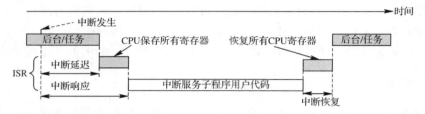

图 4.2 前后台系统和不可剥夺型内核的中断延迟、中断响应和中断恢复时间示意图

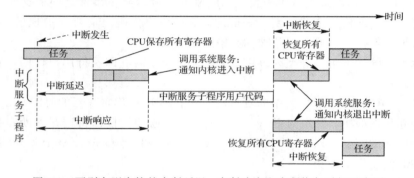

图 4.3 可剥夺型内核的中断延迟、中断响应和中断恢复时间示意图

4.1.6 非屏蔽中断

非屏蔽中断(NMI)是指不能用系统指令来关闭的中断，其特点是中断优先级高、延迟时间短、响应快、不能被嵌套，不能忍受内核的延迟，一般常应用于紧急事件处理，如掉电保护等。在非屏蔽中断处理程序中有如下规则：

(1) 不能处理临界区代码，不能使用内核提供的服务。

(2) 参数的传递必须用全局变量，且全局变量的字节长度必须能够一次读完。

若一定要在非屏蔽中断产生时使用内核服务，则可以通过用非屏蔽中断产生普通可屏蔽中断的方法来实现。

4.2 μC/OS-Ⅱ的中断处理

4.2.1 中断处理程序

在 μC/OS-Ⅱ中，中断处理程序可用汇编语言编写，也可以用 C 语言编写。一个标准

的 μC/OS-II 中断服务子程序应该按图 4.4 所示流程图进行编写。特别需要注意的是：与前后台系统中的中断服务子程序不同，μC/OS-II 要知道当前内核是否正在处理中断、是否脱离中断。对此，μC/OS-II 是通过在中断服务子程序中调用两个系统服务函数来实现的：一个是中断进入函数 OSIntEnter()，其功能是通知内核系统已经进入了中断处理服务子程序；另一个是中断脱离函数 OSIntExit()，其功能是通知内核系统已经退出了当前的中断服务子程序。μC/OS-II 是通过检查中断嵌套层数跟踪计数器 OSIntNesting 来识别是否处于中断处理程序中的，OSIntEnter() 的功能只是对 OSIntNesting 加 1。因此，中断服务子程序也可以不调用 OSIntEnter()，而直接对 OSIntNesting 加 1，这样做的好处是可以使程序运行的时间更短。因为 OSIntNesting 是一个单字节整型全局变量，所以 μC/OS-II 的最大中断嵌套层数是 255。

图 4.4　标准中断处理程序流程图

如果中断服务子程序执行得很快，执行的过程中中断是禁止的，且中断不会使更高优先级的任务转入就绪，那么就没有必要调用 OSIntEnter() 和 OSIntExit() 函数。

OSIntEnter() 函数源代码如程序清单 4.1 所示。

程序清单 4.1　OSIntEnter() 函数

```
void OSIntEnter (void) reentrant {
    if (OSRunning = = TRUE){            // 多任务启动后，方可通知内核，否则，直
                                          接退出
        if (OSIntNesting < 255) OSIntNesting++;  // 中断嵌套计数器加 1
    }
}
```

OSIntExit() 函数程序流程如图 4.5 所示，OSIntExit() 函数源代码如程序清单 4.2 所示。

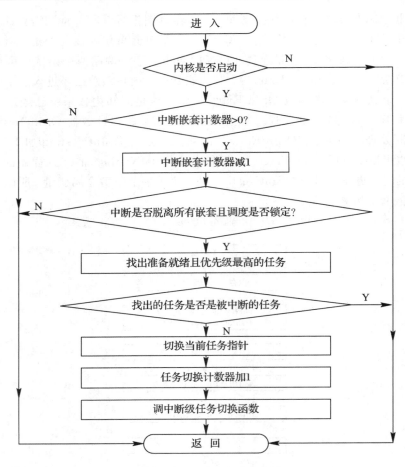

图 4.5　OSIntExit()函数程序流程图

程序清单 4.2　OSIntExit()函数

```
void OSIntExit (void) reentrant {
    # if OS_CRITICAL_METHOD == 3
        OS_CPU_SR    cpu_sr;
    # endif
        OS_ENTER_CRITICAL();
        if(OSRunning ==TRUE){
            if(OSIntNesting > 0) OSIntNesting --;                            (1)
            if((OSIntNesting | OSLockNesting) == 0) {                        (2)
                OSIntExitY    = OSUnMapTbl[OSRdyGrp];
                OSPrioHighRdy = (INT8U)((OSIntExitY << 3) +
                            OSUnMapTbl[OSRdyTbl[OSIntExitY]]);
                if (OSPrioHighRdy != OSPrioCur) {
                    OSTCBHighRdy  = OSTCBPrioTbl[OSPrioHighRdy];         (3)
                    OSCtxSwCtr++;                    //任务切换计数器加1
```

OSIntCtxSw();　　　　　　　　　　　　　　　　　　　　　　　　　　　(4)

　　　　　　　　　}}}

　　　　　　OS_EXIT_CRITICAL();

　}

　　OSIntExit()函数主要完成四个功能：① 给中断嵌套层数计数器减 1；② 找出准备就绪的最高优先级任务；③ 检查准备就绪的最高优先级任务是否为被当前服务所中断的任务，若是，则返回到被中断的任务；若不是，则进行任务控制块指针切换，将即将运行任务的任务控制块的指针指向当前准备就绪的优先级最高的任务的任务控制块；④ 调用中断级任务切换函数 OSIntCtxSw()，进行任务切换。

　　和 OSIntEnter()函数一样，OSIntExit()函数规定：如果多任务没有启动，则直接退出，系统按前后台方式处理中断。

　　OSIntExit()看起来很像任务调度函数 OS_Sched()，但它们的不同之处有三点：

　　(1) OSIntExit()使中断嵌套层数计数器减 1，切换任务的条件是中断嵌套层数计数器（OSIntNesting）和调度锁定嵌套计数器（OSLockNesting）二者必须同时为零；而 OS_Sched()切换任务的条件仅仅是 OSLockNesting 为零。

　　(2) OSIntExit()中 OSRdyTbl[]所需的检索值 Y 是保存在全局变量 OSIntExitY 中的，这样做是为了避免在任务栈中安排局部变量；OS_Sched()中 OSRdyTbl[]所需的检索值 Y 是个局部变量。

　　(3) 如果需要做任务切换，OSIntExit()将调用中断级任务切换函数 OSIntCtxSw()，而 OS_Sched()调用任务级任务切换函数 OS_TASK_SW()。

4.2.2　中断处理过程

　　如图 4.6 所示，μC/OS-Ⅱ的中断过程是这样的：当一个中断发生时，若中断是开放的，CPU 运行完毕当前指令后，自动将当前指令的下一条指令的程序计数器指针保存到堆栈中，然后再将中断矢量入口地址赋给程序计数器，将程序转入中断矢量入口单元；中断入口矢量单元中一般有一条长跳转指令，程序将根据长跳转指令的指向跳转到相应的用户程序去，执行中断服务子程序。从中断发生到开始执行中断服务子程序之间的时间差，就是中断延迟时间。与前后台系统的中断服务子程序不同的是，在 μC/OS-Ⅱ中，程序在保存了所有需要保存的 CPU 寄存器后，还要调用一个内核系统服务——中断进入函数 OSIntEnter()，通知内核，CPU 已经进入中断服务子程序，并且计算中断嵌套层次。μC/OS-Ⅱ的最大中断嵌套层次是 255 层，该数值主要是由中断嵌套层数计数器 OSInt-Nesting 的数据类型决定的。从中断发生到 CPU 进入中断服务子程序之间的时间差，就是中断响应时间。中断服务子程序执行完毕后，中断返回前需要调用一个内核系统服务——中断脱离函数 OSIntExit()，通知内核 CPU 要退出当前中断。中断脱离函数首先将中断嵌套计数器减 1，若此时程序还处于中断嵌套中，则继续执行上一个中断；若程序没有中断嵌套，则中断脱离函数查找是否有更高优先级任务准备就绪，若有，程序则返回到准备就绪的最高优先级任务运行；若没有，或者调度上锁，则程序返回到被中断的任务继续运行。

· 109 ·

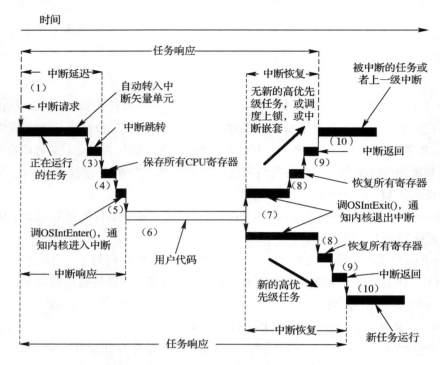

图 4.6　μC/OS-Ⅱ的中断处理过程示意图

4.3　μC/OS-Ⅱ的时钟节拍

4.3.1　时钟节拍

　　时钟节拍是特定的周期性中断(时钟中断)，可以看作是系统心脏的脉动。时钟节拍是内核的最小计时单位，它完成两个功能：一是累计时间，μC/OS-Ⅱ定义了 32 位无符号整数 OSTime 来记录系统启动后时钟节拍滴答的数目；二是通过时钟中断来确定时间间隔，实现任务的延时及确定任务超时。时钟节拍频率取决于不同的应用，一般以 10~100 Hz 为宜。时钟节拍频率越快，系统的额外开销就越大，实际频率取决于用户程序的精度。

　　μC/OS-Ⅱ中的时钟节拍服务是通过在中断服务子程序中调用函数 OSTickISR() 中的时钟节拍子函数 OSTimeTick() 实现的。时钟节拍计时的单位是 1 个时钟节拍，由于时钟节拍计时存在抖动问题，所以计时的精度可能并不是一个时钟节拍，只是在每个时钟节拍中断到来的时候作一次裁决而已。那么抖动对计时精度是如何影响的呢？下面将分三种情况讨论说明。

　　如图 4.7、图 4.8 和图 4.9 所示，假设时钟节拍每 20 ms 发生一次，要求将任务 A 延时一个时钟节拍即 20 ms。图中阴影部分表示各个任务的运行时间，由于程序中可能存在循环和条件语句，所以同一任务在不同时期的运行时间的长短可能不同，时钟节拍中断服务子程序的运行时间也不同。为了更方便地说明问题，图中的延时画得有所夸大。

第一种情况，如图 4.7 所示，所有中断和高优先级的任务都超前于要求延时一个时钟节拍的任务 A 运行。高优先级的任务可能是一个，也可能是多个，每个任务可能只有一种延时，也可能有多种延时，执行的时间也可能不一样，图中阴影所表示的执行时间是所有高优先级任务执行时间的总和，它的长短是变化的。时钟中断服务子程序运行时间的长短也可能变化。中断的优先级总是高于任务，它是即时响应的，所以只有当中断服务子程序执行完毕返回后，准备就绪的高优先级任务才能运行，所有高优先级任务挂起后，最低优先级任务 A 才可能获得 CPU 使用权，转为运行态。中断和高优先级任务运行时间的变化导致了任务 A 延时的抖动。

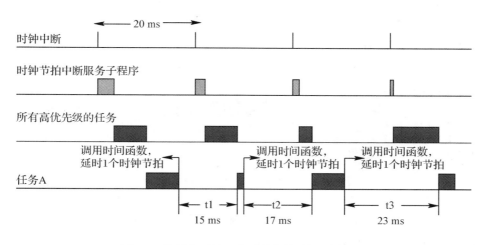

图 4.7　将任务延迟一个时钟节拍（第一种情况）

第二种情况，如图 4.8 所示，所有高优先级的任务和中断服务的执行时间都小于 1 个时钟节拍。由于时钟节拍中断服务子程序和所有高优先级任务第一次执行时间的总和很长，接近 20 ms，导致了任务 A 刚调用延时函数挂起，第二次时钟节拍又到来了，此时内核又将作一次裁决，将所有任务中不为 0 的延时项减 1，并将延时项变为 0 的任务置于就绪

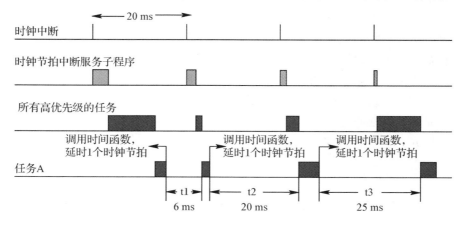

图 4.8　将任务延迟一个时钟节拍（第二种情况）

状态，让高优先级且准备就绪的任务按优先级的高低顺序运行，此时任务 A 也因延时项减

为 0 而处于就绪状态，一旦高优先级任务挂起，它就会立即转入运行态。由于时钟中断服务子程序和所有高优先级任务第二次运行时间的总和又很短，所以任务 A 得以很快转入运行态。其结果是导致了任务 A 的两次运行时间间隔很短。同理，以后的两次延时也有很多的变化。

第三种情况，如图 4.9 所示，中断和所有高优先级的运行时间的总和大于 1 个时钟节拍。在这种情况下，拟延时一个时钟节拍的任务 A 实际上在两个时钟节拍后运行，产生了很多的误差。这在某些应用中或许是可以的，但在大多数场合是不能接受的。

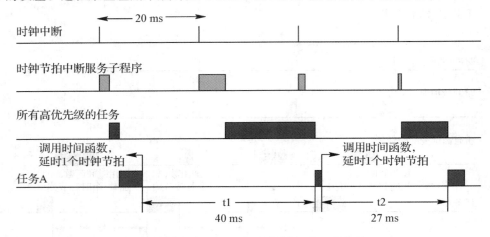

图 4.9　将任务延迟一个时钟节拍(第三种情况)

清楚地认识 0 到一个时针节拍之间的延时过程是非常重要的，如果用户只想延时一个时钟节拍，而实际上得到的往往不是一个时钟节拍。即使用户的处理器的负荷不是很重，这种情况依然是存在的。为了保证足够的精度，延时设计时最好多加一个时钟节拍，例如要将任务延时 5 个时钟节拍，则应该在程序中延时 6 个。

延时的抖动在所有的实时操作系统中都会存在，其根本原因可能在于：一是 CPU 负荷太重；二是系统设计可能不正确。一般解决此类问题的方法主要有：

(1) 提高时钟节拍的频率；

(2) 提高 CPU 微处理器的时钟频率；

(3) 重新安排任务的优先级；

(4) 避免使用浮点运算(如果非使用不可，尽量用单精度数)；

(5) 使用能较好地优化程序代码的编译器；

(6) 时间要求苛刻的代码用汇编语言编写；

(7) 选择处理速率更快的 CPU。

4.3.2　时钟节拍程序

μC/OS-Ⅱ 中的时钟节拍服务是通过在时钟节拍中断服务子程序中调用函数 OSTickISR()中的节拍服务子函数 OSTimeTick()实现的，在函数 OSTimeTick()中还会调用 OSTimeTickHook()函数，即时钟节拍用户扩展函数，该函数保留为用户自己编写，可以扩展应用。

1. 时钟节拍中断服务子程序

时钟节拍中断服务子程序的示意代码如程序清单 4.4 所示。时钟节拍中断服务子程序的特点如下：

(1) 每个时钟周期中断一次，由它调用节拍服务子函数 OSTimeTick()；

(2) 时钟节拍中断服从 μC/OS-II 所描述的全部规则；

(3) 这段代码必须用汇编语言编写，因为在 C 语言里不能直接处理 CPU 的寄存器。

程序清单 4.4　时钟节拍中断服务子程序的示意代码

```
void OSTickISR(void) reentrant {
    关中断；
    保存处理器寄存器的值；                 // 处理临界段代码
    调用 OSIntEnter()或是将 OSIntNesting 加 1；  // 通知内核进入中断
    开中断；
    调用 OSTimeTick()；                    // 调用节拍服务子函数
    调用 OSIntExit()；                     // 通知内核退出中断
    关中断；
    恢复处理器寄存器的值；                 // 处理临界段代码
    开中断；
    执行中断返回指令；
}
```

2. 节拍服务子函数

节拍服务子函数 OSTimeTick()的主要工作原理是：给每个用户任务控制块 OS_TCB 中的时间延时项 OSTCBDly 减 1，直到等于零，执行时间直接与任务个数成正比。节拍服务子函数程序代码及注解如程序清单 4.5 所示。

程序清单 4.5　节拍服务子函数 OSTimeTick()程序代码

```
void OSTimeTick (void)  reentrant {
    #if OS_CRITICAL_METHOD == 3
    OS_CPU_SR   cpu_sr;
    #endif
    OS_TCB        * ptcb；               // 定义一个事件控制块类型的指针
    OSTimeTickHook()；                   // 调用由用户根据自己需要编写的扩展函数
    ptcb = OSTCBList；                    // 将指针指向第一个事件控制块
    while (ptcb -> OSTCBPrio != OS_IDLE_PRIO) {
                                         // 从第一个事件控制块起，做到空闲任务
                                         // 沿事件控制块链表查找任务，直到空闲任务
        OS_ENTER_CRITICAL()；             // 关中断，保护全局变量
            if (ptcb -> OSTCBDly != 0) {  // 延时项若不为 0 则继续，若为 0 则跳出
            if (-- ptcb -> OSTCBDly == 0) {  // 若延时项减 1 后为 0 则继续，否则转出
                if (! (ptcb -> OSTCBStat & OS_STAT_SUSPEND)) {
                    /* 检查任务是否被任务挂起函数挂起的，不是则任务进入就绪 */
                    OSRdyGrp    |= ptcb -> OSTCBBitY； // 将任务置于就绪状态
```

```
            OSRdyTbl[ptcb->OSTCBY] |= ptcb->OSTCBBitX;
        }else {   ptcb->OSTCBDly = 1; }
     /* 若是被任务挂起函数挂起的,则将延时项置1,继续保持挂起状态 */
     }
   }
   ptcb = ptcb->OSTCBNext;     // 指针指向下一个事件控制块,继续查找
   OS_EXIT_CRITICAL();          // 开中断
 }
 OS_ENTER_CRITICAL();           // 关中断,保护所要操作的全局变量
 OSTime++;                      // 累计时钟总数
 OS_EXIT_CRITICAL();            // 开中断
}
```

4.3.3 时钟节拍器的正确用法

μC/OS-Ⅱ时钟节拍器的正确用法是应该在多任务系统启动以后再开启时钟节拍器,即调用 OSStart()后的第一件事就是开放时钟节拍器中断,这段代码可以由用户嵌入到 OSStart()函数内。反之,若在 OSInit() 与 OSStart()之间开放时钟节拍器中断,时钟节拍器中断就有可能在 μC/OS-Ⅱ启动第一个任务之前发生,此时 μC/OS-Ⅱ处在一种不确定的状态之中。因此,用户应用程序有可能会崩溃。下面是一个错误用法的示意性程序清单,它在多任务调度前就开放了时钟中断,程序代码及注解如程序清单 4.6 所示。

程序清单 4.6   错误的时钟节拍器用法

```
void main(void) {
    OSInit();                       // 初始化 μC/OS-Ⅱ
    应用程序初始化代码;
    调用 OSTaskCreate()函数至少创建一个任务;
    允许时钟节拍中断;                // 绝对不要在这里允许时钟节拍器中断!!!
    OSStart();                       // 开始多任务调度
}
```

4.4   μC/OS-Ⅱ的时间管理

μC/OS-Ⅱ有 5 个与时钟节拍有关的系统服务,它们分别是:

(1) OSTimeDly():任务延时函数;

(2) OSTimeDlyHMSM():按时分秒毫秒延时函数;

(3) OSTimeDlyResume():让处在延时期的任务结束延时;

(4) OSTimeGet():获得系统时间;

(5) OSTimeSet():设置系统时间。

这些函数属于 OS_TIME.C 文件。要调用这些函数,必须首先在 OS_CFG.H 文件中设置配置常量,如表 4.1 所示。

表 4.1　OS_CFG.H 中与时间管理相关的配置常量一览表

时间管理函数	配置常量	说　　　明
OSTimeDly()	无	
OSTimeDlyHMSM()	OS_TIME_DLY_HMSM_EN	该常量清 0 时，屏蔽该函数，置 1 时，允许调用
OSTimeDlyResume()	OS_TIME_DLY_RESUME_EN	该常量清 0 时，屏蔽该函数，置 1 时，允许调用
OSTimeGet()	OS_TIME_GET_SET_EN	该常量清 0 时，屏蔽该函数，置 1 时，允许调用
OSTimeSet()	OS_TIME_GET_SET_EN	该常量清 0 时，屏蔽该函数，置 1 时，允许调用

4.4.1　任务延时函数——OSTimeDly()函数

$\mu C/OS$-Ⅱ的任务是一个无限循环，由于 $\mu C/OS$-Ⅱ是可剥夺型内核，如果高优先级任务不主动挂起，低优先级任务就永远无法取得运行权，最高优先级任务将独占 CPU 的使用权。因此，$\mu C/OS$-Ⅱ规定：除了永不挂起的空闲任务外，其他所有的任务都要在合适的时候调用系统服务函数，自我挂起，暂时放弃 CPU 使用权，使低优先权任务能够得以运行。这种系统服务函数就包括这一小节将要介绍的任务延时函数 OSTimeDly()和下一小节将要介绍的按时分秒毫秒延时函数 OSTimeDlyHMSM()。

1. 函数原型

void OSTimeDly(INT16U ticks)　　reentrant

OSTimeDly()函数申请系统提供延时，延时的单位是一个时钟节拍，最大可延时 65 535 个时钟节拍。

调用该函数后，若延时时间不为 0，则立即挂起当前任务，$\mu C/OS$-Ⅱ进行一次任务调度，并且执行下一个优先级最高的就绪态任务。任务调用 OSTimeDly()后，一旦规定的时间期满或者有其他的任务通过调用 OSTimeDlyResume()取消了延时，它就会马上进入就绪状态。当然，只有当该任务在所有就绪任务中具有最高的优先级时，它才会立即运行。

由于中断不能延时，所以它的调用者一定是任务。

该函数只有一个参数 ticks：要延时的时钟节拍数，无返回值。

2. 原理与实现

OSTimeDly()函数的计算原理流程如图 4.10 所示，因任务调用了延时，所以需要从就绪表中移出，以挂起任务；在延时变量.OSTCBDly 中保存延时参数，以后每隔一个时钟节拍递减该变量，直至为 0。OSTimeDly()函数实现代码如程序清单 4.7 所示。

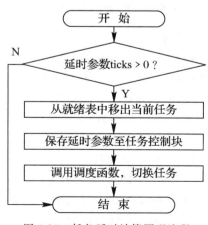

图 4.10　任务延时计算原理流程

程序清单 4.7　　OSTimeDly()函数实现代码

```
void OSTimeDly (INT16U ticks) reentrant {
#if OS_CRITICAL_METHOD == 3
    OS_CPU_SR   cpu_sr;
#endif
    INT8U       y;
    if (ticks > 0) {                                    // 如果参数为 0，则表示不想
                                                        // 对任务延时，函数立即返回
        OS_ENTER_CRITICAL();                            // 关中断
        y          =   OSTCBCur ->OSTCBY;
        OSRdyTbl[y] &= ~OSTCBCur ->OSTCBBitX;
        if ((OSRdyTbl[y] &= ~OSTCBCur ->OSTCBBitX) ==0) {    // 从就绪表中移出当前任务
            OSRdyGrp &= ~OSTCBCur ->OSTCBBitY;
        }
        OSTCBCur ->OSTCBDly = ticks;                    // 保存节拍数
                                                        //每隔一个时钟节拍，这个变量数减 1
        OS_EXIT_CRITICAL();                             // 关中断
        OS_Sched();                                     //当前任务已经挂起，执行下一个
                                                        // 优先级最高的就绪任务
    }
}
```

3. 应用要点

在调用 OSTimeDly()函数时必须注意以下事项：

(1) 时间的长短是用时钟节拍的数目来确定的；

(2) 可提供的时钟节拍数范围是：1～65 535；

(3) 参数为 0，表明不进行延时操作，而立即返回调用者；

(4) 为了确保设定的延时时间，建议设定的时钟节拍数加 1；

(5) 只能在任务中调用。

4.4.2　按时分秒毫秒延时函数——OSTimeDlyHMSM()函数

1. 函数原型

INT8U OSTimeDlyHMSM(INT8U hour，INT8U minutes，

INT8U seconds，INT16U milli) reentrant

该函数十分有用，它是以时、分、秒、毫秒为单位进行延时，调用者只能是任务。调用后，如果延时时间不为 0，系统将立即挂起当前任务，并进行任务调度。μC/OS-Ⅱ可以将任务延时长达 256 个小时(接近 11 天)。

函数需要四个参数：

(1) hours：延时小时数，范围 0～255；

(2) mintues：延时分钟数，范围 0～59；

(3) seconds：延时秒数，范围 0～59；

(4) milli：延时毫秒数，范围 0～999。

2. 返回值

OSTimeDlyHMSM()函数的返回值有如下几种：

（1）OS_ON_ERR：调用成功；

（2）OS_TIME_INVALID_MINUTES：参数错误，分钟数大于 59；

（3）OS_TIME_INVALID_SECONDS：参数错误，秒数大于 59；

（4）OS_TIME_INVALID_MILLI：参数错误，毫秒数大于 999；

（5）OS_TIME_ZERO_DLY：四个参数全为 0，不操作而直接返回。

3. 原理与实现

OSTimeDlyHMSM()函数的基本计算原理是：首先将延时参数换算为时钟节拍数量，然后以此为参数，调用 OSTimeDly()进行延时。OSTimeDlyHMSM()函数实现代码如程序清单 4.8 所示。

程序清单 4.8　OSTimeDlyHMSM()函数实现代码

```
#if OS_TIME_DLY_HMSM_EN > 0
INT8U OSTimeDlyHMSM (INT8U hours, INT8U minutes, INT8U seconds, NT16U milli) reentrant
{
    INT32U ticks；
    INT16U loops；
    if (hours > 0 || minutes > 0 || seconds > 0 || milli > 0) {   // 条件检查，全为 0，则返回
        return (OS_TIME_ZERO_DLY)；
    }
    if (minutes > 59)      return (OS_TIME_INVALID_MINUTES)；
    if (seconds > 59)      return (OS_TIME_INVALID_SECONDS)；
    if (milli > 999)        return (OS_TIME_INVALID_MILLI)；
    ticks = (INT32U)hours * 3600L * OS_TICKS_PER_SEC
                + (INT32U)minutes * 60L * OS_TICKS_PER_SEC
                + (INT32U)seconds * OS_TICKS_PER_SEC
                + OS_TICKS_PER_SEC * ((INT32U)milli
                + 500L/OS_TICKS_PER_SEC) / 1000L；    // 换算为时钟节拍，精度 0.5 个节拍
    loops = ticks / 65536L；                          // 从这开始，按第 4.4.2 小节的应用要点
                                                      // 第(5)条方法开始延时

    ticks = ticks % 65536L；
    OSTimeDly(ticks)；
    while (loops > 0) {
        OSTimeDly(32768)；
        OSTimeDly(32768)；
        loops --；
    }
    return (OS_NO_ERR)；
}
#endif
```

4. 应用要点

（1）要使用该函数，首先要用 OS_CPU.H 文件中定义的全局常量 OS_TICKS_PER_SEC

将时间转换为时钟节拍数,这个全局常量表示的是每秒钟时钟节拍器产生的节拍数量,称为时钟节拍频率,取值一般设置在 10~100 Hz 之间;

(2) 4 个参数全为 0,表示不进行任何操作,直接返回;

(3) 当时钟周期≥1 ms 时,计时最小单位是一个时钟节拍,精度是 0.5 个节拍。例如,若将时钟节拍频率(OS_TICKS_PER_SEC)设置成 100 Hz(10 ms),4 ms 的延时不会产生任何延时,而 5 ms 的延时就等于延时 10 ms;

(4) 当时钟周期<1 ms 时,最小计数值 = OS_TICKS_PER_SEC/1000 个时钟节拍,分辨率=500L/ OS_TICKS_PER_SEC/1000L。例如,OS_TICKS_PER_SEC=1000,最小计数单位是 1 ms,精度 = 0.5(个最小计算单位);

(5) μC/OS-Ⅱ 支持的延时最长为 65 535 个节拍。要想支持更长时间的延时,需采用一定的算法,一般的做法是将延时时钟数分割为两部分:一部分是 65 536 个节拍的整数倍,另一部分是总数减去这个整数倍节拍后剩下的节拍数,然后先算剩下的节拍数,再算这个整数倍节拍数。例如,若 OS_TICKS_PER_SEC 的值为 100,用户想延时 15 分钟,则 OSTimeDlyHMSM() 会延时 $15 \times 60 \times 100 = 90\ 000$ 个时钟。这个延时会被分割成两次 32 768 个节拍的延时(因为用户只能延时 65 535 个节拍而不是 65 536 个节拍)和一次 24 464 个节拍的延时。在这种情况下,OSTimeDlyHMSM() 首先计算 24 464 个节拍,然后计算 2 次 32 768 个节拍;

(6) 由于受到 OSTimeDlyHMSM() 具体实现方法的限制,用户不能用函数 OSTime DlyResume() 结束延时调用。OSTimeDlyHMSM() 要求延时超过 65 535 个节拍的任务。假如,时钟节拍的频率是 100 Hz,用户就不能调用 OSTimeDlyHMSM(0, 10, 55, 350)或更长延迟时间的任务;

(7) 只能在任务中调用,配置常量是 OS_TIME_DLY_HMSM_EN。

5. 应用范例

OSTimeDlyHMSM() 函数应用范例如程序清单 4.9 所示,将当前任务延时 5 s,必须注意的是,必须在 OS_CFG.H 文件中设置 OS_TICKS_PER_SEC。

程序清单 4.9　OSTimeDlyHMSM() 应用范例

```
viod task( void * ppdata) reentrant {
    ppdata = ppdata;
    for(; ; ) {
        应用程序;
        OSTimeDlyHMSM(0, 0, 5, 0); // 延时 5 秒
    }
}
```

4.4.3　结束任务延时——OSTimeDlyResume() 函数

1. 函数原型

INT8U OSTimeDlyResume(INT8U prio)　　reentrant

OSTimeDlyResume() 函数用于唤醒一个用 OSTimeDly() 或 OSTimeDlyHMSM() 函数延时的任务。正在延时的任务可以通过其他任务调用该函数取消延时来使自己处于就绪态,而不必等待延时期满。该函数还可以唤醒正在等待事件的任务,但不推荐使用这种

方法。

　　另外，如果任务是通过等待信号量、邮箱或消息队列来延时自己的，那么可以简单地通过控制信号量、邮箱或消息队列来恢复任务。这种情况存在的唯一问题是可能会多占用一些内存，因为它要求用户分配事件控制块。

2. 返回值

OSTimeDlyResume()函数的返回值有如下几种：

（1）OS_ON_ERR：调用成功；

（2）OS_PRIO_INVALID：参数指定的优先级大于 OS_LOWEST_PRIO；

（3）OS_TASK_NOT_DLY：要唤醒的任务不在挂起状态；

（4）OS_TASK_NOT_EXIST：指定的任务不存在。

3. 原理与实现

　　OSTimeDlyResume()函数的基本计算原理是：将等待延时期满的任务的延时变量.OSTCBDly清 0，并将任务插入到就绪表中，以实现任务延时的提前结束。但是，被任务挂起函数所挂起的任务不能用这个函数来唤醒。OSTimeDlyResume()函数实现代码如程序清单 4.10 所示。

程序清单 4.10　OSTimeDlyResume()函数实现代码

```
#if OS_TIME_DLY_RESUME_EN > 0
INT8U OSTimeDlyResume (INT8U prio)    reentrant {
#if OS_CRITICAL_METHOD == 3
    OS_CPU_SR    cpu_sr;
#endif
    OS_TCB * ptcb;
    if (prio >= OS_LOWEST_PRIO)
        return (OS_PRIO_INVALID);                // 确保任务优先级是有效的
    OS_ENTER_CRITICAL();
    ptcb = (OS_TCB *)OSTCBPrioTbl[prio];
    if (ptcb != (OS_TCB *)0) {                   // 确保所要恢复的任务存在
        if (ptcb->OSTCBDly!=0) {                 // 确保任务在等待延时期满
            ptcb->OSTCBDly=0;                    // 将.OSTCBDly 设置为 0，取消延时
            if (! (ptcb->OSTCBStat &OS_STAT_SUSPEND)) {
                                                 // 检查任务是否被任务挂起函数挂起
                                                 // 若不是，将任务加入就绪表
                OSRdyGrp              |= ptcb->OSTCBBitY;
                OSRdyTbl[ptcb->OSTCBY] |= ptcb->OSTCBBitX;
                OS_EXIT_CRITICAL();
                OS_Sched();// 检查被恢复任务是否为准备就绪的最高优先级任务，若是则切换
            } else {                             // 若需被唤醒任务被任务挂起函数挂起
                OS_EXIT_CRITICAL();              // 关中断
            }
            return (OS_NO_ERR);
        } else {                                 // 如果不在等待延时期满
```

```
            OS_EXIT_CRITICAL();
            return (OS_TIME_NOT_DLY);
        }
    }
    OS_EXIT_CRITICAL();
    return (OS_TASK_NOT_EXIST);                     // 如果任务不存在,则返回错误代码
}
# endif
```

4. 应用要点

(1) 不能唤醒一个用 OSTimeDlyHMSM()延时且总延时时间超过 65 535 个时钟节拍的任务;

(2) 只能在任务中调用,配置常量是 OS_TIME_DLY_RESUME_EN;

(3) 函数只需要 1 个参数 prio,即指定要唤醒(恢复)任务的优先级。

5. 应用范例

OSTimeDlyResume()函数应用范例如程序清单 4.11 所示,唤醒优先级为 15 的任务。

程序清单 4.11　OSTimeDlyResume()应用范例

```
void task( void  * ppdata) reentrant {
    INT8U err;
    ppdata = ppdata;
    for(; ; ){
        应用程序;
        err = OSTimeDlyResume(15);              // 唤醒优先级为 15 的任务
        应用程序;
    }
}
```

4.4.4　系统时间函数——OSTimeGet( )和 OSTimeSet( )

时钟节拍每发生一次,μC/OS-Ⅱ就会给一个 32 位计数器 OSTime 加 1,这个计数器在调用 OSStart()启动多任务时和执行完毕 65 536×65 536−1＝4 294 967 295 个节拍后从 0 开始计数。如果时钟节拍的频率等于 100 Hz,即 10 ms 计数 1 次,那么这个 32 位的计数器每隔 497 天就从 0 开始计数。

用户可以通过调用 OSTimeGet()函数来获得该计数器的当前值,通过调用 OSTimeSet()函数来改变该计数器的值。

1. 函数原型

(1) INT32U OSTimeGet(void) reentrant 获取系统时间,返回当前的时钟节拍数目。

(2) void OSTimeSet(INT32U ticks) reentrant 设置系统时间,参数是需要设置的时钟数目,单位是时钟节拍数。

它们的调用者可以是任务,也可以是中断,配置常量是 OS_TIME_GET_SET_EN。

2. 原理与实现

OSTimeGet()和 OSTimeSet()两个函数的基本计算原理都是:通过直接访问全局变量时钟节拍计数器 OSTime 来实现系统时间的获取和设置,实现代码如程序清单 4.12 所

示。因为 OSTime 是全局变量，所以访问 OSTime 时，需要关闭中断。在大多数 8 位 CPU 上计算或操作一个 32 位的数都需要多条指令，这些指令需要一次执行完毕，而不能被打断。

程序清单 4.12　OSTimeGet( )和 OSTimeSet( )

```
# if OS_TIME_GET_SET_EN > 0
INT32U OSTimeGet（void）  reentrant {
# if OS_CRITICAL_METHOD == 3
    OS_CPU_SR  cpu_sr；
# endif
    INT32U ticks；
    OS_ENTER_CRITICAL()；
    ticks = OSTime；
    OS_EXIT_CRITICAL()；
    return（ticks）；
}
# endif


# if OS_TIME_GET_SET_EN > 0
void OSTimeSet（INT32U ticks）  reentrant {
# if OS_CRITICAL_METHOD == 3
    OS_CPU_SR  cpu_sr；
# endif
    OS_ENTER_CRITICAL()；
    OSTime = ticks；
    OS_EXIT_CRITICAL()；
}
# endif
```

习　　题

（1）μC/OS-Ⅱ是如何处理中断的？

（2）写出 μC/OS-Ⅱ中断服务子程序的示意性代码。

（3）如何正确使用时钟节拍器。

（4）写出时间管理函数的函数原型，举例说明如何使用。

第 5 章

事件控制块

事件控制块是信号量、消息、事件标志组等各种事件的基础性数据结构。本章主要描述事件控制块的概念、数据结构、3 个相关算法和 4 种对事件控制块的操作。

5.1　基 本 概 念

在 μC/OS-Ⅱ 中，有多种方法可以保护任务之间的共享数据和实现任务之间的通信。在前面的章节中，已经讲到了其中的两种：

（1）利用宏 OS_ENTER_CRITICAL() 和 OS_EXIT_CRITICAL()，来关闭中断和打开中断。

（2）利用函数 OSSchedLock() 和 OSSchekUnlock()，对 μC/OS-Ⅱ 中的任务调度函数上锁和解锁。

除此之外，还有多种用于数据共享和任务通信的方法，例如：信号量、互斥信号量、消息邮箱、消息队列、事件标志组等。于是，新的问题油然而生：这些事件的通信方法又是如何实现的呢？简单地讲，这些事件的通信是通过事件控制块（Event Control Blocks，ECB）来实现的。如图 5.1 所示，一个任务或者一个中断服务子程序可以通过事件控制块向另外的任务发信号来实现通信，其中，图 5.1(a) 表示的是一个任务或者一个中断服务子程序向另外一个任务发送信号的过程；图 5.1(b) 表示的是一个任务或者一个中断服务子程序向多个任务发送信号的过程；图 5.1(c) 表示的是两个任务之间进行双向发送信号的过程。这里的所有信号就是所谓的事件（Event）。

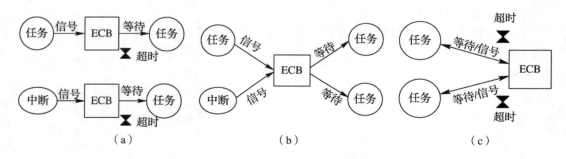

图 5.1　任务和中断服务子程序之间的通信过程

事件控制块（Event Control Blocks，ECB）的定义是：用于实现信号量管理、互斥型信号量管理、消息邮箱管理及消息队列管理等功能函数的基本数据结构。

事件控制块的数据结构如图 5.2 及程序清单 5.1 所示，它除了定义指向事件本身的指针外（如用于信号量的计数器、互斥信号量的位、指向消息邮箱的指针、指向消息队列的指针数组）、还定义了一个等待事件的等待任务列表。每个信号量、互斥信号量、消息邮箱及消息队列都应分配到一个事件控制块 ECB。

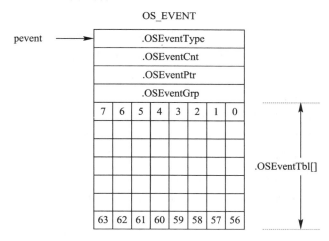

图 5.2 事件控制块（ECB）

程序清单 5.1 ECB 数据结构

```
typedef struct {
    void      * OSEventPtr;                        /* 指向消息邮箱或者消息队列的指针  */
    INT8U     OSEventTbl[OS_EVENT_TBL_SIZE];       /* 等待任务列表                    */
    INT16U    OSEventCnt;                          /* 计数器（当事件是信号量时）       */
    INT8U     OSEventType;                         /* 事件类型                       */
    INT8U     OSEventGrp;                          /* 等待任务所在的组               */
} OS_EVENT;
```

.OSEventPtr 指针型变量，只有在定义的事件是邮箱或队列时才有用。当所定义的事件是邮箱时，它指向一个消息；当所定义的事件是队列时，它指向一个数据结构，详见消息管理有关章节。

.OSEventTbl[]和.OSEventGrp 是等待任务列表中的两个成员变量，与就绪表中的OSRdyTbl[]和 OSRdyGrp 很相似，不同的是前两个表示的是等待某事件的任务，后两个表示的是处于就绪状态的任务。

.OSEventCnt 是一个用于信号量的计数器，只有当事件是信号量时才有用。

.OSEventType 是有关事件具体类型的变量，详细说明如下：

（1）当事件是信号量时，其值是 OS_EVENT_SEM；

（2）当事件是互斥信号量时，其值是 OS_EVENT_MUTEX；

（3）当事件是邮箱时，其值是 OS_EVENT_TYPE_MBOX；

（4）当事件是消息队列时，其值是 OS_EVENT_TYPE_Q。

用户可以根据该成员的具体值来调用相应的系统函数，以保证操作的正确性。

每个等待事件发生的任务都要被加入到该事件控制块中的等待任务列表中，通过对该表的判别，可以确定有哪些任务在等待事件的发生。

与任务就绪列表一样，所有任务的优先级被分成 8 组（每组 8 个优先级），每组分别对应 .OSEventGrp 中的 1 位。当某组中有任务在等待事件时，.OSEventGrp 中对应的位和 .OSEventTbl[] 中对应的位都被置位。.OSEventGrp 和 .OSEventTbl[] 之间的对应关系如图 5.3 所示，详细描述如下：

当 .OSEventTbl[0] 中的任何一位为 1 时，.OSEventGrp 中的第 0 位为 1。

当 .OSEventTbl[1] 中的任何一位为 1 时，.OSEventGrp 中的第 1 位为 1。

以此类推，当 .OSEventTbl[7] 中的任何一位为 1 时，.OSEventGrp 中的第 7 位为 1。

当一个事件发生后，该事件的等待任务列表中优先级最高的任务，即在 .OSEventTbl[] 中，所有被置 1 的位中，优先级代码最小的任务得到这个事件。

.OSEventTbl[] 数组的大小由系统中任务的最低优先级决定，这个值由 OS_CFG.H 文件中的 OS_LOWEST_PRIO 常数决定。在系统的定义中，应该尽量减少任务的优先级配置，以减少 μC/OS-II 系统对 RAM 的占用量。

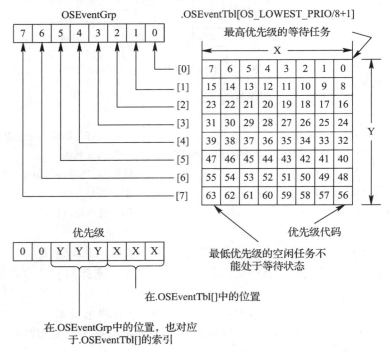

图 5.3　事件的等待任务列表

5.2　将任务置于等待事件的任务列表中

当有任务需要等待一个事件的发生的时候，首先就要将任务置于该事件的任务等待列表中，以等待事件的发生。将任务置于等待事件的任务列表的原理是将对应的两个列表变量分别置 1，原理如下：

（1）用优先级的次低 3 位作数组元素下标查表 OSMapTbl[]，将.OSEventGrp 变量相应位置 1。

（2）用任务优先级的最低 3 位作数组元素下标查表 OSMapTbl[]，将.OSEventTbl[]相应位置 1。

将任务置于等待事件的等待任务列表的实现代码如程序清单 5.2 所示。

程序清单 5.2　将任务置于等待事件的等待任务列表中

```
pevent ->OSEventGrp |= OSMapTbl[prio >> 3];
pevent ->OSEventTbl[prio >> 3] |= OSMapTbl[prio & 0x07];
```

其中，prio 是任务的优先级，pevent 是指向事件控制块的指针。

从程序清单 5.2 中可以看出，将一个任务插入到等待事件的等待任务列表中所需的时间是常数，与表中任务数量的多少无关。算法中用到的 OSMapTbl[] 表定义在 OS_CORE.C 文件中，一般在 ROM 中实现。OSMapTbl[] 表中的字节索引与位掩码之间的对应关系如表 5.1 所示。

表 5.1　OSMapTbl[]表字节索引与位掩码的关系一览表

索引（OSMapTbl[]的下标）	位掩码（OSMapTbl[]的值）
0	0 0 0 0 0 0 0 1
1	0 0 0 0 0 0 1 0
2	0 0 0 0 0 1 0 0
3	0 0 0 0 1 0 0 0
4	0 0 0 1 0 0 0 0
5	0 0 1 0 0 0 0 0
6	0 1 0 0 0 0 0 0
7	1 0 0 0 0 0 0 0

5.3　从等待事件的任务列表中删除任务

当事件发生后，得到事件的任务就要脱离等待状态，转入就绪。脱离等待状态就要从等待任务列表中删除相应的任务，其方法是：首先清除该任务在.OSEventTbl[]中的相应位，如果其所在的组中不再有处于等待该事件的任务时（即.OSEventTbl[prio>>3]为 0），将.OSEventGrp 中的相应位也清除。正好与将任务插入到等待事件的任务列表中的计算原理相反，实现代码如程序清单 5.3 所示。

程序清单 5.3　从等待任务列表中删除一个任务

```
if ((pevent ->OSEventTbl[prio >> 3] &= ~OSMapTbl[prio & 0x07]) == 0) {
    pevent ->OSEventGrp &= ~OSMapTbl[prio >> 3];
}
```

5.4 在等待事件的任务列表中查找优先级最高的任务

当事件发生后，可能有一个或者多个任务在等待该事件，那么哪个任务得到这个事件呢？μC/OS-II 默认的是优先级最高的任务得到事件，所以就要在等待事件的任务列表中查找优先级最高的任务。查找的方法不是从 .OSEventTbl[0] 开始逐个查询，为了提高查找速度，而是采用了查表的办法，这个表是 OS_CORE.C 文件中的定义的 OSUnMapTbl[256]，内容如程序清单 5.4 所示。在事件的任务等待列表中查找优先级最高的任务算法原理如下：

(1) 用 .OSEventGrp 变量的值作索引查表 OSUnMapTbl[]，求得值 y，

$$y = \text{OSUnMapTbl}[pevent -> \text{OSEventGrp}]$$

(2) 用 .OSEventTbl[] 变量的值作索引查表 OSUnMapTbl[]，求得值 x，

$$x = \text{OSUnMapTbl}[pevent -> \text{OSEventTbl}[y]]$$

(3) 计算最高优先级：$prio = y \times 8 + x$。

这样，就可以得到处于等待该事件状态的最高优先级任务了，实现代码如程序清单 5.5 所示。

程序清单 5.4 OSUnMapTbl[]

```
INT8U   const   OSUnMapTbl[] = {
    0, 0, 1, 0, 2, 0, 1, 0, 3, 0, 1, 0, 2, 0, 1, 0,        //   0x00 to 0x0F
    4, 0, 1, 0, 2, 0, 1, 0, 3, 0, 1, 0, 2, 0, 1, 0,        //   0x10 to 0x1F
    5, 0, 1, 0, 2, 0, 1, 0, 3, 0, 1, 0, 2, 0, 1, 0,        //   0x20 to 0x2F
    4, 0, 1, 0, 2, 0, 1, 0, 3, 0, 1, 0, 2, 0, 1, 0,        //   0x30 to 0x3F
    6, 0, 1, 0, 2, 0, 1, 0, 3, 0, 1, 0, 2, 0, 1, 0,        //   0x40 to 0x4F
    4, 0, 1, 0, 2, 0, 1, 0, 3, 0, 1, 0, 2, 0, 1, 0,        //   0x50 to 0x5F
    5, 0, 1, 0, 2, 0, 1, 0, 3, 0, 1, 0, 2, 0, 1, 0,        //   0x60 to 0x6F
    4, 0, 1, 0, 2, 0, 1, 0, 3, 0, 1, 0, 2, 0, 1, 0,        //   0x70 to 0x7F
    7, 0, 1, 0, 2, 0, 1, 0, 3, 0, 1, 0, 2, 0, 1, 0,        //   0x80 to 0x8F
    4, 0, 1, 0, 2, 0, 1, 0, 3, 0, 1, 0, 2, 0, 1, 0,        //   0x90 to 0x9F
    5, 0, 1, 0, 2, 0, 1, 0, 3, 0, 1, 0, 2, 0, 1, 0,        //   0xA0 to 0xAF
    4, 0, 1, 0, 2, 0, 1, 0, 3, 0, 1, 0, 2, 0, 1, 0,        //   0xB0 to 0xBF
    6, 0, 1, 0, 2, 0, 1, 0, 3, 0, 1, 0, 2, 0, 1, 0,        //   0xC0 to 0xCF
    4, 0, 1, 0, 2, 0, 1, 0, 3, 0, 1, 0, 2, 0, 1, 0,        //   0xD0 to 0xDF
    5, 0, 1, 0, 2, 0, 1, 0, 3, 0, 1, 0, 2, 0, 1, 0,        //   0xE0 to 0xEF
    4, 0, 1, 0, 2, 0, 1, 0, 3, 0, 1, 0, 2, 0, 1, 0         //   0xF0 to 0xFF
};
```

程序清单 5.5 在等待任务列表中查找最高优先级的任务

```
y   = OSUnMapTbl[pevent -> OSEventGrp];
x   = OSUnMapTbl[pevent -> OSEventTbl[y]];
prio = (y<<3) + x;
```

应用范例：如果 .OSEventGrp 的值是 01101000（二进制），则对应的 OSUnMapTbl[.OSEventGrp] 值为 3，说明最高优先级任务所在的组是 3。类似地，如果 .OSEventTbl[3] 的值

是 11100100(二进制)，OSUnMapTbl[.OSEventTbl[3]]的值为 2，则处于等待状态的任务的最高优先级是 3×8＋2＝26。

5.5 空闲事件控制块链表

5.5.1 基本概念

1. 空闲事件控制块链表简述

（1）如图 5.4 所示，调用 OSInit()时，所有事件控制块被链接成一个单向链表，建立一个单向的事件控制块缓冲池，这就是空闲事件控制块链表。

（2）在空闲事件控制块链表中，每个事件控制块以指针 .OSEventPtr 构成单向链表，最后一个指针指向一个"空"，OSEventFreeList 总是指向第一个空闲事件控制块。

（3）每当建立一个信号量、互斥信号量、邮箱或者消息队列时，就从该链表中取出一个空闲事件控制块，并对它进行初始化。

（4）当调用系统函数删除信号量、互斥信号量、邮箱和消息队列后，事件控制块要放回到空闲事件控制块链表中。

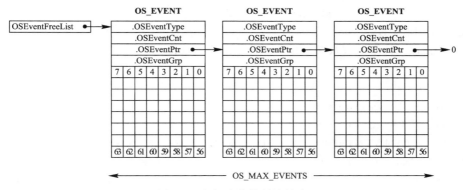

图 5.4 空闲事件控制块链表

2. 事件控制块的数量

（1）事件控制块的总数由用户所需要的信号量、互斥信号量、邮箱和消息队列的总数决定。

（2）该值由 OS_CFG.H 文件中的 ＃ define OS_MAX_EVENTS 定义。

5.5.2 对事件控制块的基本操作

一般地，对于事件控制块进行的一些基本操作包括：

（1）初始化一个事件控制块；

（2）使一个任务脱离等待而进入就绪；

（3）使一个任务进入等待事件发生的状态；

（4）因为等待超时而使一个任务脱离等待进入就绪。

为了避免代码重复和减短代码长度，以上操作由四个系统函数实现，它们是：

（1）OS_EventWaitListInit()：初始化一个事件控制块；

（2）OS_EventTaskRdy()：使一个任务脱离等待而进入就绪；

（3）OS_EventWait()：使一个任务进入等待事件发生的状态；

（4）OS_EventTO()：由于等待超时而使任务脱离等待进入就绪态。

5.6 初始化一个事件控制块——OS_EventWaitListInit()函数

当建立一个信号量、互斥信号量、邮箱或者消息队列时，建立函数 OSSemCreate()、OSMutexCreate()、OSMboxCreate()或 OSQCreate()等就要通过调用 OS_EventWaitListInit()函数对事件控制块中的等待任务列表进行初始化，函数原型是：

void OS_EventWaitListInit（OS_EVENT ＊pevent） reentrant

该函数的功能是初始化一个空的等待任务列表，其中没有任何任务。

该函数的调用参数只有一个 pevent，该参数是指向需要初始化的事件控制块的指针，它将该指针传递给任务控制块。这个指针就是建立信号量、互斥信号量、邮箱或者消息队列时分配的事件控制块指针 pevent。函数无返回值。

函数的实现代码如程序清单 5.6 所示，为了避免用 for 循环而增加计算开销，这部分代码用条件编译语句来实现。其中，OS_EVENT_TBL_SIZE ＝（OS_LOWEST_PRIO）/ 8 ＋ 1。

程序清单 5.6　OS_EventWaitListInit()

```
# if OS_EVENT_EN > 0
void OS_EventWaitListInit (OS_EVENT ＊ pevent)    reentrant
{
    INT8U ＊ ptbl;
    pevent ->OSEventGrp ＝ 0x00;
    ptbl ＝ ＆pevent ->OSEventTbl[0];
/ ＊ ＊ ＊ ＊ ＊ OS_EVENT_TBL_SIZE ＝ (OS_LOWEST_PRIO) / 8 ＋ 1 ＊ ＊ ＊ ＊ ＊ /
# if OS_EVENT_TBL_SIZE > 0                        / ＊ 如果等待任务列表至少有 1 组 ＊ /
    ＊ ptbl ＋＋ ＝ 0x00;                           / ＊ 清空等待任务列表第 1 组数据 ＊ /
# endif
# if OS_EVENT_TBL_SIZE > 1                        / ＊ 如果等待任务列表至少有 2 组 ＊ /
    ＊ ptbl ＋＋ ＝ 0x00;                           / ＊ 清空等待任务列表第 2 组数据 ＊ /
# endif
# if OS_EVENT_TBL_SIZE > 2                        / ＊ 如果等待任务列表至少有 3 组 ＊ /
    ＊ ptbl ＋＋ ＝ 0x00;                           / ＊ 清空等待任务列表第 3 组数据 ＊ /
# endif
# if OS_EVENT_TBL_SIZE > 3                        / ＊ 如果等待任务列表至少有 4 组 ＊ /
    ＊ ptbl ＋＋ ＝ 0x00;                           / ＊ 清空等待任务列表第 4 组数据 ＊ /
# endif
# if OS_EVENT_TBL_SIZE > 4                        / ＊ 如果等待任务列表至少有 5 组 ＊ /
    ＊ ptbl ＋＋ ＝ 0x00;                           / ＊ 清空等待任务列表第 5 组数据 ＊ /
# endif
# if OS_EVENT_TBL_SIZE > 5                        / ＊ 如果等待任务列表至少有 6 组 ＊ /
    ＊ ptbl ＋＋ ＝ 0x00;                           / ＊ 清空等待任务列表第 6 组数据 ＊ /
```

```
# endif
# if OS_EVENT_TBL_SIZE > 6                    /* 如果等待任务列表至少有 7 组 */
    * ptbl ++ = 0x00;                         /* 清空等待任务列表第 7 组数据 */
# endif
# if OS_EVENT_TBL_SIZE > 7                    /* 如果等待任务列表至少有 8 组 */
    * ptbl ++ = 0x00;                         /* 清空等待任务列表第 8 组数据 */
# endif
}
# endif
```

5.7　使一个任务脱离等待进入就绪——OS_EventTaskRdy()函数

当某个事件发生后，那么等待任务列表中优先级最高的任务就能得到这个事件，从而脱离等待进入就绪状态。信号量的 OSSemPost()、互斥信号量的 OSMutexPost()、消息邮箱的 OSMboxPost()或消息队列的 OSQPost()函数会调用 OS_EventTaskRdy()，以实现该操作。

1. 函数原型

INT8U OS_EventTaskRdy（OS_EVENT ＊ pevent，void ＊ msg，INT8U msk）reentrant

该函数从等待任务队列中删除 HPT 任务（Highest Priority Task，最高优先级任务），并将该任务置于就绪态。函数返回任务的优先级，有三个参数：

pevent：指向事件控制块的指针；

msg：当事件是邮箱或者队列时，它是指向消息的指针；

msk：用于清除任务控制块中 .OSTCBStat 变量的屏蔽字。具体值为：

　　当事件是信号量时，其值为：OS_STAT_SEM；

　　当事件是互斥信号量时，其值为：OS_STAT_MUTEX；

　　当事件是邮箱时，其值为：OS_STAT_MBOX；

　　当事件是队列时，其值为：OS_STAT_Q。

2. 原理与实现

OS_EventTaskRdy()函数的基本计算原理如图 5.5 所示，实现代码如程序程序清单 5.7 所示，简要解释如下：

（1）首先，在等待任务列表中查找优先级最高的任务；

（2）其次，在事件等待任务列表中删除优先级最高的任务；

（3）直接对延时变量.OSTCBDly 清 0，以停止 OSTimeTick()函数对该变量的递减操作；

（4）由于该任务不再等待该事件的发生，所以将相应任务控制块中指向事件控制块的指针设为 NULL；

（5）如果是由 OSMboxPost()或者 OSQPost()函数调用的，还要将相应的消息传递给 HPT，放在它的任务控制块中；

（6）当 OS_EventTaskRdy()函数被调用时，位屏蔽码 msk 作为参数传递给它。该参数用于对任务控制块中的.OSTCBStat 位清零，与所发生事件的类型相对应（OS_STAT_

SEM，OS_STAT_MUTEX，OS_STAT_MBOX 或 OS_STAT_Q）；

（7）最后，根据.OSTCBStat 判断该任务是否是因在等待信号量、互斥信号量、邮箱或者队列等事件所挂起的。如果是，则将 HPT 插入到 μC/OS - Ⅱ 的就绪任务列表中。注意，HPT 任务得到该事件后不一定进入就绪状态，也许该任务已经由于其他原因挂起了。

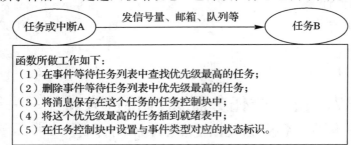

图 5.5　OS_EventTaskRdy()函数的基本计算原理

程序清单 5.7　OS_EventTaskRdy()

```
#if OS_EVENT_EN > 0
INT8U OS_EventTaskRdy (OS_EVENT * pevent，void * msg，INT8U msk)  reentrant {
    OS_TCB * ptcb；
    INT8U   x；
    INU8U   y；
    INT8U   bitx；
    INT8U   bity；
    INT8U   prio；
    y       = OSUnMapTbl[pevent ->OSEventGrp]；                        (1)
    bity    = OSMapTbl[y]；
    x       = OSUnMapTbl[pevent ->OSEventTbl[y]]；
    bitx    = OSMapTbl[x]；
    prio    = (INT8U)((y << 3) + x)；
    pevent ->OSEventTbl[y] &= ~bitx；
    if (pevent ->OSEventTbl[y] == 0)   pevent ->OSEventGrp &= ~bity；   (2)
    ptcb    =    OSTCBPrioTbl[prio]；
    ptcb ->OSTCBDly = 0；                                             (3)
    ptcb ->OSTCBEventPtr = (OS_EVENT * ) 0；                          (4)
#if ((OS_Q_EN > 0) && (OS_MAX_QS >0)) || (OS_MBOX_EN > 0)
    ptcb ->OSTCBMsg   = msg；                                         (5)
#else
    msg             = msg；
#endif
    ptcb ->OSTCBStat   &= ~msk；                                      (6)
    if (ptcb ->OSTCBStat == OS_STAT_RDY) {                            (7)
        OSRdyGrp   |=  bity；
        OSRdyTbl[y] |=bitx； }
    return(prio)；
```

```
}
# endif
```

5.8　使一个任务进入等待事件发生状态——OS_EventTaskWait( )函数

1. 函数原型

void OS_EventTaskWait（OS_EVENT ∗ pevent）　reentrant

当某个任务要等待一个事件的发生时，相应的 OSSemPend（）、OSMutexPend（）、OSMboxPend（）或 OSQPend（）函数会调用 OS_EventTaskWait（）函数将当前任务从任务就绪表中删除，并放到相应事件的事件控制块的等待任务列表中。函数只有一个参数，无返回值。

2. 原理与实现

OS_EventTaskWait（）函数使任务进入等待事件发生状态的基本计算原理如图 5.6 所示，实现代码如程序清单 5.8 所示。

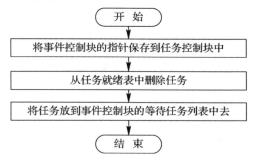

图 5.6　使任务进入等待状态的计算原理流程

程序清单 5.8　使一个任务进入等待状态

```
# if OS_EVENT_EN > 0
void OS_EventTaskWait（OS_EVENT ∗ pevent）　reentrant　{
    OSTCBCur ->OSTCBEventPtr = pevent;                      // 保存事件控制块指针
    if ((OSRdyTbl[OSTCBCur ->OSTCBY] &= ~OSTCBCur ->OSTCBBitX) == 0) {
        OSRdyGrp &= ~OSTCBCur ->OSTCBBitY;                  // 从就绪表中删除任务
    }
    pevent ->OSEventTbl[OSTCBCur ->OSTCBY] |= OSTCBCur ->OSTCBBitX;
    pevent ->OSEventGrp          |= OSTCBCur ->OSTCBBitY;    // 加入等待任务列表
}
# endif
```

5.9　由于等待超时而将任务置为就绪态——OS_EventTO( )函数

1. 函数原型

void OS_EventTO（OS_EVENT ∗ pevent）　reentrant

在预先设定的时间间隔内，如果任务等待的事件没有发生，那么 OSTimeTick() 函数就会因为等待超时而将任务的状态置为就绪。在这种情况下，事件的信号量等待函数 OSSemPend()、互斥信号量等待函数 OSMutexPend()、邮箱消息等待函数 OSMboxPend()或队列消息等待函数 OSQPend() 函数会调用 O_SEventTO() 来完成这项工作。函数只有一个参数，无返回值。

2. 原理与实现

OS_EventTO() 函数的基本计算原理如图 5.7 所示，实现代码如程序清单 5.9 所示。

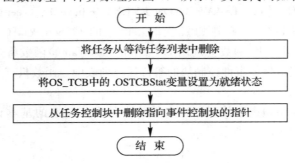

图 5.7　任务因超时而进入就绪的计算原理主要流程

程序清单 5.9　OS_EventTO() 因为等待超时将任务置为就绪状态

```
# if OS_EVENT_EN > 0
void   OS_EventTO (OS_EVENT * pevent) reentrant
{
    if ((pevent ->OSEventTbl[OSTCBCur ->OSTCBY] & =
                ~OSTCBCur ->OSTCBBitX) = = 0) {
        pevent ->OSEventGrp & = ~OSTCBCur ->OSTCBBitY;// 从等待任务列表中删除任务
    }
    OSTCBCur ->OSTCBStat    = OS_STAT_RDY;            // 将任务设置为就绪状态
    OSTCBCur ->OSTCBEventPtr = (OS_EVENT * ) 0; // 从任务控制块中删除事件控制块指针
}
# endif
```

习　　题

（1）什么是事件控制块？什么是等待任务列表？
（2）什么是空闲事件控制链表？
（3）对任务控制块有哪几种操作？其实现函数是什么？
（4）为什么要初始化事件控制块？
（5）使一个任务进入就绪的原理是什么？
（6）使一个任务进入等待某事件发生状态的原理是什么？

第6章

信号量与互斥信号量管理

本章主要描述信号量与互斥信号量的概念、功能、原理及其应用方法。

6.1 信号量管理

6.1.1 概述

信号量是一种通信机制，它可以使任务或中断服务向另一个任务发送一个变量，这个变量就是一个信号，主要用于同步和资源的独占使用等。

使用信号量之前，必须先建立信号量，并且要赋信号量的初始值。一般情况下这个初始值可以是 0，但也可以是非 0。

1. 信号量的类型和组成

信号量有两种类型：一种是只有 0 和 1 两种取值的信号量，称为二值信号量；另一种是可以有多种取值的信号量，称为计数式信号量，取值的大小取决于信号量的数据类型。如果计数式信号量是 8 位整型变量，取值可以是 0～255；如果是 16 位整型变量，取值可以是 0～65 535。

μC/OS-II 的信号量由两个部分组成：

（1）一个是信号量的计数值，取值范围是 0～65 535；

（2）另一个是由等待信号量的任务组成的等待任务列表。

2. 信号量的功能

信号量常用在如下场合：

（1）允许一个任务与其他任务或中断同步；

（2）取得共享资源的使用权；

（3）标志事件的发生。

3. 对信号量的初始计数值赋值方法

对 μC/OS-II 信号量初始值的赋值方法如下：

（1）信号量的初始值为 0～65 535。

（2）如果表示一个或者多个事件的发生，那么初始值应取 0。

（3）如果是用于对共享资源的访问，那么该初始值应取 1（例如，把它当作二值信号量使用）。

（4）如果是用来表示允许任务访问 n 个相同的资源，那么该初始值应该取 n，并把该信号量作为一个可计数的信号量使用。

4. 信号量管理函数

如表 6.1 所示，μC/OS-Ⅱ提供了 6 种信号量管理函数，所属文件是 OS_SEM.C。

表 6.1　信号量管理函数一览表

函　　数	功　　能	调　用　者
OSSemCreate()	建立信号量	任务或者启动代码
OSSemPend()	等待信号量	只能是任务
OSSemPost()	发送信号量	任务或者中断
OSSemAccept()	无等待地请求信号量	任务或者中断
OSSemDel()	删除信号量	任务
OSSemQuery()	查询信号量当前状态	任务或者中断

5. 信号量的配置常量

在使用信号量函数之前，必须将 OS_CFG.H 文件中相应的配置常量设置为 0 或 1，以确定是编译还是裁剪该函数，其配置常量如表 6.2 所示。

表 6.2　信号量函数配置常量一览表

函　　数	配　置　常　量	说　　明
系统配置	OS_SEM_EN	该常量清 0 时，屏蔽所有信号量函数
OSSemCreate()		信号量必然包含这 3 个函数，所以它们没有单独的配置常量
OSSemPend()		
OSSemPost()		
OSSemAccept()	OS_SEM_ACCEPT_EN	该常量清 0 时，屏蔽该函数，置 1 时，允许调用
OSSemDel()	OS_SEM_DEL_EN	该常量清 0 时，屏蔽该函数，置 1 时，允许调用
OSSemQuery()	OS_SEM_QUERY_EN	该常量清 0 时，屏蔽该函数，置 1 时，允许调用

6. 中断、任务与信号量之间的关系

任务、中断服务子程序与信号量之间的关系如图 6.1 所示，其中：用钥匙或者旗帜的符号来表示信号量。

（1）如果信号量用于共享资源的访问，那么信号量就用钥匙符号表示。符号旁边的数字 N 代表可用资源数。对于二值信号量，该值就是 1；

（2）如果信号量用于表示某事件的发生，那么就用旗帜符号表示。数字 N 就代表事件已经发生的次数；

（3）小沙漏表示定义了延时时限。

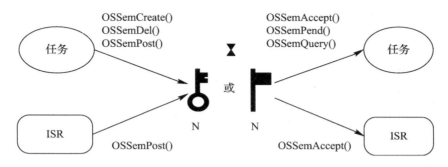

图 6.1 任务、中断服务子程序和信号量之间的关系

7. 应用要点

原则上中断和任务可以共享信号量，但并不推荐这样使用，因为信号量一般用于任务级。如果非这样做不可，则中断服务子程序只能用来发送信号量。

6.1.2 建立信号量——OSSemCreate()函数

1. 函数原型

OS_EVENT * OSSemCreate(INT16U value) reentrant

OSSemCreate()函数用于建立一个信号量，并对信号量赋予初始计数值。这个初始值就是函数的参数 value，可以取 0～65 535 中的任何值，初始值的设置规则如下：

（1）如果信号量用来表示一个或多个事件的发生，那么信号量的初值通常取 0；

（2）如果信号量用于对共享资源的访问，那么信号量的初值应取 1；

（3）如果信号量用来表示允许访问 n 个相同的资源，那么信号量的初值应取 n，并把信号量作为一个可计数的信号量使用。

调用者是任务或者启动代码，没有单独的配置常量。使用任何信号量函数的前提都是需要用此函数建立信号量。

2. 返回值

如果信号量建立成功，OSSemCreate()函数返回指向分配给信号量的事件控制块的指针；如果没有可用的事件控制块，说明信号量建立不成功，OSSemCreate()函数返回空指针。

3. 原理与实现

信号量建立的基本计算原理如图 6.2所示，返回的 ECB 指针就是指向信号量的指针。OSSemCreate()函数实现代码如程序清单 6.1 所示，OSSemCreate()函数返回之前的 ECB 数据结构如图 6.3所示。

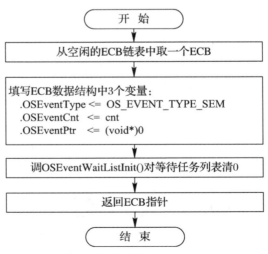

图 6.2 信号量建立计算原理主要流程

程序清单 6.1　OSSemCreate()函数实现代码

```
OS_EVENT  * OSSemCreate (INT16U cnt)   reentrant {
  #if OS_CRITICAL_METHOD ==3
    OS_CPU_SR    cpu_sr;
  #endif
    OS_EVENT  * pevent;                          // 定义一个事件控制块指针
    if(OSIntNesting > 0){                         // 确保中断服务子程序不能调用该函数
        return((OS_EVENT  * )0);                  // 若在中断中调用，则返回空指针
    }
    OS_ENTER_CRITICAL();                          // 关中断
    pevent = OSEventFreeList;                     // 从空闲 ECB 链表中取一个事件控制块
    if (OSEventFreeList != (OS_EVENT  * )0) {     // 确保空闲 ECB 链表中有空余 ECB
        // 取走一个空闲 ECB 后，需要调整指针，将空闲 ECB 链表首指针指向下一个空
        //  闲 ECB
        OSEventFreeList = (OS_EVENT  * )OSEventFreeList ->OSEventPtr；
    }
    OS_EXIT_CRITICAL();                           // 关中断
    if (pevent != (OS_EVENT  * )0) {              // 检查获取的事件控制块是否可用
        pevent ->OSEventType = OS_EVENT_TYPE_SEM;
                                                  // 若可用，则设置事件控制块的类型
        pevent ->OSEventCnt   = cnt;              // 将信号量的初始值存入 ECB 中
        //将.OSEventPtr 指针初始化为指向 NULL，因为它已经不再属于空闲事件控制块
        //  链表
        prevent ->OSEventPtr = (void * )0         // 信号量中不使用这个变量
        OSEventWaitListInit(pevent);              // 对 ECB 的等待任务列表进行初始化
    }
    return (pevent);                              // 返回 ECB 的指针，供其他函数使用
}
```

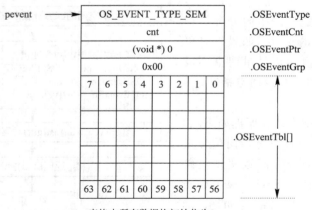

表格中所有数据均初始化为0

图 6.3　OSSemCreate()函数返回之前的 ECB 数据结构

4. 应用范例

OSSemCreate()函数应用范例如程序清单 6.2 所示,必须首先定义一个 OS_EVENT 类型的全局变量,用于保存 OSSemCreate()函数的返回值,以供其他相关函数使用。

程序清单 6.2　OSSemCreate()应用范例

```
OS_EVENT    * AdcSem;                        /* 定义一个指向信号量 ECB 的指针          */

void main(void) {
    OSInit();
      ⋮
    AdcSem = OSSemCreate(1);                 /* 信号量初始值设置为 1                  */
      ⋮
    OSStart();
}
```

6.1.3　删除信号量——OSSemDel()函数

1. 函数原型

OS_EVENT ＊ OSSemDel(OS_EVENT ＊ pevent,INT8U opt,INT8U ＊ err) reentrant

OSSemDel()函数用于删除一个信号量,调用者只能是任务,配置常量是 OS_SEM_ DEL_EN。函数有如下三个参数:

(1) pevent:是指向信号量的指针,其值是调用 OSSemCreate()函数建立信号量时的返回值,指向信号量对应的 ECB。

(2) opt:删除信号量的条件选项,它有两个可供选择的值:

• OS_DEL_NO_PEND,规定只能在已经没有任何任务等待信号量时,才能删除该信号量;

• OS_DEL_ALWAYS,规定不管有没有任务在等待,立即删除这个信号量。删除后,所有等待该信号量的任务立即进入就绪状态。

(3) err:指向错误代码变量的指针,错误代码有如下几种:

• OS_NO_ERR:信号量被成功删除;

• OS_ERR_DEL_ISR:试图在中断服务子程序中删除信号量;

• OS_ERR_INVALID_OPT:参数 opt 不是两种合法参数之一;

• OS_ERR_TASK_WAITING:有任务在等待信号量;

• OS_ERR_PEVENT_TYPE:pevent 不是指向信号量的指针;

• OS_ERR_PEVENT_NULL:无可用的 OS_EVENT 事件控制块。

2. 返回值

如果信号量删除成功,则返回空指针;若信号量没能被删除,则返回 pevent。如果没能删除,应该检查出错代码,以查明原因。

3. 原理与实现

OSSemDel()函数的基本原理:所谓删除信号量其实质就是将信号量所属的 ECB 设置恢复到它在空闲 ECB 链表中的原始状态,并将这个 ECB 还给空闲 ECB 链表。OSSemDel()函数实现代码如程序清单 6.3 所示。

程序清单 6.3 OSSemDel()函数实现代码

```
#if OS_SEM_DEL_EN > 0
OS_EVENT   * OSSemDel (OS_EVENT * pevent, INT8U opt, INT8U * err)   reentrant {
#if OS_CRITICAL_METHOD == 3
    OS_CPU_SR   cpu_sr;
#endif
    BOOLEAN      tasks_waiting;
    if (OSIntNesting > 0) {                    /* 确保中断不能调用该函数              */
        * err = OS_ERR_DEL_ISR;               /* 若在中断中调用,则返回错误代码      */
        return (pevent);                       /* 返回信号量指针                     */
    }
#if OS_ARG_CHK_EN > 0
    if (pevent == (OS_EVENT *)0) {            /* 确保当前指针指向的信号量是有效的    */
        * err = OS_ERR_PEVENT_NULL;           /* 若无效,则返回错误代码和指针        */
        return (pevent);
    }
#endif
    if (pevent ->OSEventType != OS_EVENT_TYPE_SEM) {   /* 确保事件类型是信号量       */
        * err = OS_ERR_EVENT_TYPE;            /* 若不正确,则返回错误代码和指针      */
        return (pevent);
    }
    OS_ENTER_CRITICAL();
    if (pevent ->OSEventGrp != 0x00) {        /* 检查是否有任务在等待信号量         */
        tasks_waiting = TRUE;                 /* 若有,则设置标志变量为"TRUE"       */
    } else {
        tasks_waiting = FALSE;                /* 若没有,则设置标志变量为"FALSE"    */
    }
    switch (opt) {                            /* 根据选项 opt 参数分别处理          */
        case OS_DEL_NO_PEND:                  /* 若选项为"没有任务等待信号量"时才删除 */
            if (tasks_waiting == FALSE) {/* 检查是否确有任务等待信号量          */
                                              /* 如果确实没有,则进行删除处理        */
            /* 将 ECB 设置为"未使用"状态                                          */
            pevent ->OSEventType = OS_EVENT_TYPE_UNUSED;
            /* 因为该 ECB 已经不再使用,所以要将 ECB 还给空闲 ECB 链表             */
            pevent ->OSEventPtr   = OSEventFreeList;
            pevent ->OSEventCnt   = 0;        /* 信号量计数值清 0                  */
            OSEventFreeList       = pevent;   /* 将被删除的 ECB 置于空闲 ECB 链表的最前面 */
            OS_EXIT_CRITICAL();
            * err                 = OS_NO_ERR;
            return ((OS_EVENT *)0);           /* 成功删除信号量,返回空指针         */
        } else
        {                                     /* 若有任务在等待信号量,则不能删除    */
            OS_EXIT_CRITICAL();
```

```
        * err              = OS_ERR_TASK_WAITING；
        return (pevent)；
    }
case OS_DEL_ALWAYS：                        / * 选项为在任何情况下都删除信号量时        * /
    while (pevent ->OSEventGrp != 0x00) {   / * 寻找等待信号量的任务                    * /
        OSEventTaskRdy (pevent，(void * )0，OS_STAT_SEM)；/ * 将等待的任务置于就绪    * /
    }
    OSEventWaitListInit (pevent)；           / * 初始化，清除所有等待列表中的任务        * /
    pevent ->OSEventType = OS_EVENT_TYPE_UNUSED；      / * 设置为"未使用"              * /
    pevent ->OSEventPtr   = OSEventFreeList；/ * 因不再使用，故还给空闲 ECB 链表        * /
    pevent ->OSEventCnt   = 0；
    OSEventFreeList       = pevent；         // 将被删除的 ECB 置于空闲 ECB 链表的最前面
    OS_EXIT_CRITICAL()；
    if (tasks_waiting == TRUE) {            / * 如果确实有任务在等待信号量              * /
        OS_Sched()；                        / * 因为已有任务处于就绪，所以调度一次以便运行 HPT  * /
    }
    * err = OS_NO_ERR；
    return ((OS_EVENT * )0)；                / * 被成功删除，返回空指针                  * /
default：                                    / * 若 opt 不是合法参数                     * /
    OS_EXIT_CRITICAL()；
    * err = OS_ERR_INVALID_OPT；            / * 返回"无效选择"错误代码                  * /
    return (pevent)；
    }
}
#endif
```

4. 应用要点

（1）由于其他函数可能还会用到这个信号量，所以在删除信号量之前，必须首先删除等待该信号量的所有任务。

（2）当挂起的任务进入就绪状态时，中断是关闭的，这就是说中断延迟与等待信号量的任务数量密切有关。

6.1.4　等待信号量——OSSemPend( )函数

1. 函数原型

void OSSemPend(OS_EVENT * pevent，INT16U timeout，INT8U * err)　reentrant

当一个任务需要请求一个信号量时，就需要使用 OSSemPend( )函数。OSSemPend( )函数挂起当前任务直到有其他的任务或中断置位信号量或者信号量超出等待的预期时间。如果在预期的时钟节拍内信号量被置位，μC/OS-Ⅱ 默认最高优先级的任务取得信号量并转入就绪。

一个被 OSTaskSuspend( )函数挂起的任务也可以接受信号量，但这个任务将一直保持挂起状态，直到通过调用 OSTaskResume( )函数恢复任务的运行。

函数的调用者只能是任务，没有单独的配置常量。

OSSemPend()函数有如下 3 个参数：

（1）pevent：是指向信号量的指针，其值是调用 OSSemCreate()函数建立信号量时的返回值，指向该信号量对应的 ECB。

（2）timeout：任务等待信号量的延时时限，单位是时钟节拍，范围是 0～65 535。

• 如果参数取值为 0，则表示任务无限期地等待信号量，直到收到信号量才转入就绪。

• 如果参数取值为 1～65 535 之间的任何值，这个值即为任务等待信号量最长延时。若在指定的延时期限内还没有得到信号量，任务就会转入就绪。

• 这个时间长度存在 1 个时钟节拍的误差，因为超时时钟节拍数量仅在每个时钟节拍发生后才会递减。

（3）err：是指向错误代码变量的指针，错误代码有如下几种：

• OS_NO_ERR：信号量可用；

• OS_TIMEOUT：没有在指定的延时时限内得到信号量；

• OS_ERR_PEND_ISR：从中断调用该函数；

• OS_ERR_EVENT_TYPE：pevent 不是指向信号量的指针；

• OS_ERR_PEVENT_NULL：pevent 是空指针。

当任务调用 OSSemPend()函数时，如果信号量的值大于零，OSSemPend()函数递减该值并返回该值；如果调用时信号量等于零，OSSemPend()函数将任务加入到该信号量的等待任务队列，并挂起任务，直到该任务收到信号量。

2. 返回值

OSSemPend()函数没有返回值。

3. 原理与实现

OSSemPend()函数的基本原理：就是从参数 pevent 指针所指向的 ECB 数据结构中，获取成员变量 .OSEventCnt 的信号量计数器值。若该值大于 0，则得到一个信号量；若该值等于 0，则挂起任务，等待信号量直到 .OSEventCnt = 1。OSSemPend()函数实现代码如程序清单 6.4 所示。

程序清单 6.4　OSSemPend()函数实现代码

```
void   OSSemPend (OS_EVENT * pevent，INT16U timeout，INT8U * err) reentrant {
#if OS_CRITICAL_METHOD == 3
    OS_CPU_SR   cpu_sr;
#endif
    if (OSIntNesting > 0) {              /* 确保中断中不能调用该函数        */
        * err = OS_ERR_PEND_ISR;         /* 若在中断中，则设置错误代码      */
        return;                          /* 程序返回                       */
    }
#if OS_ARG_CHK_EN > 0
    if (pevent == (OS_EVENT *)0) {       /* 确保指针指向的信号量是有效的 */
        * err = OS_ERR_PEVENT_NULL;      /* 若指针无效，则设置错误代码      */
```

```
        return;                                /* 程序返回                        */
    }
# endif
    if (pevent ->OSEventType != OS_EVENT_TYPE_SEM)
    {                                          /* 确保 ECB 类型是信号量            */
        * err = OS_ERR_EVENT_TYPE;             /* 若不正确，则设置错误代码          */
        return;                                /* 程序返回                        */
    }
    OS_ENTER_CRITICAL();
    if (pevent ->OSEventCnt > 0) {             /* 若信号量计数值 > 0，说明有信号量可用
                                                                                  */
        pevent ->OSEventCnt --;          /* 若信号量可用，则计数值递减，调用者得到信号量  */
        OS_EXIT_CRITICAL();
        * err = OS_NO_ERR;
        return;
    }
/* * * * * * * * *    如果信号量的计数值为 0，则需要等待事件的发生   * * * * * * * * */
    OSTCBCur ->OSTCBStat |= OS_STAT_SEM;  /* 设置 ECB 中的状态标志，挂起任务   */
    OSTCBCur ->OSTCBDly   = timeout;          /* 在 TCB 中存储延时时限值          */
    OSEventTaskWait(pevent);                  /* 将任务置于等待任务列表，挂起任务   */
    OS_EXIT_CRITICAL();
    OS_Sched();                               /* 当前任务已挂起，运行其他任务      */
/* * * * *    程序在两种情况下再次返回：(1) 延时期满；(2) 得到一个信号量   * * * * * */
    OS_ENTER_CRITICAL();
    if (OSTCBCur ->OSTCBStat & OS_STAT_SEM) {
                                              /* 检查延时时限是否到期            */
        OSEventTO (pevent);        /* 若任务确实因延时期满而返回，则将任务置于就绪   */
        OS_EXIT_CRITICAL();
        * err = OS_TIMEOUT;        /* 返回错误代码，表明任务是因延时期满而就绪的     */
        return;
    }
/* * * * * * * * *    若不是延时期满而返回的，就一定是得到了信号量   * * * * * * * * */
    OSTCBCur ->OSTCBEventPtr = (OS_EVENT * )0;
                                   /* 将指向信号量 ECB 的指针从该 TCB 中删除 */
    OS_EXIT_CRITICAL();
    * err = OS_NO_ERR;
}
```

4. 应用范例

OSSemPend()函数应用范例如程序清单 6.5 所示，必须在建立信号量前定义一个

OS_EVENT类型的全局变量，用于指向信号量 ECB。

程序清单 6.5　OSSemPend()应用范例

```
OS_EVENT  * AdcSem;                    /* 定义一个指向信号量 ECB 的指针              */
void  Task(void * ppdata)  reentrant {
    INT8U  err;
    ppdata = ppdata;
    for(; ; ) {
        ⋮
        OSSemPend(AdcSem, 0, &err);    /* 无限期等待信号量，只有得到信号量任务才能执行 */
        ⋮
    }
}
```

6.1.5　发送信号量——OSSemPost()函数

1. 函数原型

INT8U OSSemPost(OS_EVENT * pevent) reentrant

OSSemPost()函数用于置位指定的信号量，或者说用于发送信号量。如果没有任务在等待信号量，OSSemPost()函数使该信号量计数器的值加 1 并返回。如果有任务在等待信号量，最高优先级的任务将得到信号量并进入就绪状态。任务调度函数将进行任务调度，决定当前运行的任务是否仍然为最高优先级的任务。从中断调用，不发生任务切换，这是因为必须等到中断嵌套的最外层的 ISR 调用 OSIntExit()函数后，任务切换才会发生。函数的调用者可以是任务，也可以是中断，没有单独的配置常量。

OSSemPost()函数只有一个参数：pevent，是指向信号量的指针，其值是调用 OSSem-Create()函数建立信号量时的返回值，指向该信号量对应的 ECB。

2. 返回值

OSSemPost()函数的返回值有如下几种：

(1) OS_NO_ERR：信号量成功置位，或者说成功发送；

(2) OS_SEM_OVF：信号量的值溢出；

(3) OS_ERR_EVENT_TYPE：pevent 不是指向信号量的指针；

(4) OS_ERR_PEVENT_NULL：pevent 是空指针。

3. 原理与实现

OSSemPost()函数的基本原理：从参数 pevent 指针所指向的等待任务列表中查询是否有任务正在等待信号量。若有，则将优先级最高的任务置于就绪，并重新调度任务；若无，则将信号量计数器的值加 1。OSSemPost()函数实现代码如程序清单 6.6 所示。

程序清单 6.6　OSSemPost()函数实现代码

```
INT8U   OSSemPost (OS_EVENT * pevent) reentrant {
#if OS_CRITICAL_METHOD == 3
    OS_CPU_SR   cpu_sr;
#endif
```

```
#if OS_ARG_CHK_EN > 0
    if (pevent == (OS_EVENT *)0) {          /* 确保指针指向的 ECB 是有效的          */
        return (OS_ERR_PEVENT_NULL);         /* 若指针无效,则返回错误码              */
    }
#endif
    if (pevent ->OSEventType != OS_EVENT_TYPE_SEM) {
                                             /* 确保 ECB 类型是信号量                */
        return (OS_ERR_EVENT_TYPE);          /* 若不是信号量,则返回错误码            */
    }.
    OS_ENTER_CRITICAL();
    if (pevent ->OSEventGrp !=0x00) {         /* 检查是否有任务在等待信号量           */
        /* 若有任务在等待信号量,则将等待任务列表中的 HPT 置于就绪 */
        OS_EventTaskRdy(pevent, (void *)0, OS_STAT_SEM);
        OS_EXIT_CRITICAL();
        OS_Sched();                          /* 因有新任务就绪,故需要重新调度        */
        return (OS_NO_ERR);
    }
    /* * * * * * * 如果没有任务在等待信号量 * * * * * * * * */
    if (pevent ->OSEventCnt < 65 535) {       /* 确保信号量的值不会溢出              */
        pevent ->OSEventCnt++;               /* 若无溢出,信号量计数器的值加 1        */
        OS_EXIT_CRITICAL();
        return (OS_NO_ERR);
    }
    OS_EXIT_CRITICAL();                      /* 若信号量的值已经溢出        */
    return (OS_SEM_OVF);                     /* 返回错误码                          */
}
```

4. 应用范例

OSSemPost()函数应用范例如程序清单 6.7 所示。

程序清单 6.7 OSSemPost()应用范例

```
OS_EVENT  *AdcSem;                           /* 定义一个指向信号量的 ECB 指针        */
void  Task(void *ppdata)  reentrant {
    INT8U  err;
    ppdata = ppdata;
    for (; ; ) {
        :
        err = OSSemPost(AdcSem);             /* 发送信号量                          */
        :
    }
}
```

6.1.6 无等待地获取信号量——OSSemAccept()函数

1. 函数原型

INT16U ＊ OSSemAccept(OS_EVENT ＊ pevent) reentrant

OSSemAccept()函数用于查看资源是否可以使用或事件是否发生。与 OSSemPend()函数不同，如果事件没有发生，或者资源不可使用，OSSemAccept()函数不挂起任务。

函数的调用者可以是任务，也可以是中断，由于中断服务子程序不能等待，所以该函数常用于中断调用。配置常量是 OS_SEM_ACCEPT_EN。

函数只有一个参数：pevent 指向需要查询的信号量的指针，其值是调用OSSemCreate()函数建立信号量时的返回值。

2. 返回值

当调用 OSSemAccept()函数时，如果得到的信号量的值大于 0，说明共享资源可以使用，这个值被返回调用者并减 1；如果信号量的值等于 0，说明共享资源不能使用，返回 0。

3. 原理与实现

OSSemAccept()函数的基本原理：通过直接查询参数 pevent 所指向的 ECB 中的成员变量.OSEventCnt 的值来实现信号量的查询。OSSemAccept()函数实现代码如程序清单 6.8 所示。

程序清单 6.8　OSSemAccept()函数实现代码

```
if OS_SEM_ACCEPT_EN > 0
INT16U  OSSemAccept (OS_EVENT * pevent) reentrant {
#if OS_CRITICAL_METHOD == 3
    OS_CPU_SR   cpu_sr;
#endif
    INT16U      cnt;
#if OS_ARG_CHK_EN > 0
    if (pevent == (OS_EVENT *)0) {        /* 确保事件控制块指针有效      */
        return (0);                       /* 若无效，则返回             */
    }
#endif
    if (pevent ->OSEventType != OS_EVENT_TYPE_SEM) {
                                          /* 确保 ECB 类型是信号量      */
        return (0);                       /* 若不正确，则返回           */
    }
    OS_ENTER_CRITICAL();                  /* 因需要处理全局变量，故关中断 */
    cnt = pevent ->OSEventCnt;            /* 读取信号量的值             */
    if (cnt > 0) {                        /* 检查信号量是否有效          */
        pevent ->OSEventCnt --;           /* 若有效，则递减信号量的值     */
    }
    OS_EXIT_CRITICAL();                   /* 开中断                    */
    return (cnt);                         /* 返回信号量的值             */
}
#endif
```

4. 应用范例

OSSemAccept()函数应用范例如程序清单 6.9 所示。

程序清单 6.9　OSSemAccept()函数应用范例

```
OS_EVENT * AdcSem;                              /* 定义一个信号量 ECB 指针                */
void Task (void * ppdata)  reentrant {
      INT16U value；
      ppdata = ppdata；
      for (；；) {
            value = OSSemAccept(AdcSem)；        /* 查看共享资源是否可用或事件是否发生  */
            if (value > 0) {
            ⋮                                   /* 运行处理代码                          */
            }
            ⋮
      }
}
```

6.1.7　查询信号量的当前状态——OSSemQuery()函数

1. 函数原型

INT8U OSSemQuery(OS_EVENT * pevent，OS_SEM_DATA * ppdata) reentrant

OSSemQuery()函数用于查询指定信号量的信息。使用之前，应用程序首先要建立一个 OS_SEM_DATA 类型的数据结构，用来保存从信号量的事件控制块中取得的数据。函数的调用者可以是任务，也可以是中断，配置常量是 OS_SEM_QUERY_EN。

利用 OSSemQuery()函数可以获取信号量当前计数值(.OSCnt)、.OSEventTbl[]和 .OSEventGrp，但不能获取 .OSEventType 和 .OSEventPtr。

OSSemQuery()函数有如下 2 个参数：

(1) pevent：指向信号量的指针，其值是调用 OSSemCreate()函数建立信号量时的返回值，指向该信号量对应的 ECB。

(2) ppdata：指向数据结构 OS_SEM_DATA 的指针，它包含下述成员：

• INT16U　OSCnt：当前信号量的计数值；

• INT8U　OSEventTbl[]：信号量等待任务列表；

• INT8U　OSEventGrp：等待任务所在的组。

2. 返回值

OSSemQuery()函数的返回值有如下几种：

(1) OS_NO_ERR：调用成功；

(2) OS_ERR_EVENT_TYPE：pevent 不是指向信号量的指针；

(3) OS_ERR_PEVENT_NULL：pevent 是空指针。

3. 原理与实现

OSSemQuery()函数的基本原理：将参数 pevent 所指向的 ECB 数据结构中的三个成员变量 .OSEventCnt、.OSEventTbl 和 .OSEventGrp 复制给数据结构 OS_SEM_DATA 参数中的三个成员变量，以实现信号量当前状态的查询。OSSemQuery()函数实现代码如程序清单 6.10 所示，在复制等待任务列表中的信息时，为了加快程序的运行速度，在函数中

• 145 •

使用了条件编译而不是循环语句。

程序清单6.10　OSSemQuery()函数实现代码

```
#if OS_SEM_QUERY_EN > 0
INT8U   OSSemQuery (OS_EVENT * pevent, OS_SEM_DATA * ppdata) reentrant {
#if OS_CRITICAL_METHOD == 3
    OS_CPU_SR   cpu_sr;
#endif
    INT8U       * psrc;
    INT8U       * pdest;
#if OS_ARG_CHK_EN > 0
    if (pevent == (OS_EVENT *)0) {                      // 确保事件控制块可用
        return (OS_ERR_PEVENT_NULL);
    }
#endif
    if (pevent ->OSEventType != OS_EVENT_TYPE_SEM) {
                                                        // 确保 ECB 类型正确
        return (OS_ERR_EVENT_TYPE);
    }
    OS_ENTER_CRITICAL();
    ppdata ->OSEventGrp = pevent ->OSEventGrp;          // 复制等待列表中的组
    psrc            = &pevent ->OSEventTbl[0];          // 指向 ECB 数据结构
    pdest           = &ppdata ->OSEventTbl[0];          // 指向 OS_SEM_DATA 数据结构
/* * * * OS_EVENT_TBL_SIZE = (OS_LOWEST_PRIO) / 8 + 1 * * * */
#if OS_EVENT_TBL_SIZE > 0                               // 如果等待任务列表至少有1组
    * pdest++           = * psrc++;                     // 复制等待任务列表第1组数据
#endif
#if OS_EVENT_TBL_SIZE > 1                               // 如果等待任务列表至少有2组
    * pdest++           = * psrc++;                     // 复制等待任务列表第2组数据
#endif
#if OS_EVENT_TBL_SIZE > 2                               // 如果等待任务列表至少有3组
    * pdest++           = * psrc++;                     // 复制等待任务列表第3组数据
#endif
#if OS_EVENT_TBL_SIZE > 3                               // 如果等待任务列表至少有4组
    * pdest++           = * psrc++;                     // 复制等待任务列表第4组数据
#endif
#if OS_EVENT_TBL_SIZE > 4                               // 如果等待任务列表至少有5组
    * pdest++           = * psrc++;                     // 复制等待任务列表第5组数据
#endif
#if OS_EVENT_TBL_SIZE > 5                               // 如果等待任务列表至少有6组
    * pdest++           = * psrc++;                     // 复制等待任务列表第6组数据
#endif
#if OS_EVENT_TBL_SIZE > 6                               // 如果等待任务列表至少有7组
    * pdest++           = * psrc++;                     // 复制等待任务列表第7组数据
#endif
```

```
#if OS_EVENT_TBL_SIZE > 7                            // 如果等待任务列表至少有 8 组
    * pdest              = * psrc；                    // 复制等待任务列表第 8 组数据
#endif
    ppdata ->OSCnt       = pevent ->OSEventCnt；       // 获取信号量计数值
    OS_EXIT_CRITICAL()；
    return (OS_NO_ERR)；
}
#endif
```

4. 应用范例

OSSemQuery()函数的应用范例如程序清单 6.11 所示。

程序清单 6.11　OSSemQuery()函数应用范例

```
OS_EVENT * AdcSem；                          /* 定义一个信号量的 ECB 指针               */

void Task (void * ppdata)   reentrant {
    OS_SEM_DATA   sem_data；
    INT8U         err；
    INT8U         cnt；
    INT8U         x；
    INT8U         y；
    INT8U         hp；
    ppdata = ppdata；
    for (；；) {
        ⋮
        err = OSSemQuery(AdcSem，&sem _data)；
        if (err = = OS_NO_ERR) {
          cnt = sem_data.OSCnt；                /*   求信号量的计数值                    */
          if (sem_data.OSEventGrp != 0x00) {
              y= OSUnMapTbl[sem_data.OSEventGrp]；
              x= OSUnMapTbl[sem_data.OSEventTbl[y]]；
              hp = ( y<<3 ) + x；               /* 等待信号量的最高优先级任务            */
          }
        }
        ⋮
    }
}
```

6.2　互斥信号量管理

6.2.1　概述

互斥信号量(Mutual Exclusion Semaphores)用于实现对共享资源的独占处理。μC/OS -Ⅱ 的互斥信号量可用 mutex 来表示，它也是一个二值信号量，不同于普通二值信号量的是利用互斥信号量可以降解优先级反转问题。

当高优先级任务需要使用某个共享资源时，而恰巧该共享资源又被一个低优先级任务所占用，这时优先级反转问题就会发生。为了降解优先级反转，内核就必须支持优先级继承，将低优先级任务的优先级提升到高于高优先级任务的优先级，直到低优先级任务处理完毕共享资源。

为了使互斥信号量得以实现，内核就必须支持多任务相同优先级，但 μC/OS－Ⅱ并不具备这一能力。那么，如何解决这一问题呢？μC/OS－Ⅱ的解决方法是将占用共享资源的低优先级任务的优先级提升到略高于等待共享资源的高优先级任务的优先级，这个略高于高优先级任务的优先级，μC/OS－Ⅱ称为"优先级继承优先级"（Priority Inheritance Priority，PIP）。

1. 互斥信号量的组成

μC/OS－Ⅱ的互斥信号量由 3 个元素组成：1 个标志，指示 mutex 是否可用（0 或 1）；1 个优先级继承优先级 PIP，一旦有高优先级任务需要 mutex，内核就会将 PIP 赋给占用 mutex 的任务；1 个 mutex 等待任务列表。

2. 互斥信号量管理函数

如表 6.3 所示，μC/OS－Ⅱ提供了 6 种互斥信号量管理函数，函数所属文件是OS_MUTEX.C。

表 6.3　互斥信号量管理函数一览表

函　数	功　能	调　用　者
OSMutexCreate()	建立互斥信号量	任务或者启动代码
OSMutexPend()	等待互斥信号量	只能是任务
OSMutexPost()	释放互斥信号量	任务
OSMutexAccept()	无等待地获取互斥信号量	任务
OSMutexDel()	删除互斥信号量	任务
OSMutexQuery()	查询互斥信号量当前状态	任务

3. 互斥信号量的配置常量

在使用互斥信号量函数之前，必须将 OS_CFG.H 文件中相应的配置常量设置为 0 或 1，以确定是编译还是裁减该函数，其配置常量如表 6.4 所示。

表 6.4　互斥信号量函数配置常量一览表

函　数	配置常量	说　明
系统配置	OS_MUTEX_EN	该常量清 0 时，屏蔽所有互斥信号量服务
OSMutexCreate()		互斥信号量必然包含这 3 个函数，所以它们没有单独的配置常量
OSMutexPend()		
OSMutexPost()		
OSMutexAccept()	OS_MUTEX_ ACCEPT_EN	该常量清 0 时，屏蔽该函数，置 1 时，允许调用
OSMutexDel()	OS_ MUTEX _DEL_EN	该常量清 0 时，屏蔽该函数，置 1 时，允许调用
OSMutexQuery()	OS_ MUTEX _QUERY_EN	该常量清 0 时，屏蔽该函数，置 1 时，允许调用

4. 互斥信号量与任务之间的关系

互斥信号量与任务之间的关系如图 6.4 所示，互斥信号量只能提供给任务使用，因为互斥信号量是用来处理共享资源的，所以图 6.4 中用一个钥匙来表示 mutex。

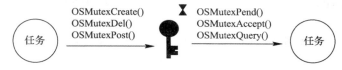

图 6.4 互斥信号量与任务的关系

6.2.2 建立互斥信号量——OSMutexCreate( )函数

1. 函数原型

      OS_EVENT * OSMutexCreate(INT8U prio，INT8U * err) reentrant

OSMutexCreate()用于互斥信号量 mutex 的建立和初始化，在与共享资源打交道时，使用 mutex 可以满足互斥条件。要使用该函数，必须将 OS_CFG.H 文件中的 OS_MUTEX_EN 配置常量设置为 1，调用者可以是任务或者启动代码。函数有两个参数：

（1）prio：优先级继承优先级，如果有高优先级任务试图得到某个 mutex，而这个 mutex 正被低优先级任务所占用，于是低优先级任务可以提升自身的优先级到 PIP，直到使用完毕。

（2）err：指向错误代码变量的指针，错误代码有如下几种：

- OS_NO_ERR：调用成功，mutex 已经建立；
- OS_ERR_CREATE_ISR：试图在中断服务子程序中调用；
- OS_PRIO_EXIST：PIP 优先级任务已经存在；
- OS_ERR_PEVENT_NULL：无可用的事件控制块；
- OS_PRIO_INVALID：优先级值大于 OS_LOWEST_PRIO，无效。

2. 返回值

如果 mutex 建立成功，返回一个指向分配给 mutex 事件控制块的指针；如果得不到事件控制块，说明 mutex 建立不成功，返回一个空指针。

3. 原理与实现

OSMutexCreate()函数的基本原理：从空闲 ECB 链表中提取一个 ECB，并填写这个 ECB，置事件类型变量 .OSEventType 为 OS_EVENT_TYPE_MUTEX；用 .OSEventCnt 的高 8 位保存 PIP，置低 8 位为 0xFF；清空 .OSEventPtr 变量和等待任务列表，最后返回 ECB 指针，以供其他互斥信号量函数使用。值得注意的是：互斥信号量的事件计数器 .OSEventCt 与信号量不同，其高 8 位保存 PIP，低 8 位在没有任务占用时为 0xFF；有任务占用时，其值是占用任务的优先级。这样做的目的是为了减少数据量，避免 OS_EVENT 数据结构的额外开销。

OSMutexCreate()函数实现代码如程序清单 6.12 所示，OSMutexCreate()返回之前的 ECB 数据结构如图 6.5 所示。

程序清单 6.12 OSMutexCreate()函数实现代码

```
OS_EVENT  * OSMutexCreate (INT8U prio，INT8U * err) reentrant  {
#if OS_CRITICAL_METHOD == 3
```

```
      OS_CPU_SR    cpu_sr;
# endif
      OS_EVENT   * pevent;
      if (OSIntNesting > 0) {                    /* 检查是否在中断中调用              */
          * err = OS_ERR_CREATE_ISR;             /* 若是，则设置错误代码              */
          return ((OS_EVENT * )0);               /* 中断不能调用，返回空指针           */
      }
# if OS_ARG_CHK_EN > 0
      if (prio >= OS_LOWEST_PRIO) {              /* 检查 PIP 是否有效                 */
          * err = OS_PRIO_INVALID;               /* 若无效，则设置错误代码             */
          return ((OS_EVENT * )0);               /* 返回空指针                       */
      }
# endif
      OS_ENTER_CRITICAL();
      if (OSTCBPrioTbl[prio] != (OS_TCB * )0) {  /* 检查 PIP 是否已经被占用            */
          OS_EXIT_CRITICAL();                    /* 若已经被占用，关中断              * ? */
          * err = OS_PRIO_EXIST;                 /* 设置错误代码                     */
          return ((OS_EVENT * )0);               /* 返回空指针                       */
      }


                        / * * * *       如果 PIP 可用   * * * * /
      OSTCBPrioTbl[prio] = (OS_TCB * )1;         /* 保留 PIP 对应的优先级列表          */
      pevent      = OSEventFreeList;             /* 取得一个空闲事件控制块             */
      if (pevent == (OS_EVENT * )0) {            /* 检查是否有空闲的 ECB 可用          */
          OSTCBPrioTbl[prio] = (OS_TCB * )0;     /* 若没有可用的 ECB，则释放优先级列表   */
          OS_EXIT_CRITICAL();
          * err   = OS_ERR_PEVENT_NULL;          /* 设置错误代码                     */
          return (pevent);                       /* 建立不成功，返回空指针             */
      }


                        / * * * *       若空闲 ECB 可用    * * * * /
      OSEventFreeList   = (OS_EVENT * )OSEventFreeList ->OSEventPtr;
                                                 /* 调整空闲 ECB 链表指针 * /
      OS_EXIT_CRITICAL();
      pevent ->OSEventType = OS_EVENT_TYPE_MUTEX;   /* 设置 ECB 事件类型 * /
      / * * * * 保存 PIP 于 .OSEventCnt 变量的高 8 位中，并将 mutex 设置为有效 * * * * /
      / * * * * OS_MUTEX_AVAILABLE   =   0x00FF * * * * /
      pevent ->OSEventCnt    = ((INT16U)prio << 8) | OS_MUTEX_AVAILABLE;
      pevent ->OSEventPtr  = (void * )0;         /* 该变量在初始化时不链接            */
      OS_EventWaitListInit(pevent);              /* 初始化等待任务列表，所有表格清 0    */
      * err      = OS_NO_ERR;
      return (pevent);                           /* 返回指向 ECB 的指针              */
}
```

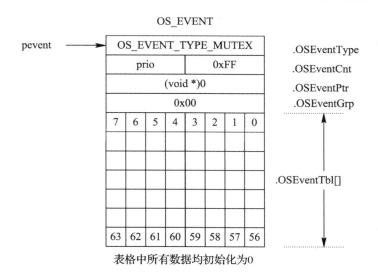

图 6.5　OSMutexCreate()函数返回前的 ECB 数据结构

6.2.3　删除互斥信号量——OSMutexDel()函数

1. 函数原型

OS_EVENT ＊OSMutexDel（OS_EVENT ＊pevent，INT8U opt，INT8U ＊err）reentrant

OSMutexDel()函数用于删除一个 mutex。使用这个函数需要特别小心，删除一个 mutex 之前，必须删除可能用到该 mutex 的所有任务，因为其他任务可能还会试图使用这个被删除了的 mutex。要使用这个函数必须将 OS_CFG.H 文件中的配置常量OS_MUTEX_DEL_EN 和 OS_MUTEX_EN 设置为 1，只能在任务中调用。函数有三个参数：

（1）pevent：指向 mutex 的指针，其值是调用 OSMutexCreate()函数建立 mutex 时的返回值。

（2）opt：删除 mutex 的条件选项，它有两个可供选择的值：

- OS_DEL_NO_PEND：仅在没有任何任务等待 mutex 时才删除；
- OS_DEL_ALWAYS：无论有无任务在等待 mutex 都立即删除。

（3）err：指向错误代码变量的指针，错误代码有如下几种：

- OS_NO_ERR：　　　　　　调用成功，mutex 已经被删除；
- OS_ERR_DEL_ISR：　　　　试图在 ISR 中删除 mutex；
- OS_ERR_INVALID_OPT：　 opt 是无效的参数；
- OS_ERR_TASK_WAITING：以 OS_DEL_NO_PEND 方式删除时，有任务在等待 mutex；
- OS_ERR_EVENT_TYPE：pevent 不是指向 mutex 的指针；
- OS_ERR_PEVENT_NULL：无可用的 OS_EVENT 数据结构。

2. 返回值

如果 mutex 删除成功，则返回空指针；如果删除失败，则返回 pevent。在这种情况下，程序应该检查错误代码，以确定出错原因。

3. 原理与实现

OSMutexDel()函数的基本原理：将 pevent 指针所指向的 ECB 数据结构中的内容清空，并将这个 ECB 重新还给空闲 ECB 链表。OSMutexDel()函数实现代码如程序清单6.13所示。

程序清单 6.13 OSMutexDel()函数实现代码

```
#if OS_MUTEX_DEL_EN
OS_EVENT   * OSMutexDel (OS_EVENT  * pevent，INT8U opt，INT8U * err) reentrant {
#if OS_CRITICAL_METHOD == 3
    OS_CPU_SR   cpu_sr；
#endif
    BOOLEAN   tasks_waiting；
    INT8U      pip；
    if (OSIntNesting > 0)
    {                                    /*   确保中断不能调用                    */
        * err = OS_ERR_DEL_ISR；         /*   若在中断内调用，则设置错误代码     */
        return (pevent)；                /*   返回指针                           */
    }
#if OS_ARG_CHK_EN > 0
    if (pevent == (OS_EVENT * )0) {      /*   确保 ECB 指针有效                  */
        * err = OS_ERR_PEVENT_NULL；     /*   若无效，则设置错误代码             */
        return ((OS_EVENT * )0)；        /* 返回空指针                          */
    }
#endif
    if (pevent ->OSEventType！=OS_EVENT_TYPE_MUTEX) {
                                         /*   确保 ECB 类型是互斥信号量          */
        * err = OS_ERR_EVENT_TYPE；      /*   若不正确，则设置错误代码           */
        return (pevent)；                /*   返回指针                           */
    }
    OS_ENTER_CRITICAL()；
    if (pevent ->OSEventGrp！=0x00) {    /*   检查是否有任务在等待 mutex         */
        tasks_waiting = TRUE；           /*   若有，则将标志变量设置为 TRUE       */
    } else
    {
        tasks_waiting = FALSE；          /*   若无，则将标志变量设置成 FALSE      */
    }
    switch (opt) {                       /*   根据选项 opt 参数分别处理           */
        case OS_DEL_NO_PEND：            /*   仅在无任务等待 mutex 时才删除       */
            if (tasks_waiting == FALSE) { /*   没有任务等待 mutex                */
                pip     = (INT8U)(pevent ->OSEventCnt >> 8)；  /*   获取 PIP      */
                OSTCBPrioTbl[pip]  = (OS_TCB * )0；      /*   因不再使用而释放 PIP */
                pevent ->OSEventType = OS_EVENT_TYPE_UNUSED；
                pevent ->OSEventPtr  = OSEventFreeList；      /*   调整链表指针      */
```

```
            pevent ->OSEventCnt     = 0;                        /* 不再使用该变量        */
            OSEventFreeList         = pevent;        /* 将被删除的 ECB 还给空闲链表      */
            OS_EXIT_CRITICAL();
             * err                   = OS_NO_ERR;
            return ((OS_EVENT * )0);                      /* 删除成功,返回空指针      */
        } else {                                         /* 若有任务在等待 mutex      */
            OS_EXIT_CRITICAL();
             * err                   = OS_ERR_TASK_WAITING;
                                                         /* 设置错误代码            */
            return (pevent);                       /* 未成功删除,返回 mutex 指针      */
        }
    case OS_DEL_ALWAYS:                          /* 无论有无任务在等待 mutex 都删除    */
        while (pevent ->OSEventGrp! =0x00)
        {                                        /* 将所有等待任务置于就绪          */
            OS_EventTaskRdy(pevent,(void * )0, OS_STAT_MUTEX);
        }
        pip            = (INT8U)(pevent ->OSEventCnt >> 8);       /* 获取 PIP        */
        OSTCBPrioTbl[pip]    = (OS_TCB * )0;             /* 因不再使用而释放 PIP       */
        pevent ->OSEventType = OS_EVENT_TYPE_UNUSED;
        pevent ->OSEventPtr   = OSEventFreeList;                /* 调整空闲链表指针        */
        pevent ->OSEventCnt   = 0;                        /* 不再使用该变量         */
        OSEventFreeList       = pevent;         /* 将被删除的 ECB 还给空闲链表       */
        OS_EXIT_CRITICAL();
        if (tasks_waiting ==TRUE)
        {                                        /* 检查是否有任务在等待 mutex      */
            OS_Sched();                                  /* 若有,则需重新调度        */
        }
         * err = OS_NO_ERR;
        return ((OS_EVENT * )0);                 /* 成功删除,则返回空指针          */
    default:        /* 如果 opt 不是规定的两种之一,则返回相应的错误代码及指针       */
        OS_EXIT_CRITICAL();
         * err = OS_ERR_INVALID_OPT;
        return (pevent);
    }
}
#endif
```

4. 应用范例

OSMutexDel()函数应用范例如程序清单 6.14 所示,调用前必须定义一个 OS_
EVENT 类型的全局变量,并建立互斥信号量。

程序清单 6.14　OSMutexDel()函数应用范例

```
OS_EVENT    * AdcMutex;        /* 定义一个指向互斥信号量 ECB 的指针   */
```

```
void Task(void * ppdata)    reentrant {
    INT8U err;
    ppdata = ppdata;
    for(; ; )
    {
            ⋮
        AdcMutex=OSMutexDel (AdcMutex, OS_DEL_NO_PEND, &err);
            ⋮
    }
}
```

6.2.4　等待互斥信号量——OSMutexPend()函数

1. 函数原型

void OSMutexPend(OS_EVENT ＊ pevent，INT16U timeout，INT8U ＊ err) reentrant

OSMutexPend()函数用于等待一个互斥信号量，当需要独占共享资源时，就要使用这个函数。如果 mutex 为其他任务所占用，那么它的调用者将加入到这个 mutex 的等待任务列表并挂起，直到得到 mutex 或者延时期满。如果在延时期内得到 mutex，则等待这个mutex 的最高优先级任务进入就绪状态。函数没有单独的配置常量，只能在任务中调用。函数的 3 个参数是：

（1）pevent：指向 mutex 的指针，其值是调用 OSMutexCreate()函数建立 mutex 时的返回值。

（2）timeout：任务等待 mutex 的延时时限，单位是时钟节拍，范围是 0～65 535。

· 如果参数取值为 0，则表示任务无限期地等待 mutex，直到收到 mutex 才转入就绪；

· 如果参数取值为 1～65 535 之间的任何值，这个值即为任务等待 mutex 最长延时。若在指定的延时期限内还没有得到 mutex，任务就会转入就绪；

· 这个时间长度存在 1 个时钟节拍的误差，因为延时时钟节拍数量仅在每个时钟节拍发生后才会递减。

（3）err：指向错误代码变量的指针，错误代码有如下几种：

· OS_NO_ERR：调用成功，获得了一个 mutex；

· OS_TIMEOUT：等待超时，在限定的延时期内没有得到 mutex；

· OS_ERR_EVENT_TYPE：传递的指针类型错误，不是 mutex 指针；

· OS_ERR_PEVENT_NULL：传递的是空指针；

· OS_ERR_PEND_ISR：试图在中断中调用。

2. 返回值

函数没有返回值。

3. 原理与实现

OSMutexPend ()函数基本原理：从 pevent 指向的 ECB 中访问 .OSEventCnt 变量，计算出 mutex 是否可用。如果可用，则占用这个 mutex，并将优先级保存在 .OSEventCnt 变量的低 8 位中。任务继续保存 CPU 的使用权，获得使用共享资源的权力；如果 mutex 被占用，在 mutex 占用者优先级不是 PIP，且当前任务优先级高于占用者优先级的情况下，还需要提升占用者优先级至 PIP。不管是否提升优先级，都挂起当前任务，直到得到等待 mutex 或延时期满。

OSMutexPend（）函数实现代码如程序清单 6.15 所示。

程序清单 6.15　OSMutexPend（）函数实现代码

```
void   OSMutexPend (OS_EVENT * pevent, INT16U timeout, INT8U * err) reentrant {
# if OS_CRITICAL_METHOD==3
    OS_CPU_SR   cpu_sr;
# endif
    INT8U       pip;                /*    优先级继承优先级                */
    INT8U       mprio;              /*    mutex 占用者的优先级            */
    BOOLEAN     rdy;                /*    任务就绪标志                    */
    OS_TCB      * ptcb;             /*    TCB 指针                        */
    OS_EVENT    * pevent2;          /*    ECB 指针                        */
    if (OSIntNesting > 0) {         /*  确保中断不能调用                  */
        * err = OS_ERR_PEND_ISR;    /*  若在中断中调用, 则设置错误代码    */
        return;                     /*    返回                            */
    }
# if OS_ARG_CHK_EN > 0
    if (pevent==(OS_EVENT * )0) {   /* 确保 mutex 指针有效               */
        * err = OS_ERR_PEVENT_NULL; /* 若无效, 则设置错误代码            */
        return;                     /*    返回                            */
    }
# endif
    if (pevent ->OSEventType!=OS_EVENT_TYPE_MUTEX)
    {                               /* 确保 ECB 类型正确                  */
        * err = OS_ERR_EVENT_TYPE;  /* 若不正确, 则设置错误代码          */
        return;                     /* 若不正确, 则返回                   */
    }
/* * * * * * * * * * * * * * * * * * * * * * * * * * * * * * * * * * * * */
    OS_ENTER_CRITICAL();
    /* * * * * * * * * 检查是否有可用的 mutex * * * * * * * * * */
    if ((INT8U)(pevent ->OSEventCnt & OS_MUTEX_KEEP_LOWER_8) == OS_MUTEX_
AVAILABLE)
    {       /* * * OS_MUTEX_AVAILABLE   =   0x00FF; * * */
            /* * * OS_MUTEX_KEEP_LOWER_8 =   0x00FF * * *//
            /* * * OS_MUTEX_KEEP_UPPER_8   =0xFF00 * * */
        pevent ->OSEventCnt &= OS_MUTEX_KEEP_UPPER_8;/* 若 mutex 可用, 则占用
                                                            mutex           */
        pevent ->OSEventCnt |= OSTCBCur ->OSTCBPrio; /* 保存调用者的优先级   */
        pevent ->OSEventPtr  = (void * )OSTCBCur;    /* 将指针指向调用者的 TCB */
        OS_EXIT_CRITICAL();
```

```
      * err   = OS_NO_ERR;
      return;          /* 获得 mutex,返回后调用者继续执行,可以使用共享资源了        */
}
/* * * * * 如果没有可用的 mutex,表明 mutex 一定被占用,则进行如下处理 * * * * */
pip = (INT8U)(pevent ->OSEventCnt >> 8);     /*    获取 PIP                    */
/* * *
mprio = (INT8U)(pevent ->OSEventCnt & OS_MUTEX_KEEP_LOWER_8);
                                             //取 mutex 占用者优先级
ptcb  = (OS_TCB *)(pevent ->OSEventPtr);     /*  将指针指向 mutex 占用者的 TCB */
if (ptcb ->OSTCBPrio!= pip && mprio > OSTCBCur ->OSTCBPrio) {
                                             //检查是否需提升占用者优先级
    /* 若需要提升,则检查占用者是否处于就绪状态 */
    if ((OSRdyTbl[ptcb ->OSTCBY] & ptcb ->OSTCBBitX)!= 0x00) {
        /* 如果就绪,那么使占用者需脱离就绪,因为该优先级即将变为 PIP       */
        if ((OSRdyTbl[ptcb ->OSTCBY] &= ~ptcb ->OSTCBBitX) == 0x00) {
            OSRdyGrp &= ~ptcb ->OSTCBBitY;           /* 脱离就绪,移出就绪表 */
        }
        rdy = TRUE;                          /* 设置占用者"就绪"状态标志      */
    } else {
        /* 如果占用者不是处于就绪状态,就一定在等待某事件,则需脱离等待状态 */
        pevent2 = ptcb ->OSTCBEventPtr;      /* 获取占用者的 ECB 指针        */
        if (pevent2 != (OS_EVENT *)0) {      /* 移出等待任务列表            */
            if ((pevent2 ->OSEventTbl[ptcb ->OSTCBY] &= ~ptcb ->OSTCBBitX)
== == 0) {
                pevent2 ->OSEventGrp &= ~ptcb ->OSTCBBitY;
            }
        }
        rdy = FALSE;                         /* 设置占用者"未就绪"标志       */
    }
    ptcb ->OSTCBPrio = pip;                  /* 将占用者的优先级改为 PIP      */
    ptcb ->OSTCBY     = ptcb ->OSTCBPrio >> 3;
    ptcb ->OSTCBBitY = OSMapTbl[ptcb ->OSTCBY];
    ptcb ->OSTCBX     = ptcb ->OSTCBPrio & 0x07;
    ptcb ->OSTCBBitX  = OSMapTbl[ptcb ->OSTCBX];
    if (rdy== TRUE) {                        /* 如果原占用者是就绪的         */
        OSRdyGrp    |= ptcb ->OSTCBBitY;     /* 使 PIP 占用者就绪            */
        OSRdyTbl[ptcb ->OSTCBY] |= ptcb ->OSTCBBitX;
    } else {                                 /* 如果原占用者未就绪           */
        pevent2 = ptcb ->OSTCBEventPtr;      /* 获取占用者 ECB 指针          */
        if (pevent2!=(OS_EVENT *)0) {        /* 使 PIP 加入等待任务列表      */
            pevent2 ->OSEventGrp          |= ptcb ->OSTCBBitY;
            pevent2 ->OSEventTbl[ptcb ->OSTCBY] |= ptcb ->OSTCBBitX;
        }
```

```
    }
    OSTCBPrioTbl[pip] = (OS_TCB *)ptcb;
                              /* 将 PIP 的 TCB 指针保存在优先级列表中      */
    }
/* * * * * * * * * * * * * * * * * * * * * * * * * * * * * * * * * * * * * */
    /* * * 处理当前任务 * * */
    OSTCBCur ->OSTCBStat |= OS_STAT_MUTEX;
                              /* 设置状态,表明因没得到 mutex 而挂起        */
    OSTCBCur ->OSTCBDly = timeout;   /* 在 TCB 中保存 timeout           */
    OS_EventTaskWait(pevent);        /* 挂起当前任务直到 mutex 可用或延时期满 */
    OS_EXIT_CRITICAL();
    OS_Sched();                      /* 当前任务已挂起,运行其他任务         */
/* * * * * * * * * * * * * * * * * * * * * * * * * * * * * * * * * * * * * */
    /* * * 只有在两种情况下,任务才再次返回:(1)得到 mutex;(2)延时期满。* * */
    OS_ENTER_CRITICAL();
    if (OSTCBCur ->OSTCBStat & OS_STAT_MUTEX)
    {
                              /* 任务是否因超时期满而就绪?                */
        OS_EventTO(pevent);   /* 是,则将任务置于就绪                      */
        OS_EXIT_CRITICAL();
        * err = OS_TIMEOUT;   /* 返回错误代码                             */
        return;
    }
    /* * * * * * 如果任务不是因延时期满而返回的,就一定是得到了 mutex。* * * * * * */
    OSTCBCur ->OSTCBEventPtr = (OS_EVENT *)0;     /* 释放 ECB 指针        */
    OS_EXIT_CRITICAL();
    * err = OS_NO_ERR;
}
```

6.2.5　释放互斥信号量——OSMutexPost()函数

1. 函数原型

INT8U OSMutexPost（OS_EVENT * pevent）　reentrant

OSMutexPost()函数用于发出一个 mutex。当高优先级任务想得到 mutex 时,如果 mutex 占用者的优先级已经被升高,那么该函数使优先级升高了的任务恢复原来的优先级。如果有多个任务在等待一个 mutex,那么其中优先级最高的任务获得 mutex。此后,该函数将调用调度函数,进行任务切换。如果没有任务在等待这个 mutex,则将 mutex 的值设为 0xFF,表示有 mutex 可用。函数没有单独的配置常量,调用者只能是任务。函数只有 1 个参数:pevent 指向 mutex 的指针,其值是调用 OSMutexCreate()函数建立 mutex 时的返回值。

2. 返回值

OSMutexPost()函数返回值有如下几种:

(1) OS_NO_ERR：调用成功，mutex 被释放；

(2) OS_ERR_EVENT_TYPE：传递的指针不是指向 mutex 的指针；

(3) OS_ERR_PEVENT_NULL：pevent 是空指针；

(4) OS_ERR_POST_ISR：试图在中断服务子程序中调用；

(5) OS_ERR_NOT_MUTEX_OWNER：释放 mutex 的任务不是 mutex 的占用者。

3. 原理与实现

OSMutexPost() 函数基本原理：首先，检查 mutex 释放者的优先级是否被提升至 PIP，如果已经提升，则降至原有优先级。其次，检查是否有任务在等待 mutex，如果有，最高优先级任务得到这个 mutex，并调用一次调度函数；如果没有，则将 mutex 置为可用状态。

OSMutexPost() 函数实现代码如程序清单 6.16 所示。

程序清单 6.16　OSMutexPost() 函数实现代码

```
INT8U   OSMutexPost (OS_EVENT * pevent) reentrant   {
#if OS_CRITICAL_METHOD == 3
    OS_CPU_SR   cpu_sr;
#endif
    INT8U       pip;                        /*    优先级继承优先级                    */
    INT8U       prio;
    if (OSIntNesting > 0) {                 /*    确保中断不能调用                     */
        return (OS_ERR_POST_ISR);           /*    如果是中断调用，则返回错误代码        */
    }
#if OS_ARG_CHK_EN > 0
    if (pevent == (OS_EVENT * )0) {         /*  确保指向 mutex 的指针有效             */
        return (OS_ERR_PEVENT_NULL);        /*  如果无效，则返回错误代码              */
    }
#endif
    if (pevent ->OSEventType!=OS_EVENT_TYPE_MUTEX) {
                                            /*  确保 ECB 类型正确                     */
        return (OS_ERR_EVENT_TYPE);         /*  如果类型不正确，则返回错误代码         */
    }
    OS_ENTER_CRITICAL();
    pip = (INT8U)(pevent ->OSEventCnt >> 8);    /*  取得 mutex 的 PIP               */
    /* * * OS_MUTEX_KEEP_LOWER_8 = 0x00FF * * */
    prio = (INT8U)(pevent ->OSEventCnt & OS_MUTEX_KEEP_LOWER_8);
                                            // 获取占用者的原始优先级
    if (OSTCBCur != (OS_TCB * )pevent ->OSEventPtr) {
                                            /*  检查 mutex 的释放者是否其占用者        */
        OS_EXIT_CRITICAL();
        return (OS_ERR_NOT_MUTEX_OWNER);    /*  不是，则返回错误代码                  */
    }
    if (OSTCBCur ->OSTCBPrio == pip) {      /*  检查释放者的优先级是否已经升高        */
                                            /*  如果是，则需降低至原有优先级          */
```

```
    /* 因需要恢复到原来的优先级，所以 PIP 优先级要从就绪表中被删除 */
    if ((OSRdyTbl[OSTCBCur->OSTCBY] &= ~OSTCBCur->OSTCBBitX) == 0)
    {
        OSRdyGrp &= ~OSTCBCur->OSTCBBitY;
    }
    /* 将优先级恢复到原有优先级 */
    OSTCBCur->OSTCBPrio       = prio;
    OSTCBCur->OSTCBY          = prio >> 3;
    OSTCBCur->OSTCBBitY       = OSMapTbl[OSTCBCur->OSTCBY];
    OSTCBCur->OSTCBX          = prio & 0x07;
    OSTCBCur->OSTCBBitX       = OSMapTbl[OSTCBCur->OSTCBX];
    OSRdyGrp                  |= OSTCBCur->OSTCBBitY;
    OSRdyTbl[OSTCBCur->OSTCBY] |= OSTCBCur->OSTCBBitX;
    OSTCBPrioTbl[prio]        = (OS_TCB *)OSTCBCur;
}
OSTCBPrioTbl[pip] = (OS_TCB *)1;      /* 保留 PIP 优先级列表               */
if (pevent->OSEventGrp != 0x00)
{                                     /* 检查是否有任务在等待 mutex?       */
    /* 若有，则使等待 mutex 的 HPT 进入就绪 */
    prio              = OS_EventTaskRdy(pevent, (void *)0, OS_STAT_MUTEX);
    /* * * OS_MUTEX_KEEP_UPPER_8 = 0x00FF * * * */
    pevent->OSEventCnt &= OS_MUTEX_KEEP_UPPER_8;
                                      /* 低 8 位清 0，高 8 位置 1           */
    pevent->OSEventCnt |= prio;       /* 保存新占用者的优先级               */
    pevent->OSEventPtr = OSTCBPrioTbl[prio]; /* 链接占用者的 TCB            */
    OS_EXIT_CRITICAL();
    OS_Sched();                       /* 任务切换                          */
    return (OS_NO_ERR);               /* 释放 mutex 完毕，成功返回          */
}
/* * * OS_MUTEX_AVAILABLE = 0x00FF * * * */
pevent->OSEventCnt |= OS_MUTEX_AVAILABLE;
                                      /* 若无任务在等待，则置 mutex 为可用状态 */
pevent->OSEventPtr = (void *)0;       /* 清空占用者 TCB 指针链接            */
OS_EXIT_CRITICAL();
return (OS_NO_ERR);                   /* 释放 mutex 完毕，成功返回          */
}
```

4. 应用范例

互斥信号量应用范例如程序清单 6.17 所示。假设应用程序运行到某一时刻，Task3 申请得到 mutex，获得了访问共享资源的权力。又在其后的某一时刻，Task1 剥夺了 Task3 的 CPU 使用权。当任务 Task1 需要访问共享资源时，调用 OSMutexPend()申请 mutex。由于 OSMutexPend()知道高优先级任务 Task1 要处理共享资源，于是将 Task3 的优先级升至 PIP，并挂起 Task1，恢复 Task3 运行。当 Task3 访问完毕共享资源后，调用

OSMutexPost()释放 mutex。OSMutexPost()知道 mutex 的占用者 Task3 的优先级被升高了,于是将 Task3 的优先级恢复到原来的水平。OSMutexPost()还知道有个高优先级任务 Task1 需要访问这个共享资源,于是将 mutex 交给 Task1,并进行任务切换,使 Task1 恢复运行。由于优先级的提升避免了优先级反转问题的发生。否则,当 Task1 挂起后,此时如果正好 Task2 因就绪而运行,这样 Task1 还要等 Task2 挂起、Task3 使用完毕共享资源后才能得到运行,其运行状况将十分恶化。

程序清单 6.17　OSMutexPost()函数应用范例

```
OS_EVENT      * AdcMutex;                      /* 定义一个指向互斥信号量 ECB 的指针  */
OS_STK        * Task1Stk[100];                 /* 定义任务栈                         */
OS_STK        * Task2Stk[100];
OS_STK        * Task3Stk[100];
void main(void) {
    INT8U err;
    OSInit();
    AdcMutex＝OSMutexCreate(10, &err);   /* PIP = 10                         */
    OSTaskCretae(Task1, (void * )0, & Task1Stk[0], 15);
    OSTaskCretae(Task2, (void * )0, & Task2Stk[0], 20);
    OSTaskCretae(Task3, (void * )0, & Task3Stk[0], 25);
    OSStart();
}


void Task1 (void * ppdata) reentrant{
    INT8U err;
    ppdata = ppdata;
    for (; ; ){
        ⋮
        OSMutexPend( AdcMutex, 0, &err);              /* 等待 mutex          */
————————占用共享资源————————
        OSMutexPost(AdcMutex);                        /* 释放 mutex          */
        ⋮
    }
}


void Task2 (void * ppdata)　reentrant {
    ppdata = ppdata;
    for (; ; ){
        应用程序代码;
        OSTimeDlyHMSM(0, 0, 1, 0);
    }
}


void Task3 (void * ppdata) reentrant {
```

```
    INT8U err;
    ppdata = ppdata;
    for (; ; ){
        ⋮
        OSMutexPend( AdcMutex, 0, &err);          /* 等待 mutex         */
——————————占用共享资源——————————
        OSMutexPost(AdcMutex);                    /* 释放 mutex         */
        ⋮
    }
}
```

6.2.6　无等待地获取互斥信号量——OSMutexAccept()函数

1. 函数原型

INT8U OSMutexAccept(OS_EVENT * pevent，INT8U * err)　reentrant

OSMutexAccept()函数用于查看互斥信号量，以判断资源是否可以使用。调用该函数后，如果没有可用的 mutex，不挂起调用者。函数的调用者只能是任务，配置常量是OS_MUTEX_ACCEPT_EN。

函数有两个参数：

（1）pevent：指向 mutex 的指针，其值是调用 OSMutexCreate()函数建立 mutex 时的返回值。

（2）err：指向错误代码变量的指针，错误代码有如下几种：

- OS_NO_ERR：调用成功；
- OS_ERR_EVENT_TYPE：pevent 不是指向 mutex 的指针；
- OS_ERR_PEVENT_NULL：pevent 是空指针；
- OS_ERR_PEND_ISR：试图在中断中调用。

2. 返回值

如果有 mutex 可用，返回 1；如果 mutex 被其他任务占用，则返回 0。

3. 原理与实现

OSMutexAccept()函数基本原理：通过判别 .OSEventCnt 低 8 位值是否为 0xFF，来确定 mutex 是否可用。如果 mutex 可用，则将调用者的优先级保存至 .OSEventCnt 的低 8 位，来占用这个 mutex，返回 1 表示有 mutex 可用；如果 mutex 不可用，则返回 0 表示没有可用的 mutex。OSMutexAccept()函数实现代码如程序清单 6.18 所示。

程序清单 6.18　OSMutexAccept()函数实现代码

```
#if OS_MUTEX_ACCEPT_EN > 0
INT8U OSMutexAccept (OS_EVENT * pevent, INT8U * err) reentrant {

#if OS_CRITICAL_METHOD == 3
    OS_CPU_SR   cpu_sr;
#endif
    if (OSIntNesting > 0) {                    /* 确保中断不能调用           */
        * err = OS_ERR_PEND_ISR;               /* 若在中断中调用，则设置错误代码  */
```

```
        return (0);                        /* 返回 0，表示 mutex 不可用      */
    }
#if OS_ARG_CHK_EN > 0
    if (pevent == (OS_EVENT *)0) {         /* 确保 mutex 指针有效            */
        *err = OS_ERR_PEVENT_NULL;         /* 若指针无效，则设置错误代码      */
        return (0);                        /* 返回 0，表示 mutex 不可用      */
    }
#endif
    if (pevent ->OSEventType! = OS_EVENT_TYPE_MUTEX) {
                                           /* 确保 ECB 类型正确             */
        *err = OS_ERR_EVENT_TYPE;          /* 若不正确，则设置错误代码       */
        return (0);                        /* 返回 0，表示 mutex 不可用      */
    }
    OS_ENTER_CRITICAL();
    /* * * OS_MUTEX_AVAILABLE   =   0x00FF; * * */
    /* * * OS_MUTEX_KEEP_LOWER_8 =   0x00FF * * //
    /* * * OS_MUTEX_KEEP_UPPER_8  =0xFF00 * * */
    if ((pevent ->OSEventCnt & OS_MUTEX_KEEP_LOWER_8) == OS_MUTEX_AVAILA-
    BLE) {
                                           /* 检查 mutex 是否可用           */
        pevent ->OSEventCnt & = OS_MUTEX_KEEP_UPPER_8;
                                           /* 如果可用，屏蔽低 8 位         */
        pevent ->OSEventCnt| = OSTCBCur ->OSTCBPrio;
                                           /* 在低 8 位中保存调用者优先级    */
        pevent ->OSEventPtr = (void *)OSTCBCur;/* 链接占用者 TCB 和 ECB     */
        OS_EXIT_CRITICAL();
        *err = OS_NO_ERR;                  /* 设置错误代码                  */
        return (1);                        /* 调用者得到 mutex              */
    }
    OS_EXIT_CRITICAL();
    *err = OS_NO_ERR;
    return (0);                            /* 如果 mutex 不可用，则返回 0    */
}
#endif
```

4. 应用范例

OSMutexAccept()函数应用范例如程序清单 6.19 所示。

程序清单 6.19 OSMutexAccept()函数应用范例

```
OS_EVENT * AdcMutex;              /* 定义一个指向互斥信号量 ECB 的指针    */
void Task (void * ppdata)    reentrant {
    INT8U err;
    INT8U value;
    ppdata = ppdata;
    for (; ; ){
```

```
    .
    value    = OSMutexAccept( AdcMutex，&err)；
    if (value = = 1){
        —————————共享资源可用————————
    }else {
        —————————共享资源不可用————————
    }
}
}
```

6.2.7　获取当前互斥信号量的状态——OSMutexQuery( )函数

1. 函数原型

INT8U OSMutexQuery(OS_EVENT ＊ pevent，OS_MUTEX_DATA ＊ pdata) reentrant

OSMutexQuery( )函数通过 OS_MUTEX_DATA 数据结构来复制 mutex 当前的状态，函数的调用者只能是任务，配置常量是 OS_MUTEX_QUERY_EN。

OSMutexQuery( )函数有两个参数：

(1) pevent：指向 mutex 的指针，其值是调用 OSMutexCreate( )函数建立 mutex 时的返回值。

(2) pdata：指向 OS_MUTEX_DATA 的数据结构的指针，它包含以下成员变量：

- INT8U OSMutexPIP：mutex 的优先级继承优先级 PIP；
- INT8U OSOwnerPrio：占用 mutex 的任务的优先级；
- INT8U OSValue：当前 mutex 的值，1：可用，0：不能使用；
- INT8U OSEventGrp：用于复制等待 mutex 的任务列表；
- INT8U OSEventTbl[]：用于复制等待 mutex 的任务列表。

2. 返回值

OSMutexQuery( )函数的返回值有如下几种：

(1) OS_NO_ERR：调用成功；

(2) OS_ERR_EVENT_TYPE：传递的指针不是指向 mutex 的指针；

(3) OS_ERR_PEVENT_NULL：pevent 是空指针；

(4) OS_ERR_QUERY_ISR：试图在中断中调用。

3. 原理与实现

OSMutexQuery( )函数的基本原理：用 OS_MUTEX_DATA 数据结构来复制当前 mutex 的 PIP、mutex 占用者的优先级、mutex 的值、等待 mutex 的任务列表。OSMutex-Query( )函数实现代码如程序清单 6.20 所示。

程序清单 6.20　OSMutexQuery( )函数实现代码

```
#if OS_MUTEX_QUERY_EN > 0
INT8U OSMutexQuery (OS_EVENT ＊ pevent，OS_MUTEX_DATA ＊ ppdata) reentrant {
#if OS_CRITICAL_METHOD == 3
    OS_CPU_SR   cpu_sr；
#endif
```

```
    INT8U    * psrc;
    INT8U         * pdest;
    if (OSIntNesting > 0) {                        /* 确保中断不能调用          */
        return (OS_ERR_QUERY_ISR);                 /* 在中断中调用, 则返回       */
    }
#if OS_ARG_CHK_EN > 0
    if (pevent == (OS_EVENT *)0) {                 /* 确保指向 mutex 的指针有效   */
        return (OS_ERR_PEVENT_NULL);               /* 无效, 则返回              */
    }
#endif
    if (pevent ->OSEventType! = OS_EVENT_TYPE_MUTEX) {
                                                   /* 确保 ECB 类型正确         */
        return (OS_ERR_EVENT_TYPE);                /* 不正确, 则返回            */
    }
    OS_ENTER_CRITICAL();
    ppdata ->OSMutexPIP   = (INT8U)(pevent ->OSEventCnt >> 8);
                                                   /* 复制 PIP, 在高 8 位        */
    ppdata ->OSOwnerPrio = (INT8U)(pevent ->OSEventCnt & 0x00FF);
                                                   /* 复制占用者优先级           */
    if (ppdata ->OSOwnerPrio == 0xFF) {            /* 检查 mutex 是否可用         */
        ppdata ->OSValue      = 1;                 /* 如果 mutex 可用, 则将其设为 1 */
    } else {
        ppdata ->OSValue      = 0;                 /* 如果 mutex 不可用, 则将其设为 0 */
    }
    ppdata ->OSEventGrp   = pevent ->OSEventGrp;   /* 复制等待任务列表中的组      */
    psrc          = & pevent ->OSEventTbl[0];      /* 指向 ECB 数据结构          */
    pdest         = & ppdata ->OSEventTbl[0];      /* 指向 OS_MUTEX_DATA 数据结构 */
/* * * 为了避免使用循环语句而增加延迟时间, 采用了条件编译来裁剪不必要的循环 */
/* * * OS_EVENT_TBL_SIZE = (OS_LOWEST_PRIO) / 8 + 1                   * * */
#if OS_EVENT_TBL_SIZE > 0
    * pdest++        = * psrc++;                    /* 复制等待任务列表中的第 1 组  */
#endif
#if OS_EVENT_TBL_SIZE > 1
    * pdest++        = * psrc++;                    /* 复制等待任务列表中的第 2 组  */
#endif
#if OS_EVENT_TBL_SIZE > 2
    * pdest++        = * psrc++;                    /* 复制等待任务列表中的第 3 组  */
#endif
#if OS_EVENT_TBL_SIZE > 3
    * pdest++        = * psrc++;                    /* 复制等待任务列表中的第 4 组  */
#endif
```

```
# if OS_EVENT_TBL_SIZE > 4
    * pdest++              = * psrc++;              / *  复制等待任务列表中的第 5 组          *
# endif
# if OS_EVENT_TBL_SIZE > 5
    * pdest++              = * psrc++;              / *  复制等待任务列表中的第 6 组          *
# endif
# if OS_EVENT_TBL_SIZE > 6
    * pdest++              = * psrc++;              / *  复制等待任务列表中的第 7 组          *
# endif
# if OS_EVENT_TBL_SIZE > 7
    * pdest               = * psrc;                / *  复制等待任务列表中的第 8 组          *
# endif
    OS_EXIT_CRITICAL();
    return (OS_NO_ERR);
}
# endif
```

4. 应用范例

OSMutexQuery()函数应用范例如程序清单 6.21 所示。

程序清单 6.21　OSMutexQuery()函数应用范例

```
OS_EVENT * AdcMutex;                        / *  定义一个信号量的 ECB 指针  * /
void Task (void * ppdata)  reentrant {
    OS_MUTEX_DATA   mutex_data;
    INT8U          err;
    INT8U          x;
    INT8U          y;
    INT8U          hp;                       / *  等待 mutex 的最高优先级任务  * /
    ppdata = ppdata;
    for ( ; ; ) {
        ⋮
        err = OSSemQuery(AdcMutex, &mutex _data);
        if (err == OS_NO_ERR) {
            if (mutex_data .OSEventGrp != 0x00) {
                y  = OSUnMapTbl[mutex_data .OSEventGrp];
                x  = OSUnMapTbl[mutex_data .OSEventTbl[y]];
                hp = ( y<<3 ) + x;        / *   等待 mutex 的最高优先级任务  * /
            }
        }
        ⋮
    }
}
```

习　题

（1）信号量主要应用目标是什么？

（2）写出信号量初始值的设置方法。

（3）写出信号量所有管理函数的原型和原理，并举例说明其应用。

（4）互斥信号量主要应用目标是什么？

（5）写出互斥信号量所有管理函数的原型和原理，并举例说明其应用。

第 7 章

消 息 管 理

本章主要讨论消息邮箱和消息队列，要求掌握消息邮箱和消息队列的概念、功能和差别，重点掌握各种函数的调用方法。

7.1　消息邮箱管理

7.1.1　概述

邮箱是一种通信机制，它能使任务或中断服务向另一个任务发送一个指针型的变量，这个指针指向一个包含指定"消息"的数据结构。邮箱发送的不是消息本身，而是消息的地址指针。每个指针指向的数据结构，允许根据实际需求而定义成不同的类型。

使用邮箱之前，必须先建立邮箱，并且要指定指针的初始值。一般情况下，这个初始值是 NULL，但也可以在初始化时，就包含一条消息。

邮箱主要用于两种目的：(1) 通知一个事件的发生；(2) 作二值信号量用。

1. 消息邮箱初始值的设置方法

邮箱初始值的设置方法如下：

(1) 如果使用邮箱是用于通知一个事件的发生（发送一条消息），那么就要初始化该邮箱为 NULL，因为在开始时，事件还没有发生；

(2) 如果作二值信号量用，即用于共享某些资源，那么就要初始化该邮箱包含一个非 NULL 的指针。

2. 消息邮箱的特点

邮箱具有如下特点：

(1) 邮箱中的内容不是消息本身，而是一个指向消息的指针，指针指向的数据结构即是消息；

(2) 邮箱为满时，邮箱只包含一个指向消息的指针；邮箱为空时，邮箱消息的指针指向 NULL；

(3) 邮箱只能接收和发送一则消息，邮箱为满时，将丢弃旧消息，保留新消息。

3. 消息邮箱管理函数

如表 7.1 所示，μC/OS-II 提供了 7 种消息邮箱管理函数，邮箱函数所属文件是 OS_MBOX.C。

表 7.1 消息邮箱函数一览表

函 数	功 能	调 用 者
OSMboxCreate()	建立消息邮箱	任务或启动代码
OSMboxPend()	等待邮箱消息	只能是任务
OSMboxPost()	发出邮箱消息	任务或中断
OSMboxPostOpt()	发出邮箱消息	任务或中断
OSMboxDel()	删除消息邮箱	任务
OSMboxAccept()	无等待地从邮箱中获取消息	任务或中断
OSMboxQuery()	查询邮箱状态	任务或中断

4. 消息邮箱的配置常量

在使用邮箱函数之前，必须将 OS_CFG.H 文件中相应的配置常量设置为 0 或 1，以确定是编译还是裁剪该函数，其配置常量如表 7.2 所示。

表 7.2 OS_CFG.H 文件中邮箱的配置常量一览表

邮箱函数	配置常量	说 明
系统配置	OS_MBOX_EN	该常量清 0 时，屏蔽所有邮箱函数
	OS_MAX_EVENTS	决定邮箱最大数目的常量
OSMboxCreate()		邮箱必须支持这两个函数，不能单独屏蔽，故无配置常量
OSMboxPend()		
OSMboxDel()	OS_MBOX_DEL_EN	
OSMboxPost()	OS_MBOX_POST_EN	这两个函数必须至少任选其一
OSMboxPostOpt()	OS_MBOX_POST_OPT_EN	
OSMboxAccept()	OS_MBOX_ACCEPT_EN	
OSMboxQuery()	OS_MBOX_QUERY_EN	该常量清 0 时，屏蔽该函数，置 1 时，允许调用

5. 任务、中断服务子程序与邮箱之间的关系

任务、中断服务子程序与邮箱之间的关系如图 7.1 所示。

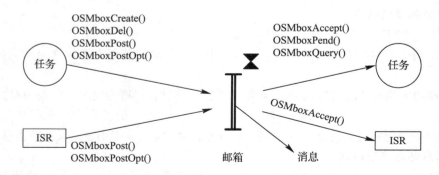

图 7.1 任务、中断服务子程序与邮箱之间的关系

7.1.2　建立消息邮箱——OSMboxCreate()函数

1. 函数原型

OS_EVENT * OSMboxCreate(void * msg) reentrant

在使用邮箱之前，必须建立一个邮箱，OSMboxCreate()函数用于建立并初始化一个消息邮箱。消息邮箱允许任务或中断向其他一个或几个任务发送消息。

OSMboxCreate()函数只有一个参数 msg，指向消息的指针。参数的设置方法如前一节所述，可以为空，也可以为非空。如果该指针不为空，消息邮箱一建立即含有消息。

该函数所属文件：OS_MBOX.C，调用者：任务或启动代码，没有单独的配置常量。

2. 返回值

如果邮箱建立成功，函数返回指向所建立的消息邮箱的事件控制块的指针；如果没有可用的事件控制块，说明建立不成功，返回空指针。

3. 原理与实现

OSMboxCreate()函数的基本原理如图 7.2 所示：从空闲 ECB 链表中抽取一个 ECB 数据结构，对其进行初始化，设置：.OSEventType ＝ OS_EVENT_TYPE_MBOX，.OSEventCnt ＝ 0，OSEventPtr ＝ msg，调用 OSEventWaitListInit()函数清空等待任务列表。最后返回 ECB 指针，以供其他消息邮箱函数使用。OSMboxCreate()函数实现代码如程序清单 7.1 所示源代码，简要说明如下：

（1）定义开关中断的方法；

（2）中断服务子程序不能调用 OSMboxCreate()函数；

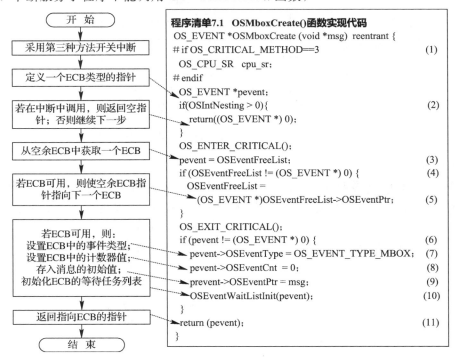

图 7.2　OSMboxCreate()流程与源代码

（3）从空闲事件控制块链表中获得一个事件控制块 ECB，OSEventFreeList 指针指向的是第一个空闲事件控制块；

（4）如果获取的事件控制块可用，则需要调整 OSEventFreeList 指针，使其继续指向剩余的第一个空闲事件控制块；

（5）如果事件控制块不可用，则返回空指针，邮箱未成功建立；

（6）如果事件控制块可用，则需设置事件控制块类型，其他邮箱函数可以通过检验该变量来确保操作的正确性。例如，可以防止 OSMboxPost() 函数对一个用于消息队列的控制块进行操作；

（7）邮箱不使用该变量，所以赋值为 0。该变量只有信号量才使用；

（8）存入邮箱消息的初始值；

（9）对等待任务列表进行初始化，因为此时邮箱正在建立中，一定没有任务在等待该消息，所以将.OSEventGrp 和 .OSEventTbl[]清 0；

（10）返回一个指向事件控制块的指针，其他函数对邮箱的操作将通过这个指针进行，该指针就是邮箱的句柄。OSMboxCreate() 函数返回前，事件控制块的内容如图 7.3 所示。

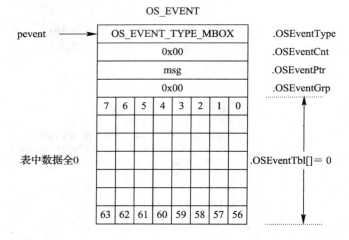

图 7.3　OSMboxCreate()函数返回前，事件控制块的内容

4. 应用范例

OSMboxCreate() 函数的应用范例如程序清单 7.2 所示，应用前必须定义一个 OS_EVENT类型全局指针变量，以便保存调用时的返回值，供其他邮箱函数使用。

程序清单 7.2　OSMboxCreate()应用范例

```
OS_EVENT * RxMbox;                        /* 定义邮箱指针                    */
void main(void){
    ⋮
    OSInit();                             /* 初始化 μC/OS-Ⅱ                  */
    ⋮
    RxMbox = OSMboxCreate((void * )0);    /* 建立消息邮箱，初始值为空         */
    OSStart();                            /* 启动多任务内核                  */
}
```

7.1.3　删除消息邮箱——OSMboxDel()函数

1. 函数原型

OS_EVENT ＊ OSMboxDel(OS_EVENT ＊ pevent，INT8U opt，INT8U ＊ err) reentrant

该函数用于删除消息邮箱，所属文件：OS_MBOX.C；调用者：任务；配置常量：OS_MBOX_DEL_EN。

函数有如下三个参数：

（1）pevent：指向即将被删除的消息邮箱的指针，它是调用 OSMboxCreate()函数建立消息邮箱时的返回值。

（2）opt：邮箱删除的条件选项，它有两个可供选择的值：

· OS_DEL_NO_PEND：只能在没有任何任务等待该邮箱的消息时，才能删除邮箱；

· OS_DEL_ALWAYS：不管有没有任务在等待邮箱的消息，都立即删除邮箱。删除后，所有等待邮箱消息的任务都立即进入就绪状态。

（3）err：指向错误代码变量的指针，错误代码有如下几种：

· OS_NO_ERR：调用成功，表明邮箱已被删除；

· OS_ERR_DEL_ISR：试图在中断服务子程序中删除邮箱；

· OS_ERR_INVALID_OPT：无效的 opt 参数；

· OS_ERR_EVENT_TYPE：pevent 不是指向邮箱的指针；

· OS_ERR_PEVENT_NULL：没有可以使用的 OS_EVENT 数据结构。

2. 返回值

OSMboxDel()函数的返回值为如下内容之一：

（1）返回空指针 NULL，表示邮箱已被删除；

（2）返回 pevent，表示邮箱没有删除，在这种情况下，应该进一步查看出错代码，找到出错原因。

3. 原理与实现

OSMboxDel()函数基本原理：是将 pevent 指针指向的 ECB 中的成员变量 .OSEventType 设置为 OS_EVENT_TYPE_UNUSED(未使用)状态，并将 ECB 还给空闲 ECB 链表。可以归纳为一句话：就是删除邮箱所属的事件控制块。OSMboxDel()函数实现代码如程序清单 7.3 所示。

程序清单 7.3　OSMboxDel()函数实现代码

```
＃if OS_MBOX_DEL_EN ＞ 0
OS_EVENT ＊ OSMboxDel (OS_EVENT ＊ pevent，INT8U opt，INT8U ＊ err)   reentrant {
＃if OS_CRITICAL_METHOD ＝＝3
    OS_CPU_SR    cpu_sr;
＃endif
    BOOLEAN   tasks_waiting;
    if (OSIntNesting ＞0 ){                       // 确保调用者不是中断服务子程序
        ＊ err ＝ OS_ERR_DEL_ISR;
        return (pevent);
    }
```

```
# if OS_ARG_CHK_EN > 0
    if (pevent == (OS_EVENT * )0 ){              // 确保指针指向的 ECB 存在
        * err = OS_ERR_PEVENT_NULL;
        return (pevent);
    }
# endif
    if (pevent -> OSEventType! = OS_EVENT_TYPE_MBOX {
                                                 // 确保指针指向的是邮箱
        * err = OS_ERR_EVENT_TYPE;
        return (pevent);
    }
    OS_ENTER_CRITICAL();
    if (pevent -> OSEventGrp! = 0x00) {          // 检查是否有任务在等待邮箱消息
        tasks_waiting = TRUE;                    // 设置标志变量,以便根据 opt 值选择删
                                                 // 除方式
    } else {
        tasks_waiting = FALSE;                   // 没有任务在等待消息时,置 FALSE
                                                 // 反之,置 TRUE
    }
    switch (opt) {                               // 根据 opt 参数分别处理
        CASE OS_DEL_NO_PEND:                     // opt   = 只能在没有任务等待消息时才
                                                 // 能删除
            if (tasks_waiting == FALSE) {        // 确实没有任务在等待消息
                pevent -> OSEventType = OS_EVENT_TYPE_UNUSED;
                                                 // 设成未用状态
                pevent -> OSEventPtr  = OSEventFreeList;
                                                 // 保存空闲链表中第一个 ECB 指针
                OSEventFreeList       = pevent;  // 将被删除的 ECB 还给空闲链表
                OS_EXIT_CRITICAL();
                * err = OS_NO_ERR;
                return (OS_EVENT * )0);          // 成功删除,返回空指针
            } else {                             // 当前还有任务在等待消息
                OS_EXIT_CRITICAL();
                * err = OS_ERR_TASK_WAITING;     // 设置错误代码
                return (pevent);                 // 删除不成功,返回事件控制块指针
            }
        CASE OS_DEL_ALWAYS:                      // opt = 有无任务在等消息,都立即删除
            while (pevent -> OSEventGrp! = 0x00){ // 将等待消息的所有任务都转入就绪
                OSEventTaskRdy (pevent, (void * )0, OS_STAT_MBOX);
            }
            pevent -> OSEventType = OS_EVENT_TYPE_UNUSED;
                                                 // 设为未用状态
            pevent -> OSEventGrp = OSEventFreeList; // 保存空闲链表中第一个 ECB 指针
```

```
            OSEventFreeList       = pevent;                // 将被删除的 ECB 还给空闲链表
            OS_EXIT_CRITICAL();
            if (tasks_waiting == TRUE) {                   // 在有任务等待消息而删除后，必有新任
                                                           // 务就绪
                OS_Sched();                                // 所以调度一次，以便于任务切换
            }
            * err = OS_NO_ERR;
            return ((OS_EVENT *)0);                        // 删除成功后，邮箱将不能再通过原来的
                                                           // 指针访问了
        default:                                           // opt 参数的值错误
            OS_EXIT_CRITICAL();
            * err = OS_ERR_INVALID_OPT;                    // 设置错误代码
            return (pevent);                               // 返回邮箱 ECB 指针
        }
    }
}
# endif
```

4. 应用要点

在使用 OSMboxDel() 函数时应该注意如下事项：

（1）调用这个函数时，应该注意是否有其他任务还要使用这个邮箱；

（2）当挂起的任务转入就绪时，中断是关闭的，这就使得中断延迟时间与等待邮箱的消息的任务数有关；

（3）调用 OSMboxAccpet() 函数不能判断邮箱是否已经被删除。

5. 应用范例

OSMboxDel() 函数应用范例如程序清单 7.4 所示。

程序清单 7.4　OSMboxDel() 函数应用范例

```
    OS_EVENT * RxMbox                        // 定义邮箱指针
    void task( void * ppdata)   reentrant {
        INT8U * err;

        pdata = ppdata;
        for (; ; ) {
            应用程序；
            RxMbox = OSMboxDel (RxMbox, OS_DEL_ALWAYS, &err);
            应用程序；
        }
    }
```

7.1.4　等待邮箱中的消息——OSMboxPend() 函数

1. 函数原型

void * OSMboxPend(OS_EVNNT * pevent，INT16U timeout，INT8U * err) reentrant

OSMboxPend() 函数用于任务等待消息。任务或者中断发出的消息是一个指针型的变量，消息的数据类型允许根据实际需求而定义成不同的类型。函数具有如下特点：

（1）如果调用时邮箱中已有消息，那么消息被返回给调用者，并从邮箱中清除这则消息。

（2）如果调用时邮箱中没有消息，OSMboxPend()函数挂起当前任务直到得到需要的消息或等待延时期满。

（3）如果同时有多个任务等待同一则消息，μC/OS-Ⅱ将把消息交给优先级最高的任务并转入就绪。

（4）一个由 OSTaskSuspend()函数挂起的任务也可以接受消息，但这个任务将一直保持挂起状态直到通过调用 OSTaskResume()函数来恢复它的运行。

（5）该函数的调用者只能是任务，中断不能调用，没有单独的配置常量。

OSMboxPend()函数有如下三个参数：

（1）pevent：指向包含有所需消息的邮箱的指针，它是调用 OSMboxCreate()函数建立消息邮箱时的返回值。

（2）timeout：任务等待的延时时限，单位是时钟节拍，取值范围是 0～65 535。

• 如果参数取值为 0，则表示任务无限期地等待消息，直到收到消息才转入就绪。

• 如果参数取值为 1～65 535 之间的任何值，这个值即为任务等待消息的最长延时。若在指定的延时期限内还没有得到消息，即使任务进入就绪。

• 这个时间长度存在 1 个时钟节拍的误差，因为超时时钟节拍数量仅在每个时钟节拍发生后才会递减。

（3）err：指向错误代码变量的指针，错误代码有如下几种：

• OS_NO_ERR：成功得到消息；

• OS_TIMEOUT：消息没有在指定的延时期内送到；

• OS_ERR_PEND_ISR：从中断调用该函数；

• OS_ERR_EVENT_TYPE：pevent 不是指向消息邮箱的指针。

2. 返回值

如果收到的消息正确，OSMboxPend()函数返回接收的消息并将 * err 置为 OS_NO_ERR；如果在指定的延时期限内没有接收到需要的消息，OSMboxPend()函数返回空指针，并且将 * err 设置为 OS_TIMEOUT。

3. 原理与实现

OSMboxPend()函数基本原理：从 pevent 指向的 ECB 中读取成员变量 .OSEventPtr，若其值为非空，表明邮箱中有消息，则返回消息指针，并清空.OSEventPtr；若其值为空，表明邮箱中没有消息，则挂起当前任务等待消息。OSMboxPend()函数实现代码如程序清单 7.5 所示。

程序清单 7.5　OSMboxPend()函数实现代码

```
void * OSMboxPend (OS_EVENT * pevent, INT16U timeout, INT8U * err)  reentrant {
#if OS_CRITICAL_METHOD ==3
    OS_CPU_SR    cpu_sr;
#endif
    void  * msg;
    if (OSIntNesting > 0) {                    // 确保当前调用者不是中断服务子程序
        * err = OS_ERR_PEND_ISR;
```

```
        return((void) * 0);
    }
# if OS_ARG_CHK_EN > 0
    if (pevent == (OS_EVENT * )0 ){              // 确保指针指向的事件控制块是有效的
        * err = OS_ERR_PEVENT_NULL;
        return( (void * )0);
    }
    if (pevent ->OSEventType! = OS_EVENT_TYPE_MBOX {  // 确保事件控制块类型是邮箱
        * err = OS_ERR_EVENT_TYPE;
        return ((void * )0);
    }
# endif
    OS_ENTER_CRITICAL();
    msg = pevent ->OSEventPtr;                    // 将消息指针保存到局部变量中
    if (msg! = (void * )0) {                      // 如果邮箱中有消息，则取走消息
        pevent ->OSEventPtr = (void * )0;         // 清空邮箱
        OS_EXIT_CRITICAL();
        * err = OS_NO_ERR;                        // 设置错误代码
        return(msg);                              // 返回指向消息的指针
    }
    / * * * * * * * * * * * 邮箱中没有消息 * * * * * * * * * * * /
    OSTCBCur ->OSTCBStat | = OS_STAT_MBOX;        // .OSTCBStat 设置为 1，以挂起调用者
    OSTCBCur ->OSTCBDly    = timeout;             // 保存延时参数，其值每个时钟节拍减 1
    OSEventTaskWait(pevent);                      // 将任务加入等待任务链表，挂起任务
    OS_EXIT_CRITICAL();
    OS_Sched();                                   // 由于当前任务被挂起，故需要切换任务
    OS_ENTER_CRITICAL();
    / * * * 当程序再次返回后，函数要检查程序返回原因：是因收到消息，还是因等待延时期满。
      * * * /
    if ((msg = OSTCBCur ->OSTCBMsg)! = (void * )0) {   // 正确收到消息
        OSTCBCur ->OSTCBMsg      = (void * )0;
        OSTCBCur ->OSTCBStat      = OS_STAT_RDY;
        OSTCBCur ->OSTCBEventPtr= (OS_EVENT * )0;
        OS_EXIT_CRITICAL();
        * err   = OS_NO_ERR;
        return(msg);                              // 返回消息
    }
    OSEventTO(pevent);   / * 因延时期满而返回，则需要将调用者从该邮箱的等待任务列表中删除 * /
    OS_EXIT_CRITICAL();
    * err   = OS_TIMEOUT;
    return ((void * )0);                          // 返回空指针和错误代码
}
```

4. 应用范例

OSMboxPend()函数应用范例如程序清单 7.6 所示。

程序清单 7.6　OSMboxPend()函数应用范例

```
OS_EVENT * RxMbox；    // 定义邮箱指针
void   Task(void * ppdata)   reentrant {
    INT8U err；
    void * msg；
    ppdata = ppdata；
    for（；；）{
        应用程序代码；
        msg = OSMboxPend（RxMbox，10，&err）；      // 返回消息指针，据该指针可获消息
        if（err == OS_NO_ERR）{                    // 延时期内消息正确收到
            应用程序代码；
        } else {                                  // 延时期满未收到消息
            应用程序代码；
        }
        应用程序代码；
    }
}
```

7.1.5　发出邮箱消息——OSMboxPost()函数

1. 函数原型

INT8U OSMboxPost（ OS_EVENT ＊ pevent，void ＊ msg ）　reentrant

OSMboxPost()函数通过消息邮箱向任务发送消息，消息是一个指针型变量，消息的数据类型允许根据实际需求而定义成不同的类型。它具有如下特点：

（1）如果邮箱中已有消息，返回错误代码说明邮箱已满，函数立即返回调用者，并丢弃新消息。

（2）如果邮箱无消息，则：

· 若有任务在等待消息，最高优先级的任务将得到这个消息。如果等待消息的任务的优先级比函数的调用者优先级高，这个高优先级任务得以恢复运行，调用者被挂起，发生一次任务切换。若从中断调用，则不发生任务切换；

· 若没有任务在等待消息，消息的指针将被保存在邮箱中。

（3）调用者可以是任务或中断，配置常量是 OS_MBOX_POST_EN。

OSMboxPost()函数有如下两个参数：

（1）pevent：指向即将接受消息的邮箱的指针，它是调用 OSMboxCreate()函数建立消息邮箱时的返回值。

（2）msg：发送给任务的消息。不允许传递一个空指针，因为这意味着消息邮箱为空。

2. 返回值

OSMboxPost()函数的返回值是错误代码，有如下几种：

（1）OS_NO_ERR：消息成功的放到邮箱中；

（2）OS_MBOX_FULL：邮箱满，已经包含了其他消息；

（3）OS_ERR_EVENT_TYPE：pevent 不是指向邮箱的指针；

（4）OS_ERR_PEVENT_NULL：pevent 是空指针；

（5）OS_ERR_POST_NULL_PTR：用户试图发送空指针，空指针无效。

3. 原理与实现

OSMboxPost()函数基本原理：首先检查 pevent 指向的等待任务列表中是否有任务在等待消息，若有，则调用 OSEventTaskRdy()函数将消息发给任务并置于就绪；若无任务在等待消息，且邮箱为空，则将消息保存到邮箱中；若无任务等待消息，且邮箱非空，则丢弃消息返回。OSMboxPost()函数实现代码如程序清单 7.7 所示。

程序清单 7.7 OSMboxPost()函数实现代码

```
# if OS_MBOX_POST_EN > 0
INT8U OSMboxPost (OS_EVENT * pevent, void * msg)  reentrant {
# if OS_CRITICAL_METHOD == 3
    OS_CPU_SR    cpu_sr;
# endif
# if OS_ARG_CHK_EN > 0
    if(pevent == (OS_EVENT * )0){            // 确保指针指向的 ECB 有效
        return (OS_ERR_PEVENT_NULL);         // 若无效，则返回错误代码
    }
    if(pevent == (void * )0 {                // 确保发送的是非空指针
        return(OS_ERR_POST_NULL_PTR);        // 若空指针，则返回错误代码
    }
# endif
    if (pevent ->OSEventType != OS_EVENT_TYPE_MBOX) {   // 确保事件类型是邮箱
    return (OS_ERR_EVENT_TYPE);              // 若不是，则返回错误代码
    }
    OS_ENTER_CRITICAL();
    if (pevent ->OSEventGrp != 0x00) {       // 检查是否有任务在等待消息
        OSEventTaskRdy(pevent, msg, OS_STAT_MBOX);   // 若有，则将该任务置于就绪
        OS_EXIT_CRITICAL();
        OS_Sched(); // 因为有新任务就绪，所以需要调度；如果在中断中调用，则不会发生任务
                    // 切换，因为中断服务引发的任务切换只是可能发生在中断嵌套的最外层
        return (OS_NO_ERR);
    }
    if (pevent ->OSEventPtr != (void * )0) {// 若没有任务在等待消息，则需要检查邮箱是否已满
        OS_EXIT_CRITICAL();
        return (OS_MBOX_FULL);              // 邮箱只能存一则消息，如果邮箱满，则返回错误代码
    }
    / * * * * * 如果邮箱为空，且没有任务在等待消息 * * * * */
    pevent ->OSEventPtr = msg;              // 将消息指针保存到邮箱中，且返回"无错"代码
    OS_EXIT_CRITICAL();
    return (OS_NO_ERR);
```

```
}
#endif
```

4. 应用实例

程序清单 7.8 给出的是一个邮箱管理函数的应用实例，程序用 Keil C51 语言编写而成。实例的任务目标是：在单片机 P3.1 和 P3.2 端口上分别输出 2 个周期相同相位相反的方波。波形在 Keil C 环境的"View——→Analysis Windows——→Logic Analyzer"窗口下可以观察到。

程序清单 7.8　邮箱管理函数应用实例

```
/ * * * * * * * * * * * * * * * * * * * * * * * * * * * * * * * * * * * * * * * * *
模块名：OS_CFG.H
任　务：定义配置常量
* * * * * * * * * * * * * * * * * * * * * * * * * * * * * * * * * * * * * * * * * /
#define    OS_LOWEST_PRIO          20              // 最低优先级不能大于 63
#define    OS_MAX_TASKS            8               // 任务控制块数量至少大于 2
#define    TaskStkSize             64              // 定义系统任务栈容量
#define    OS_TASK_CREATE_EN       1               // 任务建立函数使能
#define    OS_MAX_EVENTS           2               // 定义 ECB 数量
#define    OS_MBOX_EN              1               // 邮箱功能使能
#define    OS_MBOX_POST_EN         1               // OSMboxPost() 函数使能
#define    OS_TIME_DLY_HMSM_EN     1               // "时分秒毫秒"延时函数使能
#define    OS_TASK_IDLE_STK_SIZE   TaskStkSize     // 定义空闲任务堆栈容量
#define    OS_TASK_STAT_STK_SIZE   TaskStkSize     // 定义统计任务堆栈容量


/ * * * * * * * * * * * * * * * * * * * * * * * * * * * * * * * * * * * * * * * * *
模块名：    main
任　务：    启动代码段程序
功能描述：  加头文件
            申明全局变量和函数
            初始化多任务环境
            创建 2 个邮箱
            创建 2 个任务
            启动多任务等
* * * * * * * * * * * * * * * * * * * * * * * * * * * * * * * * * * * * * * * * * /
#include       "includes.h"           // μC/OS－Ⅱ总头文件
#include       "reg51.h"              // MCS51 寄存器定义头文件
sbitP31=       0xb1;                  // 定义单片机端口 P3.1
sbitP32 =      0xb2;                  // 定义单片机端口 P3.2
OS_EVENT    * RxMbox;                 // 定义 2 个邮箱指针
OS_EVENT    * AckMbox;
OS_STK         Task1Stk[100];         // 声明 2 个任务堆栈
OS_STK         Task2Stk[100];
void Task1(void * ppdata)   reentrant ;   // 声明 2 个任务函数原型
```

```
void Task2(void * ppdata) reentrant ;
void main (void)  {
    OSInit();                                   // 初始化多任务
    InitTimer0();                               // 设置定时器,用作时钟节拍发生器
    RxMbox= OSMboxCreate((void * )0);          // 建立 2 个邮箱
    AckMbox= OSMboxCreate((void * )0);
    OSTaskCreate(Task1, (void * )0, &Task1Stk[0], 10);// 建立 2 个任务
    OSTaskCreate(Task2, (void * )0, &Task2Stk[0], 15);
    OSStart();                                  // 启动多任务
}
```

/ *

模块名:　　　　Task1
任　务:　　　　在 P3.1 端口输出周期 2s 的方波信号
功能描述:　　　用邮箱发电平给 Task2,等待 Task2 将电平取反后发回,在 P3.1 端口输出此电平后
　　　　　　　　再发给 Task2,如此循环往复

* /

```
void Task1(void   * ppdata)  reentrant
{
    INT8U   * RxBuf;
    INT8U   SxBuf;
    INT8U err;
    ppdata = ppdata;
    SxBuf = 0xff;
    for(; ; ){
        OSMboxPost(RxMbox, (INT8U * )&SxBuf);      // 发送电平给 Task2
        RxBuf = (INT8U * )OSMboxPend(AckMbox, 0, &err);
                                                   // 等待 Task2 发来的反相电平
        P31 =  * RxBuf;                             // 在端口 P3.1 上输出电平
        SxBuf= ( * RxBuf);                          // 保存 P3.1 端口输出电平
        OSTimeDlyHMSM (0, 0, 1, 0);                // 挂起 1 秒,形成 2 秒周期的方波
    }
}
```

/ *

模块名:　　　　Task2
任　务:　　　　输出与 P3.1 端口周期相同、相位相反的方波
功能描述:　　　等待 Task1 通过邮箱发来的电平信号,取反发回 Task1 后在 P3.2 端口输出,如此
　　　　　　　　循环

* /

```
void Task2(void * ppdata) reentrant
{
    INT8U   * RxBuf;
```

```
    INT8U   SeBuf;
    INT8U   err;
    ppdata = ppdata;
    for(; ; ){
        RxBuf = (INT8U *)OSMboxPend (RxMbox, 0, &err);  // 等待 Task1 发来的电平值
        P32 = * RxBuf;                                    // 在端口 P3.2 上输出电平
        SeBuf= ~( * RxBuf);                               // Task1 发来的电平值取反
        OSMboxPost(AckMbox,,(INT8U *)&SeBuf);            // 发送给 Task1
    }
}
```

7.1.6 发出邮箱消息——OSMboxPostOpt( )函数

1. 函数原型

INT8U OSMboxPostOpt(OS_EVENT * pevent，void * msg，INT8U opt) reentrant

OSMboxPostOpt()函数通过邮箱给任务广播发送消息，消息是一个指针型变量，消息的数据类型允许根据实际需求而定义成不同的类型。它具有如下特点：

(1) 如果消息邮箱中已有消息，则返回错误码，说明消息邮箱已满。OSMboxPostOpt()立即返回调用者，并丢弃新消息。

(2) 如果有任务在等待邮箱里的消息，那么 OSMboxPostOpt()允许用户选择以下两种情况之一：

· 若 opt = OS_POST_OPT_NONE，让最高优先级的任务得到这则消息；

· 若 opt = OS_POST_OPT_BROADCAST，让所有等待消息的任务都得到这则消息；

· 无论哪种情况下，如果得到消息的任务的优先级比函数的调用者优先级高，那么得到消息的任务将恢复执行，函数的调用者被挂起，发生一次任务切换。

OSMboxPostOpt()函数与 OSMboxPost()函数相比两者工作方式相同，都用指针传递消息；不同的是 OSMboxPost() 只能给一个任务发送消息，而 OSMboxPostOpt()允许将消息广播给所有的等待邮箱消息的任务，且可以仿真 OSMboxPost()。

OSMboxPostOpt()函数的配置常量 OS_MBOX_POST_OPT_EN，调用者可以是任务，也可以是中断。

函数有如下三个参数：

(1) pevent：指向即将接受消息的邮箱的指针，它是调用 OSMboxCreate()函数建立消息邮箱时的返回值。

(2) msg：发送给任务的消息。消息是一个以指针表示的某种数据类型的变量，消息的数据类型允许根据实际需求而定义成不同的类型。不允许传递一个空指针，因为这样意味着消息邮箱为空。

(3) opt：定义发送消息方式的选项，它有两种形式：

· opt = OS_POST_OPT_NONE，则定义消息只发给等待消息的最高优先级任务；

· opt = OS_POST_OPT_BROADCAST，则定义让所有等待消息的任务都得到消息。

2. 返回值

OSMboxPostOpt()函数返回值是错误代码，有如下几种：

（1）OS_NO_ERR：消息发送成功；

（2）OS_MBOX_FULL：邮箱中已经有消息；

（3）OS_ERR_EVENT_TYPE：pevent 不是指向邮箱的指针；

（4）OS_ERR_PEVENT_NULL：pevent 是空指针；

（5）OS_ERR_POST_NULL_PTR：试图发送空指针，根据规则，空指针无效。

3. 原理与实现

OSMboxPostOpt()函数基本原理：首先在 pevent 指向的 ECB 中检查等待任务列表，以确定是否有任务在等待消息。如果有任务在等待消息，再根据 opt 参数，调用 OSEvent-TaskRdy()函数分别发给所有任务或者最高优先级任务，且将它们置于就绪状态；如果没有任务在等待消息，则保存消息至 ECB。OSMboxPostOpt()函数实现代码如程序清单 7.9 所示。

程序清单 7.9　OSMboxPostOpt()函数实现代码

```
# if OS_MBOX_POST_OPT_EN > 0
INT8U   OSMboxPostOpt (OS_EVENT * pevent, void * msg, INT8U opt)   reentrant {
# if OS_CRITICAL_METHOD == 3
    OS_CPU_SR   cpu_sr;
# endif

# if OS_ARG_CHK_EN > 0                    // 若 OS_ARG_CHK_EN 为 1，表示要进行参数检查
    if (pevent == (OS_EVENT * )0) {       // 确保事件控制块可用
        return (OS_ERR_PEVENT_NULL);// 如果不可用，则返回相应的错误代码
    }
    if (msg == (void * )0) {              // 确保发送消息的不是空指针，因为空指针无效
        return (OS_ERR_POST_NULL_PTR);
    }
# endif
    if (pevent ->OSEventType!= OS_EVENT_TYPE_MBOX) {
                                          // 如果不是邮箱，则返回
        return (OS_ERR_EVENT_TYPE);
    }
    OS_ENTER_CRITICAL();
    if (pevent ->OSEventGrp!= 0x00) {                        // 若有任务在等待消息
        if ((opt & OS_POST_OPT_BROADCAST)!= 0x00) { // 如选项是广播发送
            while (pevent ->OSEventGrp!= 0x00) {            // 发给所有等消息的任务
                OSEventTaskRdy(pevent, msg, OS_STAT_MBOX);
                                          // 将等消息的任务置于就绪
            }
        } else {
```

```
                    OSEventTaskRdy(pevent，msg，OS_STAT_MBOX);
                                                            // 若不广播发送，则发给 HPT
            }
        OS_EXIT_CRITICAL();
        OS_Sched();                                         // 让高优先级任务运行
        return (OS_NO_ERR);
    }
    if (pevent ->OSEventPtr! = (void * )0) {                // 若无任务等待，但邮箱已满
        OS_EXIT_CRITICAL();
        return (OS_MBOX_FULL);                              // 返回"邮箱满"错误代码
    }
    pevent ->OSEventPtr = msg;                              // 邮箱为空，且无任务等待消
                                                            // 息，则保存消息

    OS_EXIT_CRITICAL();
    return (OS_NO_ERR);
}
#endif
```

4. 应用要点

(1) 如需要使用邮箱函数，必须先建立邮箱；

(2) 不允许向邮箱发送空指针，因为这意味着消息邮箱为空；

(3) 若想使用本函数，又想压缩代码长度，那么可以将 OSMboxPost() 函数的配置常量关掉。此时，可以利用 OSMboxPostOpt() 仿真 OSMboxPost()；

(4) 在广播方式下，函数的执行时间取决于等待邮箱消息的任务数量。

7.1.7 无等待地从邮箱中获取消息——OSMboxAccept()函数

1. 函数原型

void * OSMboxAccept(OS_EVENT * pevent) reentrant

OSMboxAccept()函数用于查看指定的消息邮箱是否有需要的消息。OSMboxPend()函数的功能与之相似，不同点在于：

(1) 如果邮箱中没有需要的消息，OSMboxPend()函数将挂起任务，而 OSMboxAccept()函数不挂起任务。

(2) 中断可以调用 OSMboxAccept()函数，而不能调用 OSMboxPend()函数，因为中断不允许挂起等待消息。使用 OSMboxAccept()函数时，如果消息已经到达，该消息被传递到用户任务，并且从消息邮箱中清除。

(3) OSMboxAccept()函数的参数只有一个：pevent 是指向需要查看的消息邮箱的指针，它是调用 OSMboxCreate()函数建立消息邮箱时的返回值。

函数的调用者可以是任务，也可以是中断，配置常量是 OS_MBOX_ACCEPT_EN。

2. 返回值

OSMboxAccept()函数的返回值如下：

（1）如果消息已经到达，返回指向该消息的指针。

（2）如果消息邮箱没有消息，返回空指针。

3. 原理与实现

OSMboxAccept（）函数基本原理：从 pevent 指向的 ECB 中直接读取保存消息的成员变量 .OSEventPtr，不管其中有没有消息，都取走并清空。OSMboxAccept（）函数实现代码如程序清单 7.10 所示。

程序清单 7.10　OSMboxAccept（）函数实现代码

```
# if OS_MBOX_ACCEPT_EN > 0
void * OSMboxAccept (OS_EVENT * pevent)    reentrant {
# if OS_CRITICAL_METHOD == 3
    OS_CPU_SR    cpu_sr;
# endif
    void    * msg;
# if OS_ARG_CHK_EN > 0                       // 参数检查
    if(pevent == (OS_EVENT * )0){            // 检查邮箱指针是否为空
            return((void) * 0);              // 如果是空指针，则返回空
    }
# endif
    if (pevent ->OSEventType != OS_EVENT_TYPE_MBOX){
        return ((void * )0);                 // 如果事件类型不正确，则返回空
    }
    OS_ENTER_CRITICAL();
    msg = pevent ->OSEventPtr;               // 不管有无消息，都取走
    pevent ->OSEventPtr = (void * )0;        // 清空邮箱
    OS_EXIT_CRITICAL();
    return (msg);                            // 返回消息指针
}
# endif
```

4. 应用范例

OSMboxAccept（）函数应用范例如程序清单 7.11 所示。

程序清单 7.11　OSMboxAccept（）函数应用范例

```
OS_EVENT * ComMbox;
void Task (void * ppdata)    reentrant {
    void * msg;
    ppdata = ppdata;
    for (; ; ) {
        msg = OSMboxAccept(ComMbox);         // 检查消息邮箱是否有消息
        if (msg != (void * )0) {             // 如果邮箱中有消息
            应用程序;
        } else {                             // 如果邮箱中没有消息
```

```
        应用程序;
      }
        ⋮
   }
 }
```

7.1.8　查询邮箱的状态——OSMboxQuery( )函数

1. 函数原型

INT8U　OSMboxQuery(OS_EVENT * pevent，OS_MBOX_DATA * ppdata) reentrant

OSMboxQuery()用于查询一个邮箱的当前状态，查询的内容包括：邮箱事件控制块中的消息指针、当前的等待任务列表 OSEventTbl[] 和 OSEventGrp，但不包括.OSEventCnt 和 .OSEventType变量。在调用该函数之前，必须定义一个新的数据结构，用于复制邮箱 ECB 中的某些成员变量，这个新数据结构复制的不是整个事件控制块中的内容，而只是与指定邮箱相关的内容。

因为 OSMboxQuery()函数无需等待，所以调用者可以是任务，也可以是中断，配置常量是 OS_MBOX_QUERY_EN。

函数有如下 2 个参数：

（1）pevent：是指向即将查询的邮箱的指针，它是调用 OSMboxCreate()函数建立消息邮箱时的返回值。

（2）ppdata：是指向 OS_MBOX_DATA 数据结构的指针，数据结构包含如下成员变量：

- void 　* OSMsg：消息邮箱中消息指针的复制；
- INT8U OSEventTbl[]：邮箱中等待列表的复制；
- INT8U OSEventGrp：等待任务所在组的复制。

2. 返回值

OSMboxQuery()函数的返回值是错误代码，有如下几种：

（1）OS_NO_ERR：调用成功；

（2）OS_ERR_PEVENT_NULL：pevent 是空指针

（3）OS_ERR_EVENT_TYPE：pevent 不是指向消息邮箱的指针。

3. 原理与实现

OSMboxQuery()函数基本原理：将 pevent 指向的 ECB 数据结构中的相关数据复制到 OS_MBOX_DATA 数据结构中。OSMboxQuery()函数实现代码如程序清单 7.12 所示。

程序清单 7.12　OSMboxQuery()函数实现代码

```
#if OS_MBOX_QUERY_EN > 0
OSMboxQuery(OS_EVENT * pevent，OS_MBOX_DATA * ppdata)　reentrant {
#if OS_CRITICAL_METHOD == 3
    OS_CPU_SR　cpu_sr;
#endif
    INT8U　* psrc;
```

```
  INT8U    * pdest;

#if OS_ARG_CHK_EN > 0
  if (pevent == (OS_EVENT *)0){          // 确保指针指向的 ECB 可用
      return (OS_ERR_PEVENT_NULL);        // 如果不可用,则返回
  }
  if (pevent ->OSEventType!=0 OS_EVENT_TYPE_MBOX) {
                                          // 确保事件类型是正确的
      return (OS_ERR_EVENT_TYPE);         // 如果不正确,则返回
  }
#endif
  OS_ENTER_CRITICAL();
  ppdata ->OSEventGrp = pevent ->OSEventGrp;   // 复制等待任务列表的组
  psrc          = &pevent ->OSEventTbl[0];     // 指向 ECB 数据结构
  pdest         = &ppdata ->OSEventTbl[0];
                                          // 指向 OS_MBOX_DATA 数据结构

  // 为了避免使用循环语句而增加延迟时间,采用了条件编译来裁剪不必要的循环
  // OS_EVENT_TBL_SIZE= (OS_LOWEST_PRIO) / 8 + 1
#if OS_EVENT_TBL_SIZE > 0
  * pdest ++ = * psrc ++;                 // 复制等待任务列表中的第 1 组
#endif
#if OS_EVENT_TBL_SIZE > 1
  * pdest ++ = * psrc ++;                 // 复制等待任务列表中的第 2 组
#endif
#if OS_EVENT_TBL_SIZE > 2
  * pdest ++ = * psrc ++;                 // 复制等待任务列表中的第 3 组
#endif
#if OS_EVENT_TBL_SIZE > 3
  * pdest ++ = * psrc ++;                 // 复制等待任务列表中的第 4 组
#endif
#if OS_EVENT_TBL_SIZE > 4
  * pdest ++ = * psrc ++;                 // 复制等待任务列表中的第 5 组
#endif
#if OS_EVENT_TBL_SIZE > 5
  * pdest ++ = * psrc ++;                 // 复制等待任务列表中的第 6 组
#endif
#if OS_EVENT_TBL_SIZE > 6
  * pdest ++ = * psrc ++;                 // 复制等待任务列表中的第 7 组
```

```
# endif
# if OS_EVENT_TBL_SIZE > 7
    * ptbl  = * psrc;                              // 复制等待任务列表中的第 8 组
# endif
    pdata ->OSMsg = pevent ->OSEventPtr;
    OS_EXIT_CRITICAL();
    return (OS_NO_ERR);
}
# endif
```

4. 应用范例

OSMboxQuery()函数应用范例如程序清单 7.13 所示。

程序清单 7.13　OSMboxQuery()函数应用范例

```
OS_EVENT * RxMbox;

void Task (void * ppdata)　reentrant {
    OS_MBOX_DATA   cbox_data;
    INT8U                err;
    ppdata =                ppdata;
    for (; ;) {
        ⋮
        err = OSMboxQuery(RxMbox, &cbox_data);
        if (err == OS_NO_ERR) {
            应用程序;
        }
        应用程序;
    }
}
```

7.2　消息队列管理

7.2.1　概述

消息队列是一种以消息链表的方式进行通信的机制,它可以使一个任务或者中断服务子程序向另一个任务发送以指针方式定义的变量。从本质上说,消息队列是一个邮箱阵列。每个指针指向的数据结构,允许根据实际需求而定义成不同的类型。

1. 消息队列的特点

消息队列具有如下特点:

(1) 由于实现消息队列需要事件控制块、队列控制块等多种数据结构,所以它增加了管理的负担。

(2) 消息队列通信机制非常快捷。

（3）消息队列机制是异步信息处理，不是实时的。

2. 使用条件

消息队列的使用条件如下：

（1）在 OS_CFG.H 文件中，应该将 OS_Q_EN 常数设置为 1；

（2）通过设置配置常量 OS_MAX_QS $\geq$ 2 来决定 μC/OS-Ⅱ 支持的最多消息队列数；

（3）必须定义一个含有与消息队列最大消息数相同个数的指针数组；

（4）在使用一个消息队列之前，必须先建立该消息队列。这可以通过调用 OSQCreate() 函数，并定义消息队列中的单元数（消息数）来完成。

3. 应用场合

消息队列一般用在如下几种场合：

（1）发送者不需要等待应答时；

（2）当发送者和接收者有可能不在同一时间运行时；

（3）当与一组接收者中任何一个接收者进行通信时；

（4）对于多个发送者和接收者之间复杂的交互操作。

4. 消息队列管理函数

如表 7.3 所示，μC/OS-Ⅱ 提供了 9 种消息队列管理函数，函数所属文件是 OS_Q.C。

表 7.3　消息队列函数一览表

函　数	功　能	调用者
OSQCreate()	建立消息队列	任务或者启动代码
OSQDel()	删除消息队列	任务
OSQPend()	等待消息队列中的一则消息	任务
OSQPost()	向消息队列发送一则消息（FIFO）	任务或者中断
OSQPostFront()	向消息队列发送一则消息（LIFO）	任务或者中断
OSQPostOpt()	以可选方式向消息队列发送一则消息（FIFO 或 LIFO）	任务或者中断
OSQAccept()	无等待地从消息队列中获得一则消息	任务或者中断
OSQFlush()	清空消息队列	任务或者中断
OSQQuery()	查询一个消息队列的状态	任务

5. 消息队列的配置常量

在使用队列函数之前，必须将 OS_CFG.H 文件中相应的配置常量设置为 0 或 1，以确定是编译还是裁剪该函数，配置常量如表 7.4 所示。

表 7.4　消息队列配置常量一览表

队列函数	配置常量	说　　明
系统配置	OS_Q_EN	该常量清 0 时，屏蔽所有队列函数
	OS_MAX_QS	决定队列的最大数目，该常量为 0 时，屏蔽所有队列函数
	OS_MAX_EVENTS	决定队列的最大数目
OSQCreate() OSQPend()		队列必须支持这两个函数，不能单独屏蔽，所以无配置常量
OSQDel()	OS_Q_DEL_EN	
OSQPost()	OS_Q_POST_EN	
OSQPostFront()	OS_Q_FRONT_EN	这 3 个函数至少要选择其中的一个
OSQPostOpt()	OS_Q_POST_OPT_EN	
OSQAccept()	OS_Q_ACCEPT_EN	该常量清 0 时，屏蔽该函数；置 1 时，允许调用
OSQFlush()	OS_Q_FLUSH_EN	该常量清 0 时，屏蔽该函数；置 1 时，允许调用
OSQQuery()	OS_Q_QUERY_EN	该常量清 0 时，屏蔽该函数；置 1 时，允许调用

6. 任务、中断服务子程序和消息队列之间的关系

任务、中断服务子程序与消息队列之间的关系如图 7.4 所示。

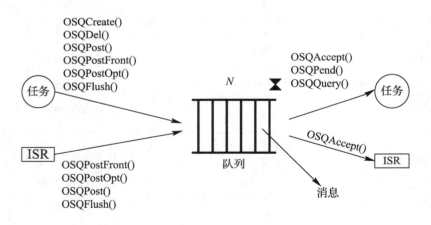

图 7.4　任务、中断服务子程序和消息队列之间的关系

7.2.2　实现消息队列所需要的各种数据结构

如图 7.5 所示，如果要建立一个消息队列，首先需要定义一个事件控制块 OS_EVENT 和一个含有与最大消息数相同个数的指针数组。当用 OSQCreate() 函数建立消息队列时，一个队列控制块 OS_Q 也同时被建立，并通过 OS_EVENT 中的 .OSEventPtr 变量链接到

对应的事件控制块，数组的起始地址以及数组中的元素数作为参数传递给 OSQCreate( ) 函数。但是，如果内存占用了连续的地址空间，也没有必要非得使用指针数组结构。

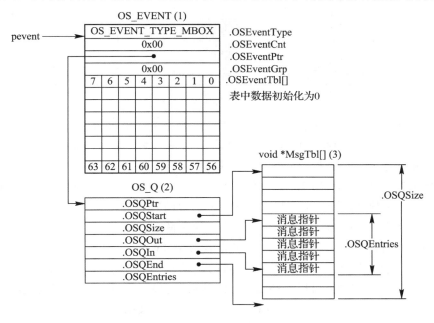

图 7.5　用于消息队列的各种数据结构

队列控制块是一个用于维护消息队列的数据结构，其代码如程序清单 7.14 所示。

程序清单 7.14　队列控制块

```
typedef struct os_q {          // 队列控制块数据结构
    struct os_q    * OSQPtr;   // 在空闲队列控制块链表中链接下一个队列控制块的指针，一
                               // 旦建立了消息队列，该变量就不再有用了
    void * * OSQStart;         // 指向消息队列的指针数组的起始地址的指针，用户应用程序
                               // 在使用消息队列之前必须先定义该数组
    void * * OSQEnd;           // 指向消息队列结束单元的下一个地址的指针，该指针使得消
                               // 息队列构成一个循环的缓冲区
    void * * OSQIn;            // 指向消息队列中插入下一条消息的位置指针，当.OSQIn 和
                               // .OSQEnd 相等时，.OSQIn 被调整指向消息队列的起始单元
    void  * * OSQOut;          // 指向消息队列中下一个取出消息的位置指针
    INT16U OSQSize;            // 消息队列中总的单元数，最大值为 65 536
    INT16U OSQEntries;         // 消息队列中当前的消息数量，当消息队列为空时，该值为 0
                               // 当消息队列满了以后，该值和.OSQSize 值一样。在消息队
                               // 列刚刚建立时，该值为 0
} OS_Q;
```

消息队列的最大消息数由 OS_CFG.H 文件中的配置常量 OS_MAX_QS 决定，当这个值和 OS_Q_EN 为 0 时，所有队列功能都不能使用。当 μC/OS‑Ⅱ 在初始化时，会根据 OS_MAX_QS 的值建立一个空闲队列控制块链表，如图 7.6 所示。

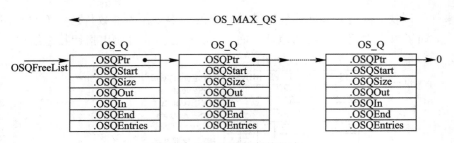

图 7.6 空闲队列控制块链表

消息队列的核心是一个循环缓冲区，如图 7.7 所示，详细说明如下：

（1）当队列未满时，.OSQIn 指向下一个存放消息的地址单元。如果在 .OSQIn 指向的单元插入新的消息指针，就构成先进先出（FIFO）队列，这由 OSQPost() 函数完成；

（2）如果在 .OSQOut 指向的下一个单元插入新的消息指针，就构成后进先出（LIFO）队列，这可以由 OSQPostFront() 和 OSQPostOpt() 函数实现；

（3）当 .OSQEntries 和 .OSQSize 相等时，说明队列已满；

（4）消息的指针总是从 .OSQOut 指向的单元取出；

（5）指针 .OSQStart 和 .OSQEnd 指向的是消息指针数组的头和尾，当 .OSQIn 和 .OSQOut 到达队列边缘时，可以调整指针，使其指向 .OSQStart，从而实现循环功能。

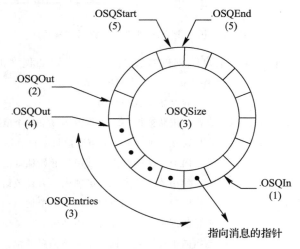

图 7.7 由指针组成的消息队列循环缓冲区

7.2.3 建立消息队列——OSQCreate() 函数

1. 函数原型

OS_EVENT ∗ OSQCreate(void ∗ ∗ start，INT16U size) reentrant

OSQCreate() 函数用于建立一个消息队列，任务或中断可以通过消息队列向其他一个或多个任务发送消息，消息的含义是和具体的应用密切相关的，没有单独的配置常量。

OSQCreate() 函数有两个参数：

（1）start：是消息内存区的基地址，消息内存区是一个指针数组，指针数组必须声明为 void 类型；

（2）size：是消息内存区的容量。

2. 返回值

如果队列建立成功，OSQCreate()函数返回一个指向消息队列事件控制块的指针；如果没有空闲的事件块，说明建立不成功，OSQCreate()函数返回空指针。

3. 原理与实现

OSQCreate()函数基本原理：分别从空闲 ECB 链表和空闲队列控制块链表中各取一个控制块，对这两个控制块进行初始化配置，并将队列控制块链接到 ECB 中，最后返回的指针即为消息队列的指针。OSQCreate()函数实现代码如程序清单 7.15 所示。

程序清单 7.15　OSQCreate()函数实现代码

```
OS_EVENT  * OSQCreate (void * * start, INT16U size)  reentrant {
   #if OS_CRITICAL_METHOD == 3                        // 用第三种方法开关中断
     OS_CPU_SR  cpu_sr;                               // 定义局部变量，用于保存中断状态
   #endif
     OS_EVENT  * pevent;
     OS_Q      * pq;
     if (OSIntNesting > 0) {                          // 确保中断服务子程序不能调用
         return ((OS_EVENT * )0);
     }
     OS_ENTER_CRITICAL();
     pevent = OSEventFreeList;                        // 取第 1 个空闲 ECB
     if (OSEventFreeList! = (OS_EVENT * )0) {         // 检查获取的空闲 ECB 是否可用
         OSEventFreeList = (OS_EVENT * )OSEventFreeList ->OSEventPtr;
                                                      // 若可用，调整指针
                                                      // 将指针指向下一空闲 ECB
     }
     OS_EXIT_CRITICAL();
     if (pevent! = (OS_EVENT * )0) {                  // 检查获取的 ECB 是否可用
         OS_ENTER_CRITICAL();                         // 若可用，则关中断
         pq = OSQFreeList;                            // 取第 1 个空闲队列控制块
         if (pq! = (OS_Q * )0) {                      // 检查第 1 个空闲队列控制块是否可用
             OSQFreeList    = OSQFreeList ->OSQPtr;  // 若可用，取走一个控制块后，需调整指针
             OS_EXIT_CRITICAL();                      // 关中断
                                                      // 以下对队列控制块和 ECB 进行初始化
             pq ->OSQStart   = start;                // 配置循环队列起始单元指针
             pq ->OSQEnd    = &start[size];          // 配置循环队列结束单元指针
             pq ->OSQIn     = start;                 // 配置插入消息单元起始指针
             pq ->OSQOut    = start;                 // 配置取出消息单元起始指针
             pq ->OSQSize   = size;                  // 配置队列容量
             pq ->OSQEntries = 0;                    // 配置队列消息数
             pevent ->OSEventType = OS_EVENT_TYPE_Q; // 设置事件控制块类型
             pevent ->OSEventCnt  = 0;               // 只有事件是信号量时才用此变量
             pevent ->OSEventPtr   = pq;             // 将队列控制块链接到 ECB 中
```

```
            OSEventWaitListInit(pevent);                        // 初始化等待任务列表
        } else {                                                // 若无可用事件控制块
            pevent->OSEventPtr = (void *)OSEventFreeList;       // 清除指针链接
            OSEventFreeList    = pevent;                        // 将获取的 ECB 还给空闲 ECB 链表
            OS_EXIT_CRITICAL();                                 // 开中断
            pevent = (OS_EVENT *)0;                             // 队列未成功建立，返回空指针
        }
    }
    return (pevent);                                            // 返回消息队列指针
}
```

4. 应用范例

OSQCreate()函数应用范例如程序清单 7.16 所示。

程序清单 7.16　OSQCreate()函数应用范例

```
OS_EVENT   * TaskQ;                          // 定义一个 ECB 类型的指针
void       * ComMsg[20];                     // 定义一个指针数组，用于保存消息指针
void main(void) {
    OSInit();                                // 初始化 μC/OS-Ⅱ
    TaskQ = OSQCreate(&ComMsg[0], 20);       // 建立消息队列
    ⋮
    OSStart();                               // 启动多任务内核
}
```

7.2.4　删除消息队列——OSQDel()函数

1. 函数原型

OS_EVENT * OSQDel(OS_EVENT * pevent，INT8U opt，INT8U * err)reentrant

OSQDel()函数用于删除消息队列。它有三个参数：

（1）pevent：是指向即将被删除的消息队列的指针，它是调用 OSQCreate()函数建立队列时的返回值。

（2）opt：定义消息队列删除条件的选项，它有如下两种选择：

· OS_DEL_NO_PEND：只能在没有任何任务等待该消息队列的消息时，才能删除消息队列；

· OS_DEL_ALWAYS：不管有没有任务在等待队列消息，都立即删除消息队列。删除后，所有等待消息的任务立即进入就绪状态。

（3）err：指向错误代码的指针，错误代码有以下几种：

· OS_NO_ERR：消息队列删除成功；

· OS_ERR_DEL_ISR：试图在中断服务子程序中删除消息队列，为非法操作；

· OS_ERR_INVALID_OPT：无效的 opt 参数，用户没有将 opt 定义为正确的选择；

· OS_ERR_EVENT_TYPE：pevent 不是指向消息队列的指针；

· OS_ERR_PEVENT_NULL：没有 OS_EVENT 数据结构可以使用。

2. 返回值

OSQDel()函数若删除成功，则返回空指针；若没能删除，则返回 pevent。

3. 原理与实现

OSQDel()函数基本原理：将参数 pevent 指向的 ECB 和队列控制块设置为初始状态，并将它们重新链接回空闲 ECB 链表。OSQDel()函数实现代码如程序清单 7.17 所示。

程序清单 7.17　OSQDel()函数实现代码

```
#if OS_Q_DEL_EN > 0
OS_EVENT  * OSQDel (OS_EVENT  * pevent，INT8U opt，INT8U  * err) reentrant {
#if OS_CRITICAL_METHOD == 3
    S_CPU_SR  cpu_sr;
#endif
    BOOLEAN    tasks_waiting;
    OS_Q      * pq;
    if (OSIntNesting > 0) {                        // 确保中断不能调用
        * err = OS_ERR_DEL_ISR;
        return ((OS_EVENT  * )0);
    }
#if OS_ARG_CHK_EN > 0
    if (pevent = = (OS_EVENT  * )0) {              // 确保参数 pevent 是非空指针
        * err = OS_ERR_PEVENT_NULL;
        return (pevent);
    }
#endif
    if (pevent ->OSEventType != OS_EVENT_TYPE_Q) {   // 确保参数 pevent 是消息队列指针
        * err = OS_ERR_EVENT_TYPE;
        return (pevent);
    }
    OS_ENTER_CRITICAL();
    if (pevent ->OSEventGrp != 0x00) {            // 检验是否有任务在等待消息
        tasks_waiting = TRUE;                      // 若有，等待标志变量置"TRUE"
    } else {                                        // 若无任务在等待消息
        tasks_waiting = FALSE;                     // 等待标志变量置"FALSE"
    }
    switch (opt) {                                 // 根据 opt 选项参数分别处理
        case OS_DEL_NO_PEND:                       // 仅在没有任务等待消息时才删除队列

            if (tasks_waiting == FALSE) {         // 如果没有任务等待消息
                pq    = (OS_Q  * )pevent ->OSEventPtr;  // 取队列控制块指针
                pq ->OSQPtr      = OSQFreeList;    // 将该队列控制块链接到空闲链表中去
                OSQFreeList       = pq;            // 调整空闲队列链表指针，将首指针
                                                   // 指向被删除的队列控制块
                pevent ->OSEventType = OS_EVENT_TYPE_UNUSED;
                                                   // 设置 ECB 为未使用
                pevent ->OSEventPtr = OSEventFreeList;  // 将被删除的 ECB 链接至空闲链表
```

```
            pevent ->OSEventCnt = 0;                // 未使用的变量,在此设置为 0
            OSEventFreeList      = pevent;           // 调整空闲 ECB 链表首指针,
                                                     // 使其指向被删除的 ECB

            OS_EXIT_CRITICAL();
            * err        = OS_NO_ERR;
            return ((OS_EVENT * )0);                 // 返回空指针,表明队列被删除
        } else {                                     // 如果有任务在等待消息
            OS_EXIT_CRITICAL();
            * err        = OS_ERR_TASK_WAITING;
            return (pevent);                         // 没有被成功删除,返回指针
        }
    case OS_DEL_ALWAYS:                              // 无论有无任务在等待消息都删除
        while (pevent ->OSEventGrp! = 0x00) {        // 所有等待消息的任务都置于就绪
            OSEventTaskRdy(pevent, (void * )0, OS_STAT_Q);
        }
        pq          = (OS_Q * )pevent ->OSEventPtr;  // 从 ECB 中取队列控制块指针
        pq ->OSQPtr           = OSQFreeList;         // 将队列控制块还给空闲链表
        OSQFreeList           = pq;
        pevent ->OSEventType = OS_EVENT_TYPE_UNUSED;
        pevent ->OSEventPtr   = OSEventFreeList;     // 将被删除的 ECB 还给空闲链表
        pevent ->OSEventCnt   = 0;
        OSEventFreeList       = pevent;              // 空闲链表指针指向被删除的 ECB
        OS_EXIT_CRITICAL();
        if (tasks_waiting == TRUE) {                 // 如果有任务在等待消息时删除
            OS_Sched();                              // 运行准备就绪的最高优先级任务
        }
        * err = OS_NO_ERR;
        return ((OS_EVENT * )0);                     // 队列被成功删除,返回空指针
    default:                                         // 其他情况
        OS_EXIT_CRITICAL();
        * err = OS_ERR_INVALID_OPT;                  // 选项 opt 参数无效
        return (pevent);                             // 没能删除,返回原指针
    }
}
#endif
```

7.2.5 等待消息队列中的一则消息——OSQPend()函数

1. 函数原型

void * OSQPend(OS_EVENT * pevent,INT16U timeout,INT8U * err) reentrant

OSQPend()函数用于任务等待队列消息,消息可以通过中断或任务发送给其他任务。消息是一个指针类型的变量,指针指向的内容即是消息,消息的数据类型可能会因具体应用的不同而有所差异。

OSQPend()函数调用后可能产生如下三种结果之一：

（1）如果调用 OSQPend()函数时队列中已经存在需要的消息，那么该消息被返回给调用者，队列中清除该消息；

（2）如果调用 OSQPend()函数时队列中没有需要的消息，函数挂起当前任务直到得到需要的消息或定义的超时时间期满；

（3）如果同时有多个任务等待同一个消息，μC/OS-Ⅱ默认最高优先级的任务取得消息并取得 CPU 的运行权。

由 OSTaskSuspend()函数挂起的任务也可以接收消息，但该任务不能立即得到运行，将一直保持挂起状态直到调用 OSTaskResume()函数唤醒。OSQPend()函数有三个参数：

（1）pevent：是指向包含所需消息的消息队列的指针，它是调用 OSQCreate()函数建立队列时的返回值。

（2）timeout：任务等待消息的延时时限，单位是时钟节拍，取值范围是 0~65 535。

· 如果参数取值为 0，则表示任务无限期地等待消息，直到收到消息才转入就绪；

· 如果参数取值为 1~65 535 之间的任何值，这个值即为任务等待消息的最长延时。若在指定的延时期限内还没有得到消息，即使任务进入就绪；

· 这个时间长度存在 1 个时钟节拍的误差，因为超时时钟节拍数量仅在每个时钟节拍发生后才会递减。

（3）err：指向错误代码变量的指针，其值有如下几种：

· OS_NO_ERR：消息被正确地接收；

· OS_TIMEOUT：在指定的延时期限内没有得到消息；

· OS_ERR_PEND_ISR：从中断调用该函数；

· OS_ERR_EVENT_TYPE：pevent 不是指向消息队列的指针。

OSQPend()函数的调用者只能是任务，无单独的配置常量。

2. 返回值

如果接收的消息正确，则 OSQPend()函数返回接收的消息指针，并将 ＊err 置为 OS_NO_ERR；如果没有在指定的延时期限内收到需要的消息，OSQPend()函数返回空指针并且将 ＊err 设置为 OS_TIMEOUT。

3. 原理与实现

OSQPend()函数基本原理：从参数 pevent 指针指向的 ECB 中获取队列控制块，检查队列控制块中消息数量变量 .OSQEntries 是否大于 0。如果 .OSQEntries > 0，表明队列中有消息，则递减消息数量，并用 .OSQOut 读取消息指针且返回这个指针；如果 .OSQEntries = 0，表明队列中没有消息，则调用 OSEventTaskWait()函数挂起当前任务，直到得到消息或者延时期满。OSQPend()函数实现代码如程序清单 7.18 所示。

程序清单 7.18　OSQPend()函数实现代码

```
void   ＊OSQPend (OS_EVENT ＊pevent, INT16U timeout, INT8U ＊err) reentrant {
# if OS_CRITICAL_METHOD == 3
    OS_CPU_SR   cpu_sr;
# endif
    void       ＊msg;
    OS_Q       ＊pq;
```

```
    if (OSIntNesting > 0) {                           // 确保中断不能调用
        * err = OS_ERR_PEND_ISR;                      // 返回中断调用错误代码
        return ((void *)0);
    }
# if OS_ARG_CHK_EN > 0
    if (pevent = = (OS_EVENT *)0) {                   // 确保事件控制块可用
        * err = OS_ERR_PEVENT_NULL;
        return ((void *)0);
    }
    if (pevent ->OSEventType! = OS_EVENT_TYPE_Q) {
                                                       // 确保事件控制块的类型是队列
        * err = OS_ERR_EVENT_TYPE;
        return ((void *)0);
    }
# endif
    OS_ENTER_CRITICAL();
    pq = (OS_Q *)pevent ->OSEventPtr;                 // 取向队列控制块指针
    if (pq ->OSQEntries > 0) {                        // 检查队列中是否有消息
        msg = * pq ->OSQOut++;                        // 若有消息,则读取一则消息
        pq ->OSQEntries --;                           // 更新队列中的消息数量
        if (pq ->OSQOut == pq ->OSQEnd) {             // 检查当前指针是否已经指向队列末端
            pq ->OSQOut = pq ->OSQStart;              // 若是,则调整指针,将其指向循环队列
                                                       // 的首地址
        }
        OS_EXIT_CRITICAL();
        * err = OS_NO_ERR;
        return (msg);                                  // 成功取得,返回消息
    }
    //如果队列中没有消息,则运行如下程序
    OSTCBCur ->OSTCBStat |= OS_STAT_Q;                // 置状态标志,以示等待的任务被挂起
    OSTCBCur ->OSTCBDly   = timeout;                  // 延时时限值保存到 TCB 中
    OSEventTaskWait(pevent);                           // 挂起任务直到事件发生或延时期满
    OS_EXIT_CRITICAL();
    OS_Sched();                                        // 当前任务被挂起,运行新任务
    // 只有在延时期满或者正确接受消息时,才能运行下面程序
    OS_ENTER_CRITICAL();
    if (OSTCBCur ->OSTCBStat & OS_STAT_Q) {           // 检查挂起状态是否取消
        OSEventTO (pevent);                            // 若为取消,则是因延时期满而使任务就绪
        OS_EXIT_CRITICAL();
        * err = OS_TIMEOUT;                            // 设置错误代码
        return ((void *)0);                            // 未获得消息,返回空指针
    }
    // 如果不是因为延时期满而取得的运行权,就一定是收到了消息
    msg       = OSTCBCur ->OSTCBMsg;                  // 从 TCB 中取得消息指针
```

```
OSTCBCur ->OSTCBMsg       = (void *)0;        // 从 TCB 中清除消息
OSTCBCur ->OSTCBStat      = OS_STAT_RDY;
                                              // 设置就绪状态标志
OSTCBCur ->OSTCBEventPtr  = (OS_EVENT *)0;
                                              // 任务已经就绪,不再等待事件
                                              // 故清除 TCB 中的 ECB 指针
OS_EXIT_CRITICAL();
* err        = OS_NO_ERR;
return (msg);                                 // 成功取得,返回消息
}
```

4. 应用范例

OSQPend()函数应用范例如程序清单 7.19 所示。

程序清单 7.19　OSQPend()函数应用范例

```
OS_EVENT * TaskQ;
void Task(void * ppdata)   reentrant {
    INT8U      err;
    void       * msg;
    ppdata = ppdata;
    for (; ;) {
        ⋮
        msg = OSQPend(TaskQ, 100, &err);      // 定义延时时间为 100 个时钟节拍
        if (err == OS_NO_ERR) {               // 在指定时间内接收到消息
            应用程序;
        } else {                              // 在指定的延时内没有接收到指定的消息
            应用程序;
        }
    }
}
```

7.2.6　向消息队列发送一则(FIFO)消息——OSQPost()函数

1. 函数原型

INT8U OSQPost(OS_EVENT * pevent, void * msg)   reentrant

OSQPost()函数通过消息队列向其他任务发送消息。函数发送的不是消息本身,而是一个指向消息的指针,消息的数据类型可能会因具体应用的不同而有所差异。

OSQPost()函数调用后可能产生如下三种结果之一:

(1) 如果队列中有消息,且已满,则返回错误代码,OSQPost()函数立即返回调用者,并丢弃消息;

(2) 不管队列中有无消息,若不满,则将消息放入队列中,成功返回;

(3) 如果有任务在等待消息,则最高优先级的任务将得到这个消息。如果等待消息的任务优先级比函数的调用者优先级高,那么这个高优先级的任务将因得到消息而恢复执行,函数的调用者被挂起,发生一次任务切换。

OSQPost()函数的机制是先入先出(FIFO),先进入队列的消息先被传递给任务。

OSQPost()函数有两个参数：

(1) pevent：指向即将接受消息的消息队列的指针，它是调用 OSQCreate()函数建立队列时的返回值；

(2) msg：即将发送给任务的消息，消息是一个指针型变量，消息的数据类型可能会因具体应用的不同而有所差异，不允许传递一个空指针。

2. 返回值

OSQPost()函数的返回值是错误代码，有如下几种：

(1) OS_NO_ERR：消息成功地放到消息队列中；

(2) OS_Q_FULL：消息队列已满；

(3) OS_ERR_EVENT_TYPE：pevent 不是指向消息队列的指针；

(4) OS_ERR_PEVENT_NULL：pevent 是空指针；

(5) OS_ERR_POST_NULL_PTR：发出的是空指针。

3. 原理与实现

OSQPost()函数基本原理：首先检查参数 pevent 指向的等待任务列表中是否有任务在等待消息。如果有，则调用 OSEventTaskRdy()函数使其 HPT 获得消息并转入就绪，调用 OS_Sched()函数切换任务；如果没有，再检查循环队列缓冲区是否已满。如果已满，则丢弃消息返回；如果未满或空，则将消息保存到 .OSQIn 指针所指向的单元，并向下一个单元移动指针，成功发送消息返回。构成 FIFO 机制的关键就是将数据保存在 .OSQIn 指针指向的单元，位列循环队列缓冲区当前消息数据的最后端。OSQPost()函数实现代码如程序清单 7.20 所示。

程序清单 7.20　　　OSQPost()函数实现代码

```
#if OS_Q_POST_EN > 0
INT8U   OSQPost (OS_EVENT * pevent, void * msg) reentrant{
#if OS_CRITICAL_METHOD == 3
    OS_CPU_SR   cpu_sr;
#endif
    OS_Q        * pq;
#if OS_ARG_CHK_EN > 0
    if (pevent == (OS_EVENT *)0) {           // 确保 pevent 指针有效
        return (OS_ERR_PEVENT_NULL);
    }
#endif
    if (pevent ->OSEventType! = OS_EVENT_TYPE_Q) {     // 确保指针指向的是队列
        return (OS_ERR_EVENT_TYPE);
    }
    OS_ENTER_CRITICAL();
    if (pevent ->OSEventGrp! = 0x00) {       // 检查队列中是否有任务在等消息
        OSEventTaskRdy(pevent,, msg, OS_STAT_Q);// 若有，则使 HPT 获得消息并进入就绪
        OS_EXIT_CRITICAL();
        OS_Sched();                          // 运行准备就绪的最高优先级任务
        return (OS_NO_ERR);
    }
```

```
    // 当没有任务在等消息时，运行以下程序
    pq = (OS_Q *)pevent ->OSEventPtr;              // 获取队列控制块指针
    if (pq ->OSQEntries >= pq ->OSQSize) {         // 确保队列未满
        OS_EXIT_CRITICAL();
        return (OS_Q_FULL);                        // 如果队列满，则返回错误代码
    }
    * pq ->OSQIn++ = msg;                          // 如果队列未满，则将消息插入队列
    pq ->OSQEntries++;                             // 更新队列中消息的数量
    if (pq ->OSQIn == pq ->OSQEnd) {               // 检查指针是否指向队列的末端
        pq ->OSQIn= pq ->OSQStart;                 // 若是，则调整指针，指向队列循环
                                                   // 队列的首地址

    }
    OS_EXIT_CRITICAL();
    return (OS_NO_ERR);                            // 成功发出消息，返回
}
#endif
```

4. 应用范例

OSQPost()函数应用范例如程序清单 7.21 所示。

程序清单 7.21　　　OSQPost()函数应用范例

```
OS_EVENT * TaskQ;
void   TaskRx(void * ppdata)   reentrant {
    INT8U   err;
    INT8U   SendBuf;
    ppdata = ppdata;
    for (; ; ) {
        ⋮
        err = OSQPost(TaskQ, (void *)& SendBuf);
        if (err == OS_NO_ERR) {                    // 成功发送消息
            应用程序;
        } else {                                   // 发送消息不成功
            应用程序;
        }
    }
}
```

7.2.7　向消息队列发送一则（LIFO）消息——OSQPostFront()函数

1. 函数原型

INT8U OSQPostFront(OS_EVENT * pevent，void * msg) reentrant

OSQPostFront()函数通过消息队列向其他任务发送消息，但发送的不是消息本身，而是指向消息的指针，消息的数据类型可能会因具体应用的不同而有所差异。

OSQPostFront()和 OSQPost()函数非常相似，不同之处在于前者将发送的消息插到消息队列的最前端，使得消息队列按照后入先出（LIFO）的方式工作，而后者按先入先出（FIFO）的机制工作。

函数的调用者是任务或者中断，配置常量是 OS_Q_POST_FRONT_EN。

调用后可能产生如下三种结果之一：

（1）如果队列中有消息，且已满，则返回错误代码，OSQPost()函数立即返回调用者，消息也没有能够发到队列。

（2）不管队列中有无消息，若不满，则将消息放入队列中，成功返回。

（3）如果有任务在等待消息，则最高优先级的任务将得到这个消息。如果等待消息的任务的优先级比函数的调用者优先级高，那么高优先级的任务将得到消息而恢复执行，调用者被挂起，发生一次任务切换。

函数有两个参数：

（1）pevent：指向即将接收消息的消息队列的指针，它是调用 OSQCreate()函数建立队列时的返回值；

（2）msg：即将发送给任务的消息，消息是一个指针型变量，消息的数据类型可能会因具体应用的不同而有所差异，不允许传递一个空指针。

2. 返回值

OSQPostFront()函数的返回值是错误代码，有如下几种：

（1）OS_NO_ERR：消息成功地发送到消息队列中；

（2）OS_Q_FULL：消息队列已满；

（3）OS_ERR_EVENT_TYPE：pevent 不是指向消息队列的指针；

（4）OS_ERR_PEVENT_NULL：pevent 是空指针；

（5）OS_ERR_POST_NULL_PTR：发出空指针。

3. 原理与实现

OSQPostFront()函数基本原理：首先检查参数 pevent 指向的等待任务列表中是否有任务在等待消息。如果有，则调用 OSEventTaskRdy()函数使其 HPT 获得消息并转入就绪，调用 OS_Sched()函数切换任务；如果没有，再检查循环队列缓冲区是否已满。如果已满，则丢弃消息返回；如果未满或空，则调整 .OSQOut 指针，使其指向前一个单元，将消息存入该单元，成功发送消息返回。构成 LIFO 机制的关键就是将数据保存在 .OSQOut 指针指向的前一个单元，位于循环队列缓冲区当前消息数据的最前端。OSQPostFront()函数实现代码如程序清单 7.22 所示。

程序清单 7.22　OSQPostFront()函数实现代码

```
#if OS_Q_POST_FRONT_EN > 0
INT8U  OSQPostFront (OS_EVENT * pevent, void  * msg) reentrant {
#if OS_CRITICAL_METHOD == 3
    OS_CPU_SR  cpu_sr;
#endif
    OS_Q      * pq;
#if OS_ARG_CHK_EN > 0
    if (pevent == (OS_EVENT  * )0) {              // 确保 pevent 指针有效
        return (OS_ERR_PEVENT_NULL);
    }
#endif
    if (pevent ->OSEventType! = .OS_EVENT_TYPE_Q) {
```

```
                                              // 确保 pevent 指向的是消息队列
        return（OS_ERR_EVENT_TYPE）；
    ｝
    OS_ENTER_CRITICAL（）；
    if（pevent ->OSEventGrp！= 0x00）｛        // 检查是否有任务在等待消息
        OSEventTaskRdy（pevent，msg，OS_STAT _Q）；// 若有，则将消息传递给 HPT 并使其就绪
        OS_EXIT_CRITICAL（）；
        OS_Sched（）；                          // 运行准备就绪的最高优先级任务
        return（OS_NO_ERR）；
    ｝
    // 若无任务在等待消息，则分队列已满和队列未满或空两种情况处理
    pq =（OS_Q ＊）pevent ->OSEventPtr；        // 将指针指向队列控制块
    if（pq ->OSQEntries ＞= pq ->OSQSize）｛     // 确保队列未满
        OS_EXIT_CRITICAL（）；
        return（OS_Q_FULL）；                   // 若已满，则返回错误代码，丢弃消息
    ｝
    // 以下处理队列未满或者空的情况
    if（pq ->OSQOut == pq ->OSQStart）｛         // 检查指针是否指向队列的起始端
        pq ->OSQOut = pq ->OSQEnd；            // 若是，则调整指针，指向队列末端
    ｝
    pq ->OSQOut --；                           // 调整指针，指向队列缓冲区前一个单元
    ＊ pq ->OSQOut = msg；                     // 保存消息
    pq ->OSQEntries＋＋；                       // 更新队列中消息的数量
    OS_EXIT_CRITICAL（）；
    return（OS_NO_ERR）；
｝
♯ endif
```

4. 应用范例

OSQPostFront()函数应用范例如程序清单 7.23 所示。

程序清单 7.23　　OSQPostFront()函数应用范例

```
OS_EVENT ＊ TaskQ；
void　Task（void ＊ ppdata）　reentrant ｛
    INT8U        err；
    INT8U        SendBuf；
    ppdata = ppdata；
    for（；；）｛
        ⋮
        err = OSQPostFront（TaskQ，（void ＊）&SendBuf）；
        if（err == OS_NO_ERR）｛            // 成功发送消息
            应用程序；
        ｝ else ｛                         // 消息发送不成功
            应用程序；
        ｝
```

```
    }
}
```

7.2.8 以可选方式(FIFO 或 LIFO)向消息队列发一则消息

1. 函数原型

INT8U OSQPostOpt（OS_EVENT ＊ pevent，void ＊ msg，INT8U opt）　reentrant

OSQPostOpt()函数通过队列向其他任务发送消息，但发送的不是消息本身，而是指向消息的指针，在不同的应用中，消息的数据类型可能不同。OSQPostOpt()不仅可替代 OSQPostFront()和 OSQPostFront ()，而且还可广播发送消息。

函数的调用者是任务或者中断，配置常量是 OS_Q_POST_FRONT_EN。

该函数调用后可能产生如下三种结果之一：

（1）若队列中有消息，且已满，则返回错误代码，OSQPostOpt()函数立即返回调用者，并丢弃消息；

（2）不管队列中有无消息，若不满，则将消息放入队列中，成功返回；

（3）如果有任务在等待消息，则将根据 opt 选项的要求分别处理。如果 opt 的值为 OS_POST_OPT_BROADCAST，则给所有等待消息的任务发送广播消息；如果 opt 为其他值，则最高优先级的任务将得到这个消息。不管哪种情况，如果等待消息的任务优先级比函数的调用者优先级高，那么这个高优先级的任务将因得到消息而恢复执行，函数的调用者被挂起，发生一次任务切换。

函数有三个参数：

（1）pevent：指向即将接收消息的消息队列的指针，它是调用 OSQCreate()函数建立队列时的返回值。

（2）msg：是发送给任务的消息。消息是一个用指针表示的变量，不允许传递一个空指针。

（3）opt：消息发送方式的选项，它有如下几种选择的参数：

· OS_POST_OPT_NONE：发消息给一个任务，仿真 OSQPost()函数；

· OS_POST_OPT_BROADCAST：给等待消息的任务发送广播消息；

· OS_POST_OPT_FRONT：LIFO 方式发送消息，同 OSQPostFront() 函数；

· OS_POST_OPT_FRONT ＋
  OS_POST_OPT_BROADCAST：仿真 OSQPostFront()函数，且广播消息。

2. 返回值

OSQPostOpt()函数的返回值是错误代码，有如下几种：

（1）OS_NO_ERR：消息成功地放到消息队列中；

（2）OS_Q_FULL：消息队列已满；

（3）OS_ERR_EVENT_TYPE：pevent 不是指向消息队列的指针；

（4）OS_ERR_PEVENT_NULL：pevent 是空指针；

（5）OS_ERR_POST_NULL_PTR：发出空指针。

3. 原理与实现

OSQPostOpt()函数基本原理如图 7.8 所示，函数实现代码如程序清单 7.24 所示。

程序清单 7.24　OSQPostOpt()函数实现代码

```
#if OS_Q_POST_OPT_EN > 0
INT8U   OSQPostOpt (OS_EVENT * pevent, void * msg, INT8U opt)   reentrant {
#if OS_CRITICAL_METHOD == 3
    OS_CPU_SR   cpu_sr;
#endif
    OS_Q            * pq;
#if OS_ARG_CHK_EN > 0
    if (pevent == (OS_EVENT * )0) {                 // 确保 pevent 指针不是空指针
    return (OS_ERR_PEVENT_NULL);
    }
    if (msg == (void * )0) {                        // 确保发送的不是空指针
        return (OS_ERR_POST_NULL_PTR);
    }
#endif
    if (pevent ->OSEventType!= OS_EVENT_TYPE_Q) {
                                                    // 确保 pevent 是指向队列的指针
        return (OS_ERR_EVENT_TYPE);
    }
    OS_ENTER_CRITICAL();
    if (pevent ->OSEventGrp!= 0x00) {               // 检查是否有任务在等待消息
        // 若有任务等待消息，则分广播发送和非广播发送两种情况处理
        if ((opt & OS_POST_OPT_BROADCAST) != 0x00) {
                                                    // 检查是否要广播发送
            while (pevent ->OSEventGrp != 0x00) {   // 若广播，则让所有等待任务得到消息
                OSEventTaskRdy(pevent, msg, OS_STAT_Q);
                                                    // 并转入就绪
            }
        } else {
            OSEventTaskRdy(pevent, msg, OS_STAT_Q);
                                                    // 若非广播，则 HPT 得到消息进入就绪
        }
        OS_EXIT_CRITICAL();
        OS_Sched();                                 // 找出准备就绪的 HPT，并使之运行
        return (OS_NO_ERR);                         // 返回
    }
    // 若没有任务在等待消息，则分队列已满和不满或空两种情况处理
    pq = (OS_Q * )pevent ->OSEventPtr;              // 取队列控制块指针
    if (pq ->OSQEntries >= pq ->OSQSize) {          // 确保队列消息未满
        OS_EXIT_CRITICAL();                         // 若队列消息已满，关中断
        return (OS_Q_FULL);                         // 若队列满，则丢弃消息，返回
    }
    // 若队列未满或空，执行以下代码
```

```
        if ((opt & OS_POST_OPT_FRONT) != 0x00) {      // 检查是否要求以 LIFO 方式发送消息
            if (pq->OSQOut == pq->OSQStart) {          // 若 LIFO,则检查指针是否指向最前端
                pq->OSQOut = pq->OSQEnd;               // 若是,则指针调整到缓冲区的边缘
            }
            pq->OSQOut --;                             // 调整指针,指向前一个单元
            *pq->OSQOut = msg;                         // 将消息插入队列
        } else {                                       // 若不是 LIFO,则一定是 FIFO
            *pq->OSQIn++ = msg;                        // 将消息插入队列
            if (pq->OSQIn == pq->OSQEnd) {             // 检查指针是否已到达队列的边缘
                pq->OSQIn = pq->OSQStart;              // 若是,则调整到循环队列的最前端
            }
        }
        pq->OSQEntries++;                              // 更新队列中的消息数量
        OS_EXIT_CRITICAL();
        return (OS_NO_ERR);
    }
#endif
```

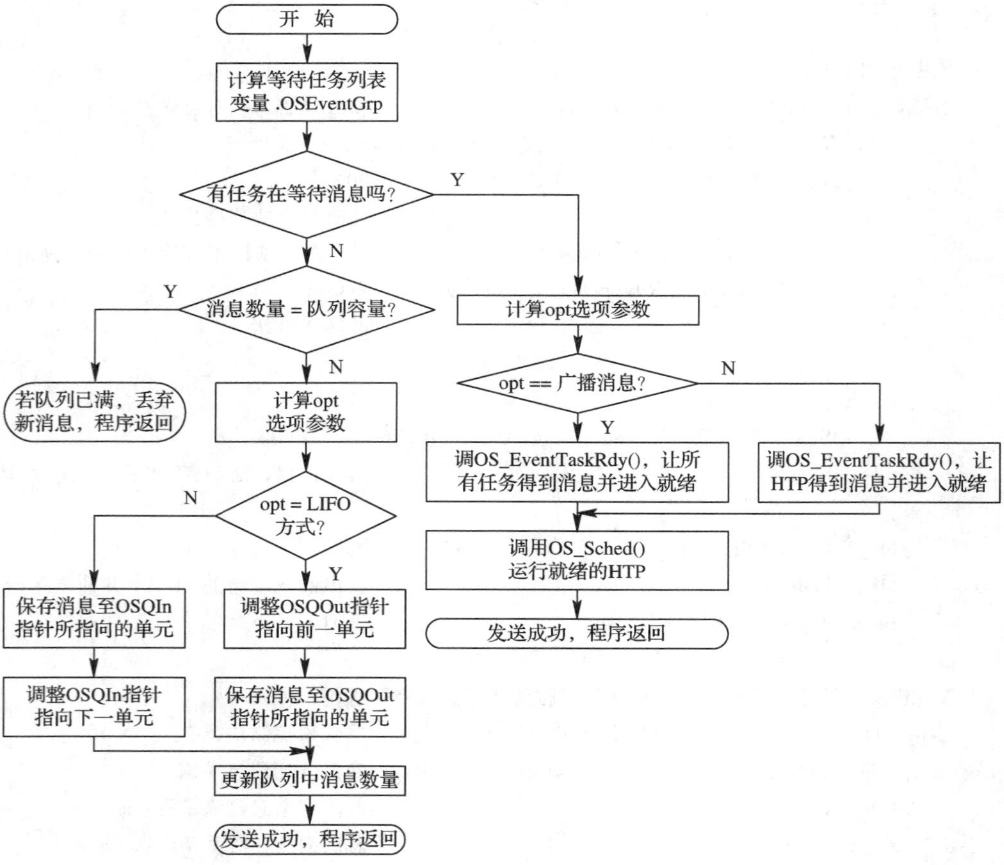

图 7.8　OSQPostOpt()函数基本原理流程

4. 应用范例

OSPostOpt()函数应用范例如程序清单 7.25 所示。

程序清单 7.25　OSQPostOpt()函数应用范例

```
OS_EVENT * TaskQ;                        // 定义队列 ECB 指针
void   Task (void * ppdata)  reentrant {
    INT8U    err;
    INT8U    SendBuf;
    ppdata = ppdata;
    for (; ;) {
        ⋮
        err = OSQPostOpt (TaskQ, (void *)&SendBuf, OS_POST_OPT_FRONT);
        ⋮
    }
}
```

7.2.9　无等待地从消息队列中获取一则消息——OSQAccept()函数

1. 函数原型

void * OSQAccept(OS_EVENT * pevent)　reentrant

OSQAccept()函数用于检查消息队列中是否已经有需要的消息。不同于 OSQPend()，如果没有需要的消息，OSQAccept()函数并不挂起任务，而是立即返回。如果队列中已有消息，则调用者可以取得该消息。

OSQAccept()函数的调用者可以是任务，也可以是中断，由于中断不允许挂起等待消息，一般在中断中常使用该函数接收消息。配置常量是 OS_Q_ACCEPT_EN。

函数只有 1 个参数：pevent 是指向需要查看的消息队列的指针，它是调用 OSQCreate()函数建立队列时的返回值。

2. 返回值

如果队列中有消息，则以 FIFO 的方式返回消息的指针；如果消息队列没有消息，返回空指针。

3. 原理与实现

OSQAccept()函数基本原理：从参数 pevent 指针所指向的 ECB 中取队列控制块，检查队列控制块中的消息数量变量 .OSQEntries 是否大于 0。如果大于 0，递减该变量，返回消息指针；如果不大于 0，则返回空指针。OSQAccept()函数实现代码如程序清单 7.26 所示。

程序清单 7.26　OSQAccept()函数实现代码

```
# if OS_Q_ACCEPT_EN > 0
void   * OSQAccept (OS_EVENT * pevent, INT8U * err)   reentrant {
#if OS_CRITICAL_METHOD == 3
    OS_CPU_SR   cpu_sr;
# endif
    void    * msg;
    OS_Q     * pq;
```

```
#if OS_ARG_CHK_EN > 0
    if (pevent == (OS_EVENT *)0) {              // 确保 pevent 指针不是空指针
        *err = OS_ERR_PEVENT_NULL;
        return ((void *)0);
    }
#endif
    if (pevent ->OSEventType!= OS_EVENT_TYPE_Q) {    // 确保 pevent 是队列指针
        *err = OS_ERR_EVENT_TYPE;               // 若不是队列指针，则设置错误代码
        return ((void *)0);                     // 返回空指针
    }
    OS_ENTER_CRITICAL();
    pq = (OS_Q *)pevent ->OSEventPtr;           // 在 ECB 中取队列控制块指针
    if (pq ->OSQEntries > 0) {                  // 检查队列中是否有消息
        msg = *pq ->OSQOut++;                   // 若有消息，则以 FIFO 的方式提取消息
        pq ->OSQEntries --;                     // 更新队列中消息数量
        if (pq ->OSQOut== pq ->OSQEnd) {        // 检查指针是否指向队列的边缘
            pq ->OSQOut = pq ->OSQStart;        // 若是，则调整指针，指向循环队列起始单元
        }
        *err= OS_NO_ERR;                        // 设置错误代码
    } else {                                    // 如果队列中没有消息
        *err = OS_Q_EMPTY;                      // 设置错误代码
        msg= (void *)0;                         // 消息指针设置为空
    }
    OS_EXIT_CRITICAL();
    return (msg);                               // 返回消息指针
}
#endif
```

7.2.10 清空消息队列——OSQFlush()函数

1. 函数原型

INT8U * OSQFlush(OS_EVENT * pevent)reentrant

OSQFlush()函数用于清空消息队列，且忽略所有发往队列的消息。该函数的执行时间都是固定的，而不管队列中是否存在消息。调用者可以是任务，也可以是中断，配置常量是 OS_Q_FLUSH_EN。

函数只有1个参数：pevent 指向即将清空的消息队列的指针，它是调用 OSQCreate() 函数建立队列时的返回值。

2. 返回值

OSQFlush()函数的返回值有如下几种：

(1) OS_NO_ERR：消息队列被成功清空；

(2) OS_ERR_EVENT_TYPE：试图清除的对象不是消息队列；

(3) OS_ERR_PEVENT_NULL：pevent 是空指针。

3. 原理与实现

OSQFlush()函数基本原理：插入消息的指针 OSQIn 和读取消息的指针都调整到循环队列缓冲区的起始单元，清 0 消息数量变量 .OSQEntries，即实现了对消息队列的清空。OSQFlush()函数实现代码如程序清单 7.27 所示。

程序清单 7.27　OSQFlush()函数实现代码

```
# if OS_Q_FLUSH_EN > 0
INT8U  OSQFlush (OS_EVENT * pevent) reentrant {
# if OS_CRITICAL_METHOD==3
    OS_CPU_SR   cpu_sr;
# endif
    OS_Q        * pq;
# if OS_ARG_CHK_EN > 0
    if (pevent == (OS_EVENT *)0) {              // 确保参数 pevent 是非空指针
        return (OS_ERR_PEVENT_NULL);            // 若是空指针，则返回错误代码
    }
    if (pevent ->OSEventType!= OS_EVENT_TYPE_Q) {
                                                // 确保参数 pevent 是队列指针
        return (OS_ERR_EVENT_TYPE);             // 若不是，则返回错误代码
    }
# endif
    OS_ENTER_CRITICAL();
    pq              = (OS_Q *)pevent ->OSEventPtr;
                                                // 从 ECB 中取队列指针
    pq ->OSQIn      = pq ->OSQStart;            // 调整插入消息的指针，指向起始单元
    pq ->OSQOut     = pq ->OSQStart;            // 调整读取消息的指针，指向起始单元
    pq ->OSQEntries = 0;                        // 消息数量清 0
    OS_EXIT_CRITICAL();
    return (OS_NO_ERR);                         // 成功清空队列，返回
}
# endif
```

7.2.11　查询一个消息队列的状态——OSQQuery()函数

1. 函数原型

　　INT8U OSQQuery（OS_EVENT * pevent，OS_Q_DATA * ppdata）　reentrant

OSQQuery()函数用于查询一个消息队列的当前状态。调用者只能是任务，配置常量是 OS_Q_QUERY_EN。

OSQQuery()需要两个参数：

（1）pevent：指向即将查询的消息队列的指针，它是调用 OSQCreate()函数建立队列时的返回值。

（2）ppdata：指向 OS_Q_DATA 数据结构的指针，该结构包含了有关消息队列的信息。在调用 OSQQuery()函数之前，必须先定义该数据结构变量。OS_Q_DATA 结构包

含如下成员变量：

· .OSMsg：如果队列是空的，.OSMsg 包含一个 NULL 指针；如果消息队列中有消息，.OSMsg 包含指针.OSQOut 所指向的队列单元中的内容；

· .OSNMsgs：是消息队列中的消息数，即.OSQEntries 的拷贝；

· .OSQSize：是消息队列的总容量；

· .OSEventTbl[]：

.OSEventGrp：是消息队列的等待任务列表。OSQQuery()的调用者可以通过这两个变量得到队列中等待该消息任务总数。

2. 返回值

OSMQQuery()函数的返回值是错误代码，有如下几种：

(1) OS_NO_ERR：调用成功；

(2) OS_ERR_PEVENT_NULL：pevent 是空指针；

(3) OS_ERR_EVENT_TYPE：pevent 不是指向消息队列的指针。

3. 原理与实现

OSQQuery()函数基本原理：将事件控制块中的 2 个变量、队列控制块中的 3 个变量复制给 OS_Q_DATA 数据结构。OSQQuery()函数实现代码如程序清单 7.28 所示。

程序清单 7.28　　OSQQuery()函数实现代码

```
# if OS_Q_QUERY_EN > 0
INT8U   OSQQuery (OS_EVENT * pevent，OS_Q_DATA * ppdata)   reentrant {
# if OS_CRITICAL_METHOD==3
    OS_CPU_SR   cpu_sr；
# endif
    OS_Q      * pq；
    INT8U   * psrc；
    INT8U   * pdest；
# if OS_ARG_CHK_EN > 0
    if (pevent == (OS_EVENT * )0) {              // 确保参数 pevent 指针是非空指针
        return (OS_ERR_PEVENT_NULL)；
    }
# endif
    if (pevent ->OSEventType!= OS_EVENT_TYPE_Q) { // 确保参数 pevent 是消息队列指针
        return (OS_ERR_EVENT_TYPE)；
    }
    OS_ENTER_CRITICAL()；
    ppdata ->OSEventGrp = pevent ->OSEventGrp；       // 复制消息队列等待任务列表
    psrc      = & pevent ->OSEventTbl[0]；
    pdest      = & ppdata ->OSEventTbl[0]；
# if OS_EVENT_TBL_SIZE > 0
    * pdest++            = * psrc++；
# endif
# if OS_EVENT_TBL_SIZE > 1
```

```
    * pdest++              =  * psrc++;
# endif
# if OS_EVENT_TBL_SIZE > 2
    * pdest++              =  * psrc++;
# endif
# if OS_EVENT_TBL_SIZE > 3
    * pdest++              =  * psrc++;
# endif
# if OS_EVENT_TBL_SIZE > 4
    * pdest++              =  * psrc++;
# endif
# if OS_EVENT_TBL_SIZE > 5
    * pdest++              =  * psrc++;
# endif
# if OS_EVENT_TBL_SIZE > 6
    * pdest++              =  * psrc++;
# endif
# if OS_EVENT_TBL_SIZE > 7
    * pdest               =  * psrc;
# endif
    pq = (OS_Q *)pevent->OSEventPtr;              // 取循队列控制指针
    if (pq->OSQEntries > 0) {                     // 检查队列中是否有消息
        ppdata->OSMsg= * pq->OSQOut;             // 若有消息,则复制该消息
    } else {
        ppdata->OSMsg = (void *)0;               // 若队列中没有消息,则设置为空指针
    }
    ppdata->OSNMsgs = pq->OSQEntries;            // 复制消息数量
    ppdata->OSQSize = pq->OSQSize;               // 复制队列总容量
    OS_EXIT_CRITICAL();
    return (OS_NO_ERR);                          // 返回调用成功代码
}
# endif
```

习　　题

（1）写出消息邮箱初始值的设置方法。

（2）写出消息邮箱所有管理函数的原型和原理，并举例说明其应用。

（3）写出消息队列所需的所有数据结构。

（4）写出消息队列所有管理函数的原型和原理，并举例说明其应用。

第 8 章

事件标志组

本章主要描述了事件标志组的原理、6 个管理函数及其应用范例。

8.1 概　　述

事件标志组是一种通信机制，它能使任务或中断服务向另一个任务发送一个变量，主要用于两任务之间、一个任务与一个中断之间或者一个任务与多个任务及中断之间的同步。使用事件标志组之前，必须先建立事件标志组。

8.1.1 事件标志组的组成及管理函数

μC/OS-Ⅱ的事件标志组由两部分组成：一是用于保存当前事件组中各种状态的各种标志位；二是等待标志位置位或者清零的任务列表。如表 8.1 所示，μC/OS-Ⅱ提供了 6 种对事件标志组进行管理的函数，函数所属文件是 OS_FLAG.C。

表 8.1　事件标志组函数一览表

函　数	功　能	调用者
OSFlagCreate()	建立事件标志组	任务或者启动代码
OSFlagDel()	删除事件标志组	任务
OSFlagPend()	等待事件标志	任务
OSFlagPost()	设置事件标志	任务或者中断
OSFlagAccept()	无等待地获得事件标志	任务或者中断
OSFlagQuery()	查询事件标志组的状态	任务或者中断

8.1.2 事件标志组的配置常量

在使用事件标志组之前，必须设置 OS_CFG.H 文件中相应的配置常量，以确定是编译还是裁剪该函数，其配置常量如表 8.2 所示。

表 8.2　消息队列配置常量一览表

队列函数	配置常量	说　明
系统配置	OS_FLAG_EN	该常量清 0 时，屏蔽所有事件标志组函数
OSFlagCreate()		必须支持这 3 个函数，不能单独屏蔽，所以无配置常量
OSFlagPend()		
OSFlagPost()		
OSFlagDel()	OS_FLAG_DEL_EN	该变量清 0 时，屏蔽该函数；置 1 时，允许调用
OSFlagAccept()	OS_FLAG_ACCEPT_EN	该变量清 0 时，屏蔽该函数；置 1 时，允许调用
OSFlagQuery()	OS_FLAG_QUERY_EN	该变量清 0 时，屏蔽该函数；置 1 时，允许调用

8.1.3　实现事件标志组所需要的数据结构

实现一个事件标志组除了需要任务控制块 OS_TCB 以外，还需要两个新的数据结构，即事件标志组数据结构 OS_FLAG_GRP 和事件标志节点数据结构 OS_FLAG_NODE。

OS_FLAG_GRP 数据结构如程序清单 8.1 所示，包括 3 个成员变量。

程序清单 8.1　OS_FLAG_GRP 数据结构

```
typedef struct {
    INT8U        OSFlagType;
    void         * OSFlagWaitList;
    OS_FLAGS     OSFlagFlags;
} OS_FLAG_GRP;
```

.OSFlagType：用于检验指针的类型是否为指向事件标志组的指针；

.OSFlagWaitList：事件标志组的等待任务列表；

.OSFlagFlags|：表明当前事件标志状态的位，它可以是 8、16 或 32 位的，具体大小由 OS_CFG.H 文件中的 OS_FLAGS 常量决定。

OS_FLAG_NODE 数据结构用来记录任务在等待哪些事件标志位以及等待的方式（"与"或者"或"）。当任务需要等待事件标志位时，就会建立一个 OS_FLAG_NODE 数据结构；当这些等待事件的标志位发生后，这个数据结构就会被删除。

OS_FLAG_NODE 数据结构如程序清单 8.2 所示，包括 6 个成员变量。

程序清单 8.2　OS_FLAG_NODE 数据结构

```
type struct{
    void         * OSFlagNodeNext;
    void         * OSFlagNodePrev;
    void         * OSFlagNodeTCB;
    void         * OSFlagNodeFlagGrp;
    OS_FLAGS     OSFlagNodeFlags;
    INT8U        OSFlagNodeWaitType;
} OS_FLAG_NODE;
```

.OSFlagNodeNext：用于链接下一个 OS_FLAG_NODE 的指针；

.OSFlagNodePrev：用于链接前一个 OS_FLAG_NODE 的指针；OSFlagNodeNext 和

OSFlagNodePrev 构成双向链表；

　　.OSFlagNodeTCB：指向一个等待事件标志组中事件标志的任务控制块，通过这个指针可以确定哪一个任务在等待事件标志组中的事件；

　　.OSFlagNodeFlagGrp：是一个反向指向事件标志组的指针；

　　.OSFlagNodeFlags：用于指明任务在等待事件标志组中的哪几位事件标志。例如，如果任务调用 OSFlagPend()，并等待事件标志组中的 0、2、4、6 位事件标志，那么 OSFlagNodeFlags 的值为 0x55。OSFlagNodeFlags 的位数可能是 8、16 或 32 位，大小由 OS_FLAGS 指定。

　　.OSFlagNodeWaitType：用于指明等待事件标志组中的事件标志的类型是 AND（"与"）还是 OR（"或"），AND 表示所有事件标志都发生，OR 表示任何一个事件标志发生。如下几种可供选择的值：

　　OS_FLAG_WAIT_CLR_ALL（＝0）：所有指定的事件标志位清 0

　　OS_FLAG_WAIT_CLR_AND（＝0）：所有指定的事件标志位清 0

　　OS_FLAG_WAIT_CLR_ANY（＝1）：任意指定的事件标志位清 0

　　OS_FLAG_WAIT_CLR_OR （＝1）：任意指定的事件标志位清 0

　　OS_FLAG_WAIT_SET_ALL（＝2）：所有指定的事件标志位置 1

　　OS_FLAG_WAIT_SET_AND（＝2）：所有指定的事件标志位置 1

　　OS_FLAG_WAIT_SET_ANY（＝3）：任意指定的事件标志位置 1

　　OS_FLAG_WAIT_SET_OR （＝3）：任意指定的事件标志位置 1

　　其中，AND 和 ALL 意义相同，OR 和 ANY 意义也是相同的，意义相同的可以互换使用。事件标志组、事件标志节点和任务控制块之间的关系如图 8.1 所示。

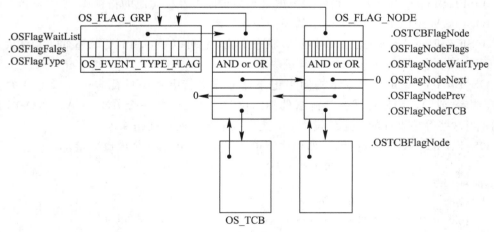

图 8.1　事件标志组、事件标志节点和任务控制块之间的关系

8.2　建立事件标志组——OSFlagCreate()函数

1. 函数原型

　　OS_FALG_GRP ＊ OSFlagCreate(OS_FLAGS flags，INT8U ＊ err)　　reentrant

　　OSFlagCreate()函数用于建立一个事件标志组。函数没有单独的配置常量，调用者可以是任务或者启动代码。它有如下两个参数：

　　(1) flags：事件标志组的事件标志初值。

　　(2) err：指向错误代码的指针，其值有如下几种：

　　· OS_NO_ERR：事件标志组建立成功；

　　· OS_ERR_CREATE_ISR：在中断中调用；

　　· OS_FLAG_GRP_DEPLETED：系统中空闲事件标志组已用完，OS_CFG.H 文件中的事件标志组的数量需要更改。

　　2. 返回值

　　如果建立成功，OSFlagCreat()函数返回事件标志组的指针；如果系统没有多余的空闲事件标志组，函数返回空指针。

　　3. 原理与实现

　　OSFlagCreate()函数的基本原理：从空闲的事件标志组链表中取 1 个事件标志组数据结构，对它进行初始化设置，返回这个事件标志组指针，即建立成功。OSFlagCreat()函数实现代码如程序清单 8.3 所示。

程序清单 8.3　　OSFlagCreate()函数实现代码

```
OS_FLAG_GRP * OSFlagCreate (OS_FLAGS flags, INT8U * err) reentrant {
#if OS_CRITICAL_METHOD==3
    OS_CPU_SR        cpu_sr;
#endif
    OS_FLAG_GRP * pgrp;
    if (OSIntNesting > 0) {                           // 确保中断不能调用
        * err = OS_ERR_CREATE_ISR;                    // 若在中断中调用，则设置错误代码
        return ((OS_FLAG_GRP * )0);                   // 返回空指针
    }
    OS_ENTER_CRITICAL();
    pgrp = OSFlagFreeList;                             // 在空闲事件标志组链表中
                                                       // 取一个事件标志组
    if (pgrp! = (OS_FLAG_GRP * )0) {                   // 检查所取的事件标志组是否可用
        // 若可用，则调整空闲事件标志组链表指针
        OSFlagFreeList       = (OS_FLAG_GRP * )OSFlagFreeList ->OSFlagWaitList;
        pgrp ->OSFlagType    = OS_EVENT_TYPE_FLAG;
                                                       // 设置事件标志组类型
        pgrp ->OSFlagFlags   = flags;                  // 设置初始值
        pgrp ->OSFlagWaitList = (void * )0;            // 事件标志组的等待任务列表清 0
        OS_EXIT_CRITICAL();
        * err            = OS_NO_ERR;                  // 设置错误代码
    } else {                                           // 如果没有多余的空闲事件标志组可用
        OS_EXIT_CRITICAL();
        * err            = OS_FLAG_GRP_DEPLETED;// 设置错误代码
    }
```

```
        return（pgrp）；                          // 返回事件标志组指针

    }
```

8.3　等待事件标志——OSFlagPend()函数

1. 函数原型

OS_FLAGS OSFlagPend(OS_FLAG_GRP ＊ pgrp，OS_FLAGS flags，
INT8U wait_type，INT16U timeout，INT8U ＊ err)　reentrant

OSFlagPend()函数用于等待事件标志组中的事件标志位，可以是多个事件标志的不同组合。函数可以等待任一指定事件标志位置位或者清 0，也可以等待全部指定事件标志位置位或者清 0。如果所等待的事件标志位条件不能满足，则函数会挂起调用者，直到指定的事件标志组合发生或者等待延时期满。函数的调用者只能是任务，没有单独的配置常量。

OSFlagPend()函数有五个参数：

（1）pgrp：指向事件标志组的指针，它是调用 OSFlagCreate()函数建立事件标志组时的返回值。

（2）flags：指定需要检查的事件标志位，置 1，则检查对应位；置 0，则忽略对应位。

（3）wait_type：定义等待事件标志位的方式，其方式为如下四种之一：

- OS_FLAG_WAIT_CLR_ALL：所有指定的事件标志位都清 0；
- OS_FLAG_WAIT_CLR_ANY：任意指定的事件标志位清 0；
- OS_FLAG_WAIT_SET_ALL：所有指定的事件标志位都置位；
- OS_FLAG_WAIT_SET_ANY：任意指定的事件标志位置位。

（4）timeout：等待事件标志的延时时限。

（5）err：指向错误代码的指针，其值有如下几种：

- OS_NO_ERR：调用成功；
- OS_ERR_PEND_ISR：在中断中调用；
- OS_FLAG_INVALID_PGRP：pgrp 为空指针；
- OS_ERR_EVENT_TYPE：pgrp 不是指向事件标志组的指针；
- OS_TIMEOUT：延时期满未得到所需的事件标志；
- OS_FLAG_ERR_WAIT_TYPE：wait_type 不是指定的参数之一。

如果一个任务在得到所需要的事件标志后想重新恢复这个事件标志，则可以在参数 wait_type 上加一个常量 OS_FLAG_CONSUME（＝ 0x80），即：OS_FLAG_WAIT_???_??? ＋ OS_FLAG_CONSUME。

2. 返回值

如果 OSFlagPend()函数调用时使用了 OS_FLAG_CONSUME 选项，则返回恢复后的事件标志组事件标志状态；否则，返回 OSFlagPend()函数调用后的事件标志组事件标志状态；如果延时期满未得到所需的事件标志，则返回 0。

3. 原理与实现

OSFlagPend()函数的基本原理：从参数 pgrp 指定的事件标志组中检查变量 .OSFlag-

Flags 是否有匹配参数 flags 和 wait_type 指定的事件标志。如果有，则返回相关的事件标志状态；如果没有，则挂起任务直到得到事件标志，或者延时期满。OSFlagPend() 函数实现代码如程序清单 8.4 所示。

程序清单 8.4　OSFlagPend() 函数实现代码

```
OS_FLAGS OSFlagPend (OS_FLAG_GRP * pgrp, OS_FLAGS flags,
                INT8U wait_type, INT16U timeout, INT8U * err)   reentrant {
# if OS_CRITICAL_METHOD == 3
    OS_CPU_SR       cpu_sr;
# endif
    OS_FLAG_NODE    node;
    OS_FLAGS        flags_cur;
    OS_FLAGS        flags_rdy;
    BOOLEAN         consume;
    if (OSIntNesting > 0) {                     // 确保中断不能调用
        * err = OS_ERR_PEND_ISR;                // 若在中断中调用，则设置错误代码
        return ((OS_FLAGS)0);                   // 返回空指针
    }
# if OS_ARG_CHK_EN > 0
    if (pgrp == (OS_FLAG_GRP * )0) {            // 确保参数 pgrp 不是空指针
        * err = OS_FLAG_INVALID_PGRP;
        return ((OS_FLAGS)0);
    }
# endif
    if (pgrp ->OSFlagType != OS_EVENT_TYPE_FLAG) {
                                                // 确保 pgrp 指针是指向事件标志组的指针
        * err = OS_ERR_EVENT_TYPE;
        return ((OS_FLAGS)0);
    }
    if (wait_type & OS_FLAG_CONSUME) {          // 检查是否有 OS_FLAG_CONSUME 选项
        wait_type &= ~OS_FLAG_CONSUME;          // 如果有，清除 OS_FLAG_CONSUME
        consume    = TRUE;                      // 设置 OS_FLAG_CONSUME 选用状态标志
    } else {                                    // 如果没有
        consume    = FALSE;                     // 设置 OS_FLAG_CONSUME 选用状态标志
    }
    OS_ENTER_CRITICAL();
    switch (wait_type) {                        // 以 4 种方式处理等待的事件标志组
        case OS_FLAG_WAIT_SET_ALL:              // 所有指定的事件标志位都置位
            lags_rdy = pgrp ->OSFlagFlags & flags;
                                                // 取参数 flags 指定的事件标志位
            if (flags_rdy == flags) {           // 检查是否匹配所有指定的事件标志位
                if (consume == TRUE) {          // 若匹配，则检查 OS_FLAG_CONSUME 选项
                    pgrp ->OSFlagFlags &= ~flags_rdy;
```

• 215 •

```
                                    // 若有此选项，则对指定的事件标志位清 0
          }
          flags_cur = pgrp->OSFlagFlags；// 保存需要返回的事件标志位状态
          OS_EXIT_CRITICAL()；
          * err      = OS_NO_ERR；
          return (flags_cur)；              // 返回调用者
      } else {                              // 若没有可用的事件标志，
                                            // 则需等到事件发生或延时期满
          // 将调用者加到事件标志组的等待任务列表中去，挂起任务
          OS_FlagBlock(pgrp, &node, flags, wait_type, timeout)；
          OS_EXIT_CRITICAL()；
      }
      Break；
  case OS_FLAG_WAIT_SET_ANY：           // 任意指定的事件标志位置位
      flags_rdy = pgrp->OSFlagFlags & flags；
                                            // 提取 flags 指定的事件标志位
      if (flags_rdy! = (OS_FLAGS)0) {   // 检查是否匹配任意指定的事件标志位
          if (consume == TRUE) {         // 若匹配，则检查 OS_FLAG_CONSUME 选项
          pgrp->OSFlagFlags & =~flags_rdy；
                                            // 对指定的事件标志位清 0
          }
          flags_cur = pgrp->OSFlagFlags；// 保存需要返回的事件标志位状态
          OS_EXIT_CRITICAL()；
          * err      = OS_NO_ERR；
          return (flags_cur)；              // 返回调用者
      } else {                              // 若没有可用的事件标志，
                                            // 则需等到事件发生或延时期满
          // 将调用者加到事件标志组的等待任务列表中去，挂起任务
          OS_FlagBlock(pgrp, &node, flags, wait_type, timeout)；
          OS_EXIT_CRITICAL()；
      }
      break；
#if OS_FLAG_WAIT_CLR_EN > 0
  case OS_FLAG_WAIT_CLR_ALL：           // 所有指定的事件标志位都清 0
      flags_rdy=~pgrp->OSFlagFlags & flags；
                                            // 提取 flags 指定的事件标志位
      if (flags_rdy == flags) {         // 检查是否匹配所有指定的事件标志位
          if (consume == TRUE) {
                                            // 若匹配，检查 OS_FLAG_CONSUME 选项
              pgrp->OSFlagFlags |= flags_rdy；
                                            // 对指定的事件标志位置位
          }
          flags_cur = pgrp->OSFlagFlags；// 保存需要返回的事件标志位状态
```

```
                OS_EXIT_CRITICAL();
                 * err        = OS_NO_ERR;
                return (flags_cur);                // 返回调用者
            } else {                               // 若没有可用的事件标志,
                                                   // 则需等到事件发生或超时期满
                // 将调用者加到事件标志组的等待任务列表中去,挂起任务
                OS_FlagBlock(pgrp, &node, flags, wait_type, timeout);
                OS_EXIT_CRITICAL();
            }
            break;
        case OS_FLAG_WAIT_CLR_ANY:                 // 任意指定的事件标志位清 0
            flags_rdy = ~pgrp ->OSFlagFlags & flags;
                                                   // 提取 flags 指定的事件标志位
            if (flags_rdy != (OS_FLAGS)0)      {// 检查是否有匹配任意指定的事件标志位
                if (consume == TRUE) {             // 若匹配,检查 OS_FLAG_CONSUME 选项
                    pgrp ->OSFlagFlags |= flags_rdy;
                                                   // 对指定的事件标志位置位
                }
                flags_cur = pgrp ->OSFlagFlags;    // 保存需要返回的事件标志位状态
                OS_EXIT_CRITICAL();
                 * err        = OS_NO_ERR;
                return (flags_cur);
            } else {                               // 若没有可用的事件标志,
                                                   // 则需等到事件发生或延时期满
                // 将调用者加到事件标志组的等待任务列表中去,挂起任务
                OS_FlagBlock(pgrp, &node, flags, wait_type, timeout);
                OS_EXIT_CRITICAL();
            }
            break;
# endif
        Default:                                   // 如果 wait_type 参数不是指定的 4 种之一
            OS_EXIT_CRITICAL();
            flags_cur = (OS_FLAGS)0;
             * err        = OS_FLAG_ERR_WAIT_TYPE;
            return (flags_cur);
    }
    OS_Sched();                                    // 调用者被挂起,运行准备就绪的 HPT
    OS_ENTER_CRITICAL();
    // 当再次返回时,需要检查本函数是因延时期满还是因事件发生而恢复运行的
    if (OSTCBCur ->OSTCBStat & OS_STAT_FLAG) {
                                                   // 检查是否因延时期满而恢复运行的
        OS_FlagUnlink(&node);                      // 若延时期满,则将 OS_FLAG_NODE
                                                   // 从等待任务列表链表中删除
```

```
                OSTCBCur ->OSTCBStat = OS_STAT_RDY;
                                                        // 设置状态标志使任务恢复运行
                OS_EXIT_CRITICAL();
                flags_cur           = (OS_FLAGS)0;
                * err               = OS_TIMEOUT;
        } else {                                        // 若因事件发生而恢复运行的
            if (consume==TRUE) {                        // 检查是否设置了 consume 选项
                switch (wait_type) {                    // 按参数 wait_type 指定的 4 种方式分别处理
                    case OS_FLAG_WAIT_SET_ALL:          // 所有指定的事件标志位都置位
                    case OS_FLAG_WAIT_SET_ANY:          // 任意指定的事件标志位清 0
                        pgrp ->OSFlagFlags &=~OSTCBCur ->OSTCBFlagsRdy;
                        break;
#if OS_FLAG_WAIT_CLR_EN > 0
                    case OS_FLAG_WAIT_CLR_ALL:          // 所有指定的事件标志位都清 0
                    case OS_FLAG_WAIT_CLR_ANY:          // 任意指定的事件标志位清 0
                        pgrp ->OSFlagFlags |= OSTCBCur ->OSTCBFlagsRdy;
                        break;
#endif
                    Default:                            // 若不是指定的 4 种方式之一
                        OS_EXIT_CRITICAL();
                        * err = OS_FLAG_ERR_WAIT_TYPE;
                        return ((OS_FLAGS)0);           // 返回空指针和错误代码
                }
            }
            flags_cur = pgrp ->OSFlagFlags;             // 保存需要返回的事件标志位状态
            OS_EXIT_CRITICAL();
            * err       = OS_NO_ERR;
        }
        return (flags_cur);
}
```

8.4 设置事件标志——OSFlagPost()函数

1. 函数原型

   OS_FLAGS OSFlagPost(OS_FLAG_GRP * pgrp，OS_FLAGS flags，
   INT8U opt，INT8U * err)   reentrant

OSFlagPost()函数用于设置指定的事件标志组中的事件标志位，它可以对指定的标志位置位或者清 0。如果函数设定的事件标志位正好满足某个等待这个事件标志组的任务，那么这个任务将转入就绪。调用者可以是任务或者中断，没有单独的配置常量。函数有四个参数：

（1）pgrp：指向事件标志组的指针，它是调用 OSFlagCreate()函数建立事件标志组时的返回值。

（2）flags：指定需要检验的事件标志位。

（3）opt：设定事件标志位方式的选项，它有两个值：

- OS_FLAG_SET：置位指定的事件标志位；
- OS_FLAG_CLR：对指定的事件标志位清 0。

例如：flags = 0x 31，当 opt = OS_FLAG_SET 时，0、4、5 位被置位；
当 opt = OS_FLAG_CLR 时，0、4、5 位被清 0。

（4）err：指向错误代码的指针，其值有如下几种：

- OS_NO_ERR：调用成功；
- OS_FLAG_INVALID_PGRP：pgrp 指针为空；
- OS_ERR_EVENT_TYPE：pgrp 指针指向的不是事件标志组；
- OS_FLAG_INVALID_OPT：opt 参数不是指定的参数之一。

2. 返回值

OSFlagPost()函数返回事件标志组的新的事件标志状态。

3. 原理与实现

OSFlagPost()函数的基本原理：根据选项参数 opt 发出的清 0 或置位要求，对参数
pgrp 指定的事件标志组数据结构（OS_FLAG_GRP）中的成员变量 .OSFlagFlags，按参数
flags 指定的位进行清 0 或置位。通过检查 OSFlagWaitList 指针是否为空，确定是否有任
务在等待这些标志位。如果有，则使任务转入就绪，且调用 OS_Sched()函数进行任务切
换；如果没有，则取得新的事件标志状态。OSFlagPost()函数实现代码如程序清单 8.5
所示。

程序清单 8.5　OSFlagPost()函数实现代码

```
OS_FLAGS   OSFlagPost (OS_FLAG_GRP * pgrp, OS_FLAGS flags, INT8U opt, INT8U * err)
reentrant  {
#if OS_CRITICAL_METHOD==3
    OS_CPU_SR       cpu_sr;
#endif
    OS_FLAG_NODE   * pnode;
    BOOLEAN          sched;
    OS_FLAGS         flags_cur;
    OS_FLAGS         flags_rdy;
    BOOLEAN          rdy;
#if OS_ARG_CHK_EN > 0
    if (pgrp==(OS_FLAG_GRP * )0) {          // 确保参数 pgrp 不是空指针
        * err = OS_FLAG_INVALID_PGRP;
        return ((OS_FLAGS)0);               // 返回空
    }
#endif
    if (pgrp ->OSFlagType!= OS_EVENT_TYPE_FLAG) {
                                            // 确保指针指向的数据类型正确
        * err = OS_ERR_EVENT_TYPE;
        return ((OS_FLAGS)0);               // 若 pgrp 指向的不是事件标志组，则返回空
```

```
            }
        OS_ENTER_CRITICAL();
        switch (opt) {                              // 根据 opt 参数分别处理
            case OS_FLAG_CLR:                        // 如果对指定的标志位清 0
                pgrp ->OSFlagFlags &= ~flags;        // 清 0 指定的事件标志位
                break;
            case OS_FLAG_SET:                        // 如果置位指定的事件标志位
                pgrp ->OSFlagFlags |= flags;         // 置位指定的事件标志位
                break;
            default:                                 // 如果 opt 选项不是指定的参数之一
            OS_EXIT_CRITICAL();
            *err = OS_FLAG_INVALID_OPT;
            return ((OS_FLAGS)0);                    // 返回空指针
        }
        sched = FALSE;                               // 设置不需要进行任务切换的标志
        pnode = (OS_FLAG_NODE *)pgrp ->OSFlagWaitList;      // 指向等待任务列表
        // 检验是否有任务在等待事件标志组
        while (pnode!= (OS_FLAG_NODE *)0) {          // 在等待任务列表中，
                                                     // 查找所有等待事件标志的任务
            switch (pnode ->OSFlagNodeWaitType) {//  根据等待事件标志的类型分别处理
                case OS_FLAG_WAIT_SET_ALL:           // 指定的事件标志位都置位
                    flags_rdy = pgrp ->OSFlagFlags & pnode ->OSFlagNodeFlags;
                    if (flags_rdy== pnode ->OSFlagNodeFlags) {
                        if (OS_FlagTaskRdy(pnode, flags_rdy)==TRUE) {   // 将任务转入就绪
                                                     // 检查是否有任务就绪
                            sched = TRUE;            // 如果有任务转入就绪，则设置一个标志
                        }
                    }
                    Break;
                case OS_FLAG_WAIT_SET_ANY:           // 任意指定的标志位置位
                    flags_rdy = pgrp ->OSFlagFlags & pnode ->OSFlagNodeFlags;
                    if (flags_rdy!= (OS_FLAGS)0) {
                        if (OS_FlagTaskRdy(pnode, flags_rdy)==TRUE) {   // 将任务转入就绪
                                                     // 检查是否有任务就绪
                            sched = TRUE;            // 如果有任务就绪，则设置一个标志
                        }
                    }
                    break;
        #if OS_FLAG_WAIT_CLR_EN > 0
                case OS_FLAG_WAIT_CLR_ALL:           // 所有指定的事件标志位都清 0
                    flags_rdy=~pgrp ->OSFlagFlags & pnode ->OSFlagNodeFlags;
                    if (flags_rdy == pnode ->OSFlagNodeFlags) {
                        if (OS_FlagTaskRdy(pnode, flags_rdy)==TRUE) {
```

```
                                          // 将任务转入就绪
                                          // 检查是否有任务就绪
              sched = TRUE;               // 如果有任务就绪，则设置一个标志
            }
          }
          break；
        case OS_FLAG_WAIT_CLR_ANY：       // 任意指定的标志位清 0
          flags_rdy= ~pgrp ->OSFlagFlags & pnode ->OSFlagNodeFlags；
          if (flags_rdy! = (OS_FLAGS)0) {
              if (OS_FlagTaskRdy(pnode, flags_rdy)= =TRUE) {
                                          // 将任务转入就绪
                                          // 检查是否有任务就绪
                  sched = TRUE;           // 如果有任务转入就绪，则设置一个标志
              }
          }
          break；
#endif
      }
      pnode = pnode ->OSFlagNodeNext；    // 通过双向链表取得
                                          // 下一个 OS_FLAG_NODE 指针
    }
    OS_EXIT_CRITICAL()；
    if (sched= =TRUE) {
        OS_Sched()；                      // 如果有任务就绪，
                                          // 则使最高优先级任务恢复运行
    }
    OS_ENTER_CRITICAL()；
    flags_cur = pgrp ->OSFlagFlags；
    OS_EXIT_CRITICAL()；
    * err     = OS_NO_ERR；
    return (flags_cur)；                  // 返回当前事件标志组的事件状态
}
```

4. 应用范例

OSFlagCreate()、OSFlagPend()和 OSFlagPost()函数应用范例：Task1 等待 Task2 和 Task3 两个任务发来置位事件标志组，其程序清单如 8.6 所示。

程序清单 8.6 应用范例

```
OS_FLAG_GRP * EventStatus；                // 定义指向事件标志组的指针
#define   Event1_OK   0x01
#define   Event2_OK   0x02
OS_STK    * Task1Stk[100]；                // 定义任务栈
OS_STK    * Task2Stk[100]；
OS_STK    * Task3Stk[100]；
```

```
void Task1 (void * ppdata)   reentrant;              // 声明 3 个函数原型
void Task2 (void * ppdata)   reentrant;
void Task2 (void * ppdata)   reentrant;
void main(void) {
    INT8U   err;
    OSInit();                                        // 多任务初始化
    EventStatus = OSMutexCreat(0x00, &err);          // 建立 1 个事件标志组
    OSTaskCretae(Task1, (void *)0, & Task1Stk[0], 15); // 建立 3 个任务
    OSTaskCretae(Task2, (void *)0, & Task2Stk[0], 20);
    OSTaskCretae(Task3, (void *)0, & Task3Stk[0], 25);
    OSStart();                                       // 多任务启动
}


void Task1 (void * ppdata) reentrant {
    INT8U        err;
    OS_FLAGS     value;
    ppdata = ppdata;                                 // 使用一次，以避免编译错误
    for (; ; ){
        value = OSFlagPend(EventStatus,              // 指定事件标志组
                    Event1_OK + Event2_OK,           // 指定最低位和次低位
                    OS_FLAG_WAIT_SET_ALL             // 所有指定的位都置位
                    + OS_FLAG_CONSUME,               // 得到事件标志后，恢复标志位
                    100,                             // 延时 100 个时钟节拍
                    &err);                           // 等待 Task2 和 Task3 置位事件标志组
        switch (err) {
            case    OS_NO_ERR:                       // 成功得到事件标志
                应用程序;
                Break;
            case    OS_TIMEOUT:                      // 延时期满未得到事件标志
                应用程序;
                Break;
        }
    }
}


void Task2 (void * ppdata) reentrant{
    INT8U   err;
    ppdata =   ppdata;
    for (; ; ){
        ⋮
        err = OSFlagPost(EventStatus,                // 指定事件标志组
```

```
                    Event1_OK,                    // 指定事件标志位(最低位)
                    OS_FLAG_SET,                   // 指定操作为"置位"有效
                    &err);                         // 设置事件标志
        ⋮
    }
}


void Task3 (void * ppdata) reentrant {
    INT8U   err;
    ppdata =    ppdata;
    for (; ; ){
        ⋮
        err = OSFlagPost(EventStatus,             // 指定事件标志组
                    Event2_OK,                    // 指定事件标志位(次低位)
                    OS_FLAG_SET,                   // 指定操作为"置位"有效
                    &err);                        // 设置事件标志
        ⋮
    }
}
```

8.5　删除事件标志组——OSFlagDel()函数

1. 函数原型

OS_FLAG_GRP * OSFlagDel(OS_FLAG_GRP * pgrp，INT8U opt，INT8U * err) reentrant

OSFlagDel()函数用于删除一个事件标志组。删除事件标志组之前，应该首先删除与该事件标志组有关的任务，以避免相关任务继续使用已经删除了的事件标志组。OSFlagDel()函数的调用者只能是任务，配置常量是 OS_FLAG_EN 和 OS_FLAG_DEL_EN。函数有三个参数：

（1）pgrp：指向事件标志组的指针，它是调用 OSFlagCreate()函数建立事件标志组时的返回值。

（2）opt：指明删除条件，它有如下两个选择：

· OS_DEL_NO_PEND：在没有任何任务等待事件标志组时删除；

· OS_DEL_ALWAYS：无论有无任务在等待事件标志组都删除。

（3）err：指向错误代码的指针，其值为下述内容之一：

· OS_NO_ERR：删除成功；

· OS_ERR_DEL_ISR：从中断中调用；

· OS_FLAG_INVALID_PGRP：pgrp 是空指针；

· OS_ERR_EVENT_TYPE：pgrp 不是指向事件标志组的指针；

· OS_ERR_INVALID_OPT：opt 参数不是指定的值；

· OS_ERR_TASK_WAITING：删除时有任务在等待事件标志组。

2. 返回值

如果事件标志组成功删除，则 OSFlagDel() 函数返回空指针；如果删除不成功，则函数返回指向该事件标志组的指针，此时需要检查错误代码，以确定删除不成功的原因。

3. 原理与实现

OSFlagDel() 函数的基本原理：将参数 pgrp 指定的事件标志组成员变量 .OSFlagType 设置为"未使用"，并将这个事件标志组数据结构重新链接回空闲事件标志组链表中去，最后返回删除结果。OSFlagDel() 函数实现代码如程序清单 8.7 所示。

程序清单 8.7　OSFlagDel() 函数实现代码

```
# if OS_FLAG_DEL_EN > 0
OS_FLAG_GRP * OSFlagDel (OS_FLAG_GRP * pgrp, INT8U opt, INT8U * err) reentrant {
# if OS_CRITICAL_METHOD==3
    OS_CPU_SR        cpu_sr;
# endif
    BOOLEAN          tasks_waiting;
    OS_FLAG_NODE     * pnode;
    if (OSIntNesting > 0) {                          // 确保中断不能调用
        * err = OS_ERR_DEL_ISR;                      // 设置错误代码
        return (pgrp);                               // 返回指针
    }
# if OS_ARG_CHK_EN > 0
    if (pgrp==(OS_FLAG_GRP * )0) {                   // 确保参数 pgrp 为非空指针
        * err = OS_FLAG_INVALID_PGRP;
        return (pgrp);
    }
# endif
    if (pgrp ->OSFlagType != OS_EVENT_TYPE_FLAG) {
                                                     // 确保指针类型正确
        * err = OS_ERR_EVENT_TYPE;
        return (pgrp);
    }
    OS_ENTER_CRITICAL();
    if (pgrp ->OSFlagWaitList != (void * )0) {       // 检查是否有任务在等待事件标志组
        tasks_waiting = TRUE;                        // 若有，则将状态标志设置为"真"
    } else {
        tasks_waiting = FALSE;                       // 若没有，则将状态标志设置为"假"
    }
    switch (opt) {                                   // 根据 opt 参数分别删除
        case OS_DEL_NO_PEND:                         // 无任务等待事件标志组时删除
            if (tasks_waiting==FALSE) {              // 确实无任务等待事件标志组
                pgrp ->OSFlagType  = OS_EVENT_TYPE_UNUSED;
                pgrp ->OSFlagWaitList = (void * )OSFlagFreeList;
                                                     // 将被删除的事件标志组
```

```
            pgrp ->OSFlagFlags    = (OS_FLAGS)0;
                                              // 重新链接到空闲链表中取
            OSFlagFreeList        = pgrp;
            OS_EXIT_CRITICAL();
             * err          = OS_NO_ERR;
            return ((OS_FLAG_GRP * )0);    // 成功删除，返回空指针给调用者
        } else {                           // 确实有任务在等待事件标志组
            OS_EXIT_CRITICAL();
             * err = OS_ERR_TASK_WAITING;
                                              // 设置删除不成功错误代码
            return (pgrp);                    // 删除不成功，返回事件标志组指针
        }
    case OS_DEL_ALWAYS:                    // 无论有无任务在等待事件标志组都删除
        pnode = (OS_FLAG_NODE * )pgrp ->OSFlagWaitList;
        while (pnode!= (OS_FLAG_NODE * )0) {
                                              // 遍历所有等待标志组的任务
            OS_FlagTaskRdy(pnode, (OS_FLAGS)0);
                                              // 使等待标志组的任务就绪
            pnode = (OS_FLAG_NODE * )pnode ->OSFlagNodeNext;
        }
        pgrp ->OSFlagType        = OS_EVENT_TYPE_UNUSED;
                                              // 设置成未使用状态
        pgrp ->OSFlagWaitList = (void * )OSFlagFreeList;
                                              // 将被删除的事件标志组
        pgrp ->OSFlagFlags      = (OS_FLAGS)0;
                                              // 重新链接到空闲链表中去
        OSFlagFreeList          = pgrp;
        OS_EXIT_CRITICAL();
        if (tasks_waiting== TRUE) {        // 检查是否有任务在等待事件标志组
            OS_Sched();                    // 如果有，则需做任务切换的裁决
        }
         * err = OS_NO_ERR;
        return ((OS_FLAG_GRP * )0);        // 成功删除，返回空指针
    default:                               // opt 参数不是指定的类型
        OS_EXIT_CRITICAL();
         * err = OS_ERR_INVALID_OPT;       // 设置错误代码
        return (pgrp);                     // 返回指针
    }
}
# endif
```

4. 应用范例

OSFLagDel()函数应用范例如程序清单 8.8 所示。

程序清单 8.8　OSFlagDel( )函数应用范例

```
OS_FLAG_GRP * EventStatus;
void Task( void * ppdata)　reentrant {
    INT8U　err;
    OS_FLAG_GRP　* prgp;
    ppdata =　ppdata;
    for(; ; ){
        ⋮
        pgrp = OSFlagDel(EventStatus, OS_DEL_NO_PEND, &err);
        ⋮
    }
}
```

8.6　无等待地获得事件标志——OSFlagAccept( )函数

1. 函数原型

OS_FLAGS OSFlagAccept（OS_FLAG_GRP * pgrp，OS_FLAGS flags，
　　　　　　INT8U wait_type，INT8U * err）　reentrant

OSFlagAccept( )函数用于检查事件标志组中的事件标志位是置位还是清 0，它可以检查事件标志组中的某一位，也可以检查所有的位。如果没有需要的事件标志产生，该函数不挂起调用者，调用者可以是任务，也可以是中断。该函数的配置常量是 OS_FLAG_ACCEPT_EN 和 OS_FLAG_EN。函数 4 个参数的意义与 OSFlagPend( )函数对应参数的意义相同。

OSFlagAccept( )函数的使用方法与 OSFlagPend( )类似，只是没有 timeout 参数。

2. 返回值

OSFlagAccept( )函数返回事件标志组的事件标志状态。

3. 原理与实现

OSFlagAccept( )函数的基本原理与 OSFlagPend( )类似，不同的是：可以在中断中调用、不进行超时处理和不挂起调用者。OSFlagAccept( )函数实现代码如程序清单 8.9 所示。

程序清单 8.9　OSFlagAccept( )函数实现代码

```
#if OS_FLAG_ACCEPT_EN > 0
OS_FLAGS　OSFlagAccept (OS_FLAG_GRP * pgrp, OS_FLAGS flags,
                INT8U wait_type, INT8U * err) reentrant {
#if OS_CRITICAL_METHOD==3
    OS_CPU_SR　　cpu_sr;
#endif
    OS_FLAGS　　flags_cur;
    OS_FLAGS　　flags_rdy;
    BOOLEAN　　consume;
#if OS_ARG_CHK_EN > 0
    if (pgrp==(OS_FLAG_GRP *)0) {　　　　　　// 确保参数 pgrp 不是空指针
```

```
        * err = OS_FLAG_INVALID_PGRP;
        return ((OS_FLAGS)0);
    }
# endif
    if (pgrp ->OSFlagType!= OS_EVENT_TYPE_FLAG) {
                                                // 确保参数 pgrp 是事件标志组指针
        * err = OS_ERR_EVENT_TYPE;
        return ((OS_FLAGS)0);
    }
    if (wait_type & OS_FLAG_CONSUME) {          // 检查得到事件标志后是否需要再恢复
        wait_type  &= ~OS_FLAG_CONSUME;         // 如果需要，清除 OS_FLAG_CONSUME
        consume    = TRUE;
    } else {                                    // 如果不需要
        consume    = FALSE;                     // 设置标志变量
    }
    * err = OS_NO_ERR;                          // 设置错误代码
    OS_ENTER_CRITICAL();
    switch (wait_type) {                        // 根据 wait_type 参数分别处理
        case OS_FLAG_WAIT_SET_ALL:              // 所有指定的事件标志位都置位
            flags_rdy = pgrp ->OSFlagFlags & flags;  // 提取所有指定的事件标志位
            if (flags_rdy == flags) {           // 确保匹配所有指定的事件标志位
                if (consume==TRUE) {            // 检查是否需要恢复事件标志位
                    pgrp ->OSFlagFlags &= ~flags_rdy;
                                                // 将指定的所有事件标志位都清 0
                }
            } else {                            // 如果与指定的事件标志位不匹配
                * err  = OS_FLAG_ERR_NOT_RDY;   // 设置错误代码
            }
            flags_cur = pgrp ->OSFlagFlags;     // 取事件标志组状态，以供返回
            OS_EXIT_CRITICAL();
            break;
        case OS_FLAG_WAIT_SET_ANY:              // 任意指定的事件标志位置位
            flags_rdy = pgrp ->OSFlagFlags & flags;  // 提取指定的事件标志位
            if (flags_rdy!= (OS_FLAGS)0) {      // 检查是否匹配任意指定的事件标志位
                if (consume == TRUE) {          // 检查是否需要恢复事件标志位
                    pgrp ->OSFlagFlags &= ~flags_rdy;
                                                // 将指定的任意事件标志位清 0
                }
            } else {                            // 不匹配，事件没有发生
                * err  = OS_FLAG_ERR_NOT_RDY;
            }
            flags_cur = pgrp ->OSFlagFlags;     // 取事件标志组状态，以供返回
            OS_EXIT_CRITICAL();
```

```
            break；
  # if OS_FLAG_WAIT_CLR_EN ＞ 0
        case OS_FLAG_WAIT_CLR_ALL：                // 所有指定的事件标志位都清 0
            flags_rdy＝～pgrp ->OSFlagFlags & flags；  // 提取所有指定的事件标志位
            if (flags_rdy ＝＝ flags) {              // 确保匹配所有指定的事件标志位
                if (consume＝＝TRUE) {               // 检查是否需要恢复事件标志位
                    pgrp ->OSFlagFlags ｜＝ flags_rdy；// 将所有指定的事件标志位都置位
                }
            } else {                                // 不匹配，事件没有发生
                * err  = OS_FLAG_ERR_NOT_RDY；
            }
            flags_cur = pgrp ->OSFlagFlags；          // 取事件标志组状态，以供返回
            OS_EXIT_CRITICAL()；
            break；
        case OS_FLAG_WAIT_CLR_ANY：                // 任意指定的事件标志位清 0
            flags_rdy＝～pgrp ->OSFlagFlags & flags； // 提取所有指定的事件标志位
            if (flags_rdy! ＝ (OS_FLAGS)0) {         // 检查是否匹配任意指定的事件标志位
                if (consume ＝＝ TRUE) {              // 检查是否需要恢复事件标志位
                    pgrp ->OSFlagFlags ｜＝ flags_rdy；// 将任意指定的事件标志位置位
                }
            } else {                                // 不匹配，事件没有发生
                * err  = OS_FLAG_ERR_NOT_RDY；
            }
            flags_cur = pgrp ->OSFlagFlags；          // 取事件标志组状态，以供返回
            OS_EXIT_CRITICAL()；
            break；
  # endif
        default：                                   // 参数不合法
            OS_EXIT_CRITICAL()；
            flags_cur = (OS_FLAGS)0；
            * err    = OS_FLAG_ERR_WAIT_TYPE；
            break；
    }
    return (flags_cur)；                            // 返回事件标志状态
}
# endif
```

8.7 查询事件标志组的状态——OSFlagQuery() 函数

1. 函数原型
OS_FLAGS OSFlagQuery(OS_FLAG_GRP ＊ pgrp，INT8U ＊ err) reentrant
OSFlagQuery() 函数用于查询事件标志组的当前事件标志状态，在当前版本中，该函

数没有返回等待事件标志组任务列表的功能。函数可以在任务中调用，也可以在中断中调用。该函数配置常量是 OS_FLAG_EN 和 OS_FLAG_QUERY_EN。函数有两个参数：

（1）pgrp：指向事件标志组的指针，它是调用 OSFlagCreate()函数建立事件标志组时的返回值。

（2）err：指向错误代码的指针，其值为如下内容之一：

- OS_NO_ERR：调用成功；
- OS_FLAG_INVALID_PGRP：pgrp 指针为空；
- OS_ERR_EVENT_TYPE：pgrp 不是指向事件标志组的指针。

2. 返回值

OSFlagQuery()函数返回事件标志组的事件标志状态。

3. 原理与实现

OSFlagQuery()函数的基本原理：读取并返回参数 pgrp 指定的事件标志变量 .OSFlagFlags 的值，这个值就是事件标志状态。OSFlagQuery()函数实现代码如程序清单 8.10 所示。

程序清单 8.10　OSFlagQuery()函数实现代码

```
#if OS_FLAG_QUERY_EN > 0
OS_FLAGS  OSFlagQuery (OS_FLAG_GRP * pgrp, INT8U * err)   reentrant {
#if OS_CRITICAL_METHOD==3
    OS_CPU_SR   cpu_sr;
#endif
    OS_FLAGS      flags;
#if OS_ARG_CHK_EN > 0
    if (pgrp==(OS_FLAG_GRP * )0) {              // 确保参数 pgrp 不是空指针
        * err = OS_FLAG_INVALID_PGRP;
        return ((OS_FLAGS)0);
    }
#endif
    if (pgrp->OSFlagType   != OS_EVENT_TYPE_FLAG) {// 确保参数 pgrp 是事件标志组指针
        * err  = OS_ERR_EVENT_TYPE;
        return ((OS_FLAGS)0);
    }
    OS_ENTER_CRITICAL();
    flags = pgrp->OSFlagFlags;                  // 获取当前事件标志状态
    OS_EXIT_CRITICAL();
    * err = OS_NO_ERR;
    return (flags);                             // 返回事件标志组状态
}
#endif
```

4. 应用范例

OSFlagQuery()函数应用范例如程序清单 8.11 所示。

程序清单 8.11　OSFlagQuery()应用范例

```
OS_FLAG_GRP   * EventStatus;
```

```
void Task( void * ppdata) reentrant {
    OS_FLAGS    flags;
    INT8U       err;
    ppdata  =  ppdata;
    for(; ; ){
        ⋮
        flags = OSFlagQuery(EventStatus, &err);
        ⋮
    }
}
```

习　题

（1）事件标志组的主要功能是什么？

（2）叙述事件标志组所有管理函数的原型和原理，并举例说明其应用。

第 9 章

内 存 管 理

本章主要描述内存管理的基本原理以及 4 个内存管理函数。

9.1 概　　述

μC/OS-II 的内存管理技术主要是通过构建 4 个新的管理函数，来克服 ANSI C 提供的 malloc() 和 free() 两个内存动态分配和释放函数固有的缺点，从而保证了 μC/OS-II 内存管理函数执行时间的可确定性，并解决了内存碎片问题，使得 μC/OS-II 能够更加有效地适用于实时系统的内存动态分配和释放。

9.1.1　基本原理

在内存管理方面，ANSI C 本身就提供了 malloc() 和 free() 两个函数，用于动态地分配内存和释放内存，但是为什么不直接利用这两个函数，而要另外构建内存管理方法呢？其主要原因在于：(1) 当应用程序反复调用 malloc() 和 free() 函数进行内存的分配与释放时，可能会将原来一块很大且连续的内存区域，逐渐分割成许多细小而彼此不相邻的内存区域，产生我们通常说的内存碎片。当内存碎片大量存在时，最后应用程序可能连一块很小的内存也无法分配到；(2) 由于内存管理算法的原因，malloc() 和 free() 函数的执行时间是不确定的，因此不适合作为实时操作系统函数应用。

μC/OS-II 操作系统的内存管理方法是在解决了 malloc() 和 free() 两个函数缺陷的基础上构建起来的，将内存分区分块，也就是把连续的大块内存分区，每个分区又分成整数个大小相同的内存块。μC/OS-II 利用这种新机制，对 malloc() 和 free() 函数进行改进，并构建新的内存管理函数，使得它们可以分配和释放固定大小的内存块。这样就解决了 malloc() 和 free() 两个函数的执行时间不确定的问题。剩下来的问题就是要解决内存碎片的问题了。如图 9.1 所示，在有多个分区分块的内存系统中，分配内存时，应用程序可以从不同的内存分区中得到大小不同的内存块。当需要释放时，特定的内存块再重新放回它以前所属的内存分区。通过这样的内存管理算法，内存碎片问题就得到了解决。

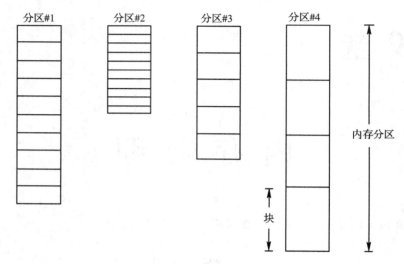

图 9.1 内存分区

9.1.2 内存管理函数

如表 9.1 所示，μC/OS-Ⅱ提供了 4 种内存管理的函数，函数所属文件是 OS_MEM.C。

表 9.1 内存管理函数一览表

函 数	功 能	调 用 者
OSMemCreate()	建立内存分区	任务或者启动代码
OSMemGet()	获取一个内存块	任务或者中断
OSMemPut()	释放一个内存块	任务或者中断
OSMemQuery()	查询内存分区的状态	任务或者中断

9.1.3 内存管理函数配置常量

在使用内存管理函数之前，必须将 OS_CFG.H 文件中相应的配置常量设置为 0 或 1，以确定是编译还是裁剪该函数，其配置常量如表 9.2 所示。

表 9.2 信号量函数配置常量一览表

函 数	配 置 常 量	说 明
系统配置	OS_MEM_EN	该常量为 0 时，屏蔽所有信号量函数
	OS_MAX_MEM_PART	定义最大内存分区数，至少为 2
OSMemCreate()		内存管理必然包含这 3 个函数，所以它们没有单独的配置常量
OSMemGet()		
OSSemPut()		
OSMemQuery()	OS_MEM_QUERY_EN	

9.1.4　内存控制块

内存控制块（Memory Control Blocks，MCB）是用于实现内存管理、跟踪每一个内存分区的数据结构，其定义如程序清单 9.1 所示，每个内存分区都有它自己的内存控制块。

程序清单 9.1　内存控制块的数据结构

```
typedef struct {
    void    * OSMemAddr；    // 是指向内存分区起始地址的指针。它在建立内存分区时被初始化，
                            // 此后不能更改
    void    * OSMemFreeList；// 在空闲内存控制块链表中，它是指向下一个空闲内存控制块的指
                            // 针；在已建立的内存分区中，它是指向第一个空闲内存块的指针
    INT32U OSMemBlkSize；    // 内存分区中内存块的大小，是用户在建立内存分区时指定的
    INT32U OSMemNBlks；      // 内存分区中总的内存块数量，是用户在建立内存分区时指定的
    INT32U OSMemNFree；      // 内存分区中当前可以使用的空闲内存块数量
} OS_MEM；
```

如果要使用 μC/OS-Ⅱ 中的内存管理，首先需要将 OS_CFG.H 文件中的配置常量 OS_MEM_EN 设置为 1，然后还要设置 OS_MAX_MEM_PART 常量，其值至少取 2，它决定了系统中的最大分区数。这样，在启动时 μC/OS-Ⅱ 就会通过 OSInit() 调用 OSMemInit() 来实现对内存管理器的初始化，该初始化主要建立一个如图 9.2 所示的空闲内存控制块链表，其中 OSMemFreeList 指针的作用是将空闲内存控制块链接成空闲内存控制块链表。

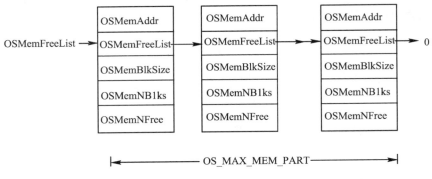

图 9.2　空闲内存控制块链表

9.2　建立内存分区——OSMemCreate( )函数

1. 函数原型

OS_MEM * OSMemCreate(void * addr，INT32U nblks，INT32U blksize，INT8U * err) reentrant

OSMemCreate()函数用于建立并初始化一块内存分区。要使用内存管理函数，必先调用 OSMemCreate() 函数建立内存分区。一个内存分区包含数量和大小都确定的内存块，应用程序可以分配这些内存块，并在用完后释放回内存分区。

OSMemCreate()函数有四个参数：

(1) addr：建立的内存分区的起始地址。内存分区可以使用静态数组或在初始化时使

用 malloc()函数建立。

（2）nblks：内存块的数量。每一个内存分区最少需要定义 2 个内存块。

（3）blksize：每个内存块的大小，最少应该能够容纳一个指针。

（4）err：指向错误代码的变量的指针。OSMemCreate()函数返回的错误代码可能有以下几种：

- OS_NO_ERR：内存分区建立成功；
- OS_MEM_INVALID_ADDR：参数 addr 为空指针，非法；
- OS_MEM_INVALID_PART：没有空闲的内存分区；
- OS_MEM_INVALID_BLKS：没有为每一个内存分区建立至少两个内存块；
- OS_MEM_INVALID_SIZE：内存块太小，不能容纳一个指针变量。

函数的调用者是任务或者启动代码，没有单独的配置常量。

2. 返回值

如果建立成功，OSMemCreate()函数返回指向内存控制块的指针；若没有空闲内存分区，则建立不成功，OSMemCreate()函数返回空指针。

3. 原理与实现

OSMemCreate()函数的基本原理：从空闲内存控制块链表中取一个内存控制块，根据参数 addr、nblks 和 blksize 构建如图 9.3 所示的空闲内存块单向链表，并根据这 3 个参数填写内存控制块中的 5 个参数，最后返回指向内存控制块的指针。以后针对内存的管理操作都可以通过这个指针来完成。

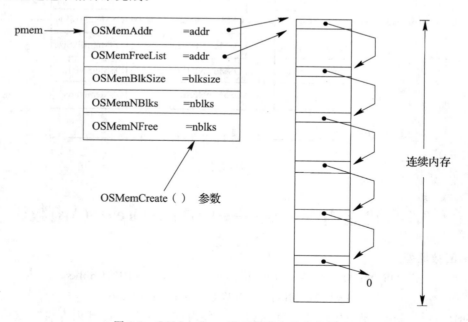

图 9.3　OSMemCretae()函数建立的内存分区

OSMemCreate()函数实现代码如程序清单 9.2 所示。程序一旦运行，经过多次分配与释放内存块后，同一分区内的内存块的链接顺序会有很大变化，但这并不影响使用，也不增加时间开销。

程序清单 9.2 OSMemCreate() 函数实现代码

```
OS_MEM  * OSMemCreate ( void * addr，INT32U nblks，INT32U blksize，INT8U * err)
reentrant {
    # if OS_CRITICAL_METHOD===3
        OS_CPU_SR    cpu_sr;
    # endif
        OS_MEM    * pmem;
        INT8U    * pblk;
        void    ** plink;
        INT32U    i;
    # if OS_ARG_CHK_EN > 0
        if (addr===(void * )0) {              // 确保参数 addr 不是空指针
            * err = OS_MEM_INVALID_ADDR;// 设置错误代码
            return ((OS_MEM * )0);            // 返回空指针
        }
        if (nblks < 2) {                        // 确保每个内存分区至少有两个内存块
            * err = OS_MEM_INVALID_BLKS;
            return ((OS_MEM * )0);
        }
        if (blksize < sizeof(void * )) {        // 确保每个内存块至少能容纳下一条指针，
                                                // 因为空闲内存控制块是由指针链接在一起的
            * err = OS_MEM_INVALID_SIZE;
            return ((OS_MEM * )0);
        }
    # endif
        OS_ENTER_CRITICAL();
        pmem = OSMemFreeList;                // 从空闲内存控制块链表中取一个空闲内存控制块
        if (OSMemFreeList != (OS_MEM * )0) {    // 确保取得的空闲内存控制块是可用的
            OSMemFreeList = (OS_MEM * )OSMemFreeList ->OSMemFreeList;    // 调整指针
        }
        OS_EXIT_CRITICAL();
        if (pmem===(OS_MEM * )0) {          // 检查内存控制块是否可用
            * err = OS_MEM_INVALID_PART;
            return ((OS_MEM * )0);
        }
    // 满足上述条件后，将所要建立的内存分区内中的所有空闲内存块链接成一个单向链表
        plink = (void ** )addr;            // 建立空闲内存块单向链表
        pblk = (INT8U * )addr + blksize;
        for (i = 0; i < (nblks - 1); i++) {
            * plink = (void * )pblk;
            plink = * plink;
            pblk = pblk + blksize;
        }
```

```
    * plink        = (void *)0;          // 最后一条指针指向 NULL
    // 在该内存分区控制块中填写与内存分区有关的信息
    pmem ->OSMemAddr     = addr;       // 存储内存分区的起始地址
    pmem ->OSMemFreeList  = addr;       // 确定指向内存分区中第一个空闲内存块的指针值
    pmem ->OSMemNFree    = nblks;      // 空闲内存块的数量
    pmem ->OSMemNBlks    = nblks;      // 内存块总数
    pmem ->OSMemBlkSize  = blksize;    // 每个内存块的容量
    * err                = OS_NO_ERR; //错误代码
    return (pmem);     // 返回内存控制块指针,以后对该内存分区的操作都通过这个指针来实现
}
```

4. 应用范例

OSMemCreate()函数应用范例:建立一个含有 50 个内存块、每个内存块 16 字节的内存分区,其程序清单如 9.3 所示。

程序清单 9.3　OSMemCreate()应用范例

```
OS_MEM      * MemBuf;          // 定义一个内存控制块指针
INT8U       buffer[50][16];     // 定义一个内存分区数组,含 50 个内存块,每块 16 个字节
void main (void) {
    INT8U err;
    OSInit();
    .
    MemBuf  =  OSMemCreate(buffer, 50, 16, &err);
    .
    OSStart();
}
```

9.3　获取一个内存块——OSMemGet()函数

1. 函数原型

void　* OSMemGet(OS_MEM * pmem,INT8U * err)　reentrant

OSMemGet()函数用于从已经建立的内存分区中申请获取一个内存块。函数的调用者可以是任务或者中断,没有单独的配置常量。函数有两个参数:

(1) pmem:指向内存控制块的指针,它是调用 OSMemCreate()函数建立内存分区时的返回值。

(2) err:指向包含错误代码的变量的指针,错误代码有以下几种:

· OS_NO_ERR:成功得到一个内存块;

· OS_MEM_NO_FREE_BLKS:内存分区中已经没有空闲内存块;

· OS_MEM_INVALID_PMEM:pmem 是空指针。

2. 返回值

如果获取成功,则 OSMemGet()函数返回指向内存块的指针;如果没有空间分配给内存块,则 OSMemGet()函数返回空指针。

3. 原理与实现

OSMemGet()函数的基本原理：从参数 pmem 指定的内存分区中抽取第一个空闲的内存块。如果这个空闲内存块可用，则调整 OSMemFreeList 指针，使其指向空闲内存块链表中的下一个空闲内存块，并返回所获取的内存块指针；如果不可用，则返回空指针。OSMemGet()函数实现代码如程序清单 9.4 所示。

程序清单 9.4　OSMemGet()函数实现代码

```
void    * OSMemGet (OS_MEM  * pmem, INT8U  * err) reentrant {
#if OS_CRITICAL_METHOD==3
    OS_CPU_SR    cpu_sr;
#endif
    void        * pblk;
#if OS_ARG_CHK_EN > 0
    if (pmem==(OS_MEM  *)0) {                    // 确保参数 pmen 不是空指针
        * err = OS_MEM_INVALID_PMEM;
        return ((OS_MEM  *)0);
    }
#endif
    OS_ENTER_CRITICAL();
    if (pmem ->OSMemNFree > 0) {                 // 检查内存分区中是否有空闲的内存块
        pblk    = pmem ->OSMemFreeList;          // 如果有，则将第一个内存块从空闲内存链
                                                 // 表中删除，因为要使用这个内存控制块了
        pmem ->OSMemFreeList = *(void **)pblk;
                                                 // 调整空闲内存块链表指针
        pmem ->OSMemNFree --;                    // 空闲内存块数量减 1
        OS_EXIT_CRITICAL();
        * err = OS_NO_ERR;                       // 内存块获取成功
        return (pblk);                           // 将分配到的内存块指针返回给应用程序
    }
    OS_EXIT_CRITICAL();
    * err = OS_MEM_NO_FREE_BLKS;                 // 如果没有空闲内存块，设置错误代码
    return ((void  *)0);                         // 返回空指针
}
```

4. 应用要点

（1）调用 OSMemGet()函数申请获取内存块时，用户必须知道内存分区中内存块的大小，使用时不能超过容量。例如，如果一个内存分区内的每个内存块为 64 字节，那么应用程序最多只能使用内存块中的 64 字节。

（2）用户在使用内存块后应该及时释放，且必须重新放回它原先所属的内存分区中去。

（3）函数可以反复多次调用。

（4）如果暂时没有内存块可用，函数不会等待，而是立即返回 NULL 指针。因此OSMemGet()函数可在中断中调用。

5. 应用范例

OSMemGet()函数应用范例如程序清单 9.5 所示。

程序清单 9.5　OSMemGet()函数应用范例

```
OS_MEM  * MemBuf;              // 定义一个内存控制块指针
void Task（void * ppdata） reentrant {
    INT8U  * msg；
    ppdata  = ppdata；
    for（; ; ) {
        msg  = OSMemGet(MemBuf, &err)；
        if (msg  != (INT8U * )0) {
        .                      // 内存块已经分配
        }
    }
}
```

9.4　释放一个内存块——OSMemPut()函数

1. 函数原型, OSMemPut()

　　INT8U OSMemPut(OS_MEM * pmem, void * pblk)　reentrant

OSMemPut()函数用于释放一个内存块，没有单独的配置常量，调用者是任务或者中断。函数有两个参数：

（1）pmem：指向内存控制块的指针，它是调用 OSMemCreate()函数建立内存分区时的返回值。

（2）pblk：指向将要被释放的内存块的指针。

2. 返回值

OSMemPut()函数的返回值有如下几种：

（1）OS_NO_ERR：内存块释放成功。

（2）OS_MEM_FULL：内存分区已满，不能再接受释放的内存块。这种情况说明用户程序出现了错误，释放的内存块多于用 OSMemGet()函数得到的内存块。

（3）OS_MEM_INVALID_PMEM：pmem 是空指针。

（4）OS_MEM_INVALID_PBLK：pblk 是空指针。

3. 原理与实现

OSMemPut()函数的基本原理：通过检查参数 pmem 指定的内存分区是否已满，来确定是否可以释放内存块。如果已满，则说明系统在分配和释放内存时出现了错误，无法释放。如果未满，则将参数 pblk 指定的内存块插入到参数 pmem 指定的空闲内存块链表的最前面，成功释放。OSMemPut()函数实现代码如程序清单 9.6 所示。

程序清单 9.6　OSMemPut()实现代码

```
INT8U  OSMemPut (OS_MEM * pmem, void * pblk) reentrant {
#if OS_CRITICAL_METHOD==3
```

```
    OS_CPU_SR    cpu_sr;
#endif
#if OS_ARG_CHK_EN > 0
    if (pmem==(OS_MEM *)0) {                          // 确保参数 pmem 不是空指针
        return (OS_MEM_INVALID_PMEM);
    }
    if (pblk==(void *)0) {                            // 确保参数 pblk 不是空指针
        return (OS_MEM_INVALID_PBLK);
    }
#endif
    OS_ENTER_CRITICAL();
    if (pmem ->OSMemNFree >= pmem ->OSMemNBlks) {     // 检查内存分区是否已满
        OS_EXIT_CRITICAL();                           // 若满，则说明分配或释放时出现错误
        return (OS_MEM_FULL);
    }
    // 内存分区未满
    *(void **)pblk   = pmem ->OSMemFreeList;          // 将需释放的内存块重新链接到
                                                      // 空闲内存块链表中去
    pmemCD * 2]>OSMemFreeList = pblk;                 // 调整指针，将所释放的内存块
                                                      // 链接到空闲内存块链表的最前面
    pmem ->OSMemNFree++;                              // 将分区中的空闲内存块总数加 1
    OS_EXIT_CRITICAL();
    return (OS_NO_ERR);                               // 通知调用者释放成功
}
```

4. 应用要点

(1) 如果一个内存块已经不再使用，必须及时释放它，以备其他应用程序使用。

(2) 释放内存块时，必须放回到原先申请的内存分区中，不能错放，否则可能导致系统崩溃。例如：从每个内存块是 32 字节的内存分区中申请了一个内存块，用完后就不能把它返回给每个内存块是 64 字节的内存分区。应用程序以后申请 64 字节分区中的内存块时，可能会只得到 32 字节的可用空间，而得不到 64 字节的内存块。

5. 应用范例

OSMemPut()函数应用范例如程序清单 9.7 所示。

程序清单 9.7　OSMemPut()函数应用范例

```
OS_MEM      * MemBuf;                // 定义一个内存控制块指针
INT8U       * MemMsg;                // 定义一个内存块指针
void Task (void * ppdata)   reentrant {
    INT8U err;
    ppdata = ppdata;
    for (; ; ) {
        err = OSMemPut(MemBuf, (void *)MemMsg);
```

```
if (err==OS_NO_ERR) {
应用程序;
}
    .
}
}
```

9.5   查询内存分区的状态——OSMemQuery()函数

1. 函数原型

INT8U OSMemQuery(OS_MEM * pmem，OS_MEM_DATA * ppdata)   reentrant

OSMemQuery()函数用于查询指定内存分区中的有关信息，函数使用了一个新的数据结构 OS_MEM_DATA 来复制 OS_MEM 结构中的信息，并比 OS_MEM 多一个成员，其数据结构如程序清单 9.8 所示。

函数的调用者可以是任务也可以是中断，配置常量是 OS_MEM_QUERY_EN。函数有两个参数：

（1）pmem：指向内存控制块的指针，它是调用 OSMemCreate()函数建立内存分区时的返回值。

（2）ppdata：指向 OS_MEM_DATA 数据结构的指针，它比 OS_MEM 多一个成员。

程序清单 9.8　OS_MEM_DATA 数据结构

```
typedef struct {
    void        OSAddr;          // 指向内存分区起始地址的指针
    void        OSFreeList;      // 指向空闲内存块链表起始地址的指针
    INT32U      OSBlkSize;       // 每个内存块的容量
    INT32U      OSNBlks;         // 内存分区中内存块的总数
    INT32U      OSNFree;         // 空闲内存块的数量
    INT32U      OSNUsed;         // 正在使用的内存块数量
} OS_MEM_DATA;
```

2. 返回值

OSMemQuery()函数的返回值是错误代码，有如下几种：

（1）OS_NO_ERR：调用成功。

（2）OS_MEM_INVALID_PMEM：pmem 是空指针。

（3）OS_MEM_INVALID_PDATA：ppdata 是空指针。

3. 原理与实现

OSMemQuery()函数的基本原理：直接将参数 pmem 指定的内存控制块数据结构中的 5 个成员变量值复制给参数 ppdata 指定的 OS_MEM_DATA 数据结构中的 5 个相关成员变量，第 6 个成员变量 OSNUsed 的值通过计算得到（.OSNUsed = .OSNBlks－.OSNFree）。OSMemQuery()函数实现代码如程序清单 9.9 所示。

程序清单 9.9　OSMemQuery()函数实现代码

```
#if OS_MEM_QUERY_EN > 0
INT8U   OSMemQuery (OS_MEM * pmem, OS_MEM_DATA * ppdata) reentrant {
#if OS_CRITICAL_METHOD==3
    OS_CPU_SR   cpu_sr;
#endif
#if OS_ARG_CHK_EN > 0
    if (pmem==(OS_MEM *)0) {                             // 确保参数 pmem 不是空指针
        return (OS_MEM_INVALID_PMEM);
    }
    if (ppdata==(OS_MEM_DATA *)0) {                      // 确保参数 ppdata 不是空指针
        return (OS_MEM_INVALID_PDATA);
    }
#endif
    // 复制内存分区中的全部内容，为了防止中断打入而修改某些变量，所以要禁止中断
    OS_ENTER_CRITICAL();
    ppdata->OSAddr     = pmem->OSMemAddr;                // 复制内存分区起始地址值
    ppdata->OSFreeList = pmem->OSMemFreeList;            // 复制空闲内存块链表指针值
    ppdata->OSBlkSize  = pmem->OSMemBlkSize;             // 复制内存块容量值
    ppdata->OSNBlks    = pmem->OSMemNBlks;               // 复制内存块总数值
    ppdata->OSNFree    = pmem->OSMemNFree;               // 复制空闲内存块数量
    OS_EXIT_CRITICAL();
    ppdata->OSNUsed    = ppdata->OSNBlks - ppdata->OSNFree;
                                                        // 计算正在使用的内存块数量
    return (OS_NO_ERR);
}
#endif
```

4. 应用范例

OSMemQuery()函数应用范例如程序清单 9.10 所示。

程序清单 9.10　OSMemQuery()函数应用范例

```
OS_MEM        * MemBuf;                    // 定义内存控制块指针
void Task (void * ppdata)   reentrant {
    INT8U            err;
    OS_MEM_DATA   mem_data;                // 定义一个新的结构来复制分区中的信息
    ppdata = ppdata;
    for (; ;) {
        ⋮
        err = OSMemQuery(MemBuf, &mem_data);
        ⋮
    }
}
```

习　题

（1）内存管理的基本原理是什么？

（2）写出内存管理函数的配置常量。

（3）叙述内存管理的所有函数原型及其原理，并举例说明其应用。

第 *10* 章

μC/OS - Ⅱ 的移植

本章介绍 μC/OS-Ⅱ在不同处理器上移植的一般方法以及基于 MCS-51 和 ARM 处理器的移植实例。

10.1 移植的基本方法

10.1.1 移植的概念与一般要求

所谓的移植就是使一个实时内核能运行在另一种微处理器或者微控制器上。为了方便移植，μC/OS-Ⅱ在设计时就充分考虑了可移植性，大部分代码都是用 ANSI C 语言编写的，考虑到绝大多数微处理器在读写寄存器时只能用汇编语言来实现，所以仍然需要用汇编语言来编写一些与处理器相关的代码。

1. 移植对微处理器的要求

要使 μC/OS-Ⅱ能够正常运行，处理器和编译器必须满足以下五项原则：

（1）处理器的 C 编译器能产生可重入代码；

（2）用 C 语言就可以实现开关中断；

（3）处理器至少能支持定时中断，中断频率一般在 10 至 100 Hz 之间；

（4）处理器能够支持硬件堆栈，容量可达几千字节；

（5）处理器有堆栈指针和读写 CPU 其他寄存器、堆栈内容或内存的指令。

2. 对移植开发工具的要求

移植 μC/OS-Ⅱ，需要一个针对用户 CPU 的 C 编译器，它必须满足如下要求：

（1）C 编译器必须支持汇编语言程序。

（2）C 编译器必须能支持可重入代码，因为 μC/OS-Ⅱ是一个可剥夺型内核。

（3）C 编译器必须包括汇编器、连接器和定位器。

　　　·连接器用来将经编译和汇编后产生的不同的模块连接成目标文件。

　　　·定位器用于将代码和数据放置在目标处理器的指定内存映射空间中。

（4）C 编译器必须支持用户在 C 语言中打开和关闭中断。

（5）C 编译器最好支持用户在 C 语言程序中嵌入汇编语言，这有利于用汇编语言来直接开关中断。

3. 移植的主要工作

μC/OS-Ⅱ的移植非常简单，但前提是：必须理解处理器和 C 编译器的技术细节，拥有和掌握必要的开发工具，处理器和编译器满足 μC/OS-Ⅱ的上述五项原则。根据如图 10.1 所示的 μC/OS-Ⅱ软硬件体系结构，移植工作主要是改写与处理器有关的内核代码以及与编译器数据类型有关的文件，详细内容如表 10.1 所示。

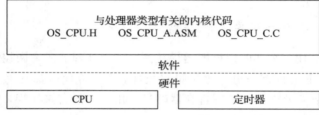

图 10.1　μC/OS-Ⅱ软硬件体系结构

表 10.1　移植需要修改的文件一览表

名　　称	类　型	所属文件	语　言	复杂度
BOOLEAN	数据类型	OS_CPU.H	ANSIC	低
INT8U	数据类型	OS_CPU.H	ANSI C	低
INT8S	数据类型	OS_CPU.H	ANSI C	低
INT16U	数据类型	OS_CPU.H	ANSI C	低
INT16S	数据类型	OS_CPU.H	ANSI C	低
INT32U	数据类型	OS_CPU.H	ANSI C	低
INT32S	数据类型	OS_CPU.H	ANSI C	低
FP32	数据类型	OS_CPU.H	ANSI C	低
FP64	数据类型	OS_CPU.H	ANSI C	低
OS_STK	数据类型	OS_CPU.H	ANSI C	中
OS_CPU_SR	数据类型	OS_CPU.H	ANSI C	中
OS_CRITICAL_METHOD	宏定义	OS_CPU.H	ANSI C	高

名　　　称	类　型	所属文件	语言	复杂度
OS_STK_GROWTH	宏定义	OS_CPU.H	ANSI C	低
OS_ENTER_CRITICAL()	宏定义	OS_CPU.H	ANSI C	高
OS_EXIT_CRITICAL()	宏定义	OS_CPU.H	ANSI C	高
OSStartHighRdy()	函数	OS_CPU_A.ASM	汇编	中
OSCtxSw()	函数	OS_CPU_A.ASM	汇编	高
OSIntCtxSw()	函数	OS_CPU_A.ASM	汇编	高
OSTickISR()	函数	OS_CPU_A.ASM	汇编	高
OSTaskStkInit()	函数	OS_CPU_C.C	ANSI C	高
OSInitHookBegin()	函数	OS_CPU_C.C	ANSI C	低
OSInitHookEnd()	函数	OS_CPU_C.C	ANSI C	低
OSTaskCreateHook()	函数	OS_CPU_C.C	ANSI C	低
OSTaskDelHook()	函数	OS_CPU_C.C	ANSI C	低
OSTaskSwHook()	函数	OS_CPU_C.C	ANSI C	低
OSTaskStatHook()	函数	OS_CPU_C.C	ANSI C	低
OSTCBInitHook()	函数	OS_CPU_C.C	ANSI C	低
OSTimeTickHook()	函数	OS_CPU_C.C	ANSI C	低
OSTaskIdleHook()	函数	OS_CPU_C.C	ANSI C	低

移植所要进行的工作可以简单地归纳为如下几条：

（1）声明 11 个数据类型（OS_CPU.H）。

（2）用 #define 声明 4 个宏（OS_CPU.H）。

（3）编写 4 个汇编语言函数（OS_CPU_A.ASM）。

（4）用 C 语言编写 10 个简单的函数（OS_CPU_C.C）。

事实上，移植工作很简单，根据处理器的不同，一个移植实例可能需要编写或改写 50 行至 300 行的代码，需要的时间从几个小时到一星期不等。移植完毕后还要进行测试。

4. INCLUDES.H 文件说明

INCLUDES.H 是一个主头文件，它包括了所有的头文件，这样做的好处是使得在应用中无需考虑每个.C 文件到底需要哪些头文件，还可大大地提高代码的可移植性。唯一的缺点是它可能会包含一些不相关的头文件，因此可能增加每个文件的编译时间。一般地，该文件应该包含在所有.C 文件的第一行，即：# include　"includes.h"。

10.1.2　OS_CPU.H 代码的移植

OS_CPU.H 头文件中包含了与编译器有关的数据类型和与处理器有关的代码，其代码如程序清单10.1 所示。

程序清单 10.1　　OS_CPU.H 代码

```
/* * * * * * * * * * *        与编译器有关的数据类型        * * * * * * * * * * */
    typedef unsigned char    BOOLEAN;         // 不能使用 bit 定义，因为在结构体里无法使用
    typedef unsigned char    INT8U;           // 无符号 8 位数
    typedef signed char      INT8S;           // 有符号 8 位数
    typedef unsigned int     INT16U;          // 无符号 16 位数
    typedef signed int       INT16S;          // 有符号 16 位数
    typedef unsigned long    INT32U;          // 无符号 32 位数
    typedef signed long      INT32S;          // 有符号 32 位数
    typedef float            FP32;            // 单精度浮点数
    typedef double           FP64;            // 双精度浮点数
    typedef unsigned char    OS_STK;          // 定义堆栈入口宽度为 8 位
    typedef unsigned char    OS_CPU_SR;       // 定义程序状态字的宽度为 8 位
/* * * * * * * * * * *        与处理器有关的代码        * * * * * * * * * * */
#if   OS_CRITICAL_METHOD == 1
# define   OS_ENTER_CRITICAL()???    // 禁止中断
# define   OS_EXIT_CRITICAL()???     // 允许中断
# endif
#if   OS_CRITICAL_METHOD == 2
# define   OS_ENTER_CRITICAL()???    // 禁止中断
# define   OS_EXIT_CRITICAL()???     // 允许中断
# endif
#if   OS_CRITICAL_METHOD == 3
# define   OS_ENTER_CRITICAL()???    // 禁止中断
# define OS_EXIT_CRITICAL()???       // 允许中断
# endif
# define   OS_STK_GROWTH      0/1    // 定义堆栈生长方向：1=向下，0=向上
# define   OS_TASK_SW()        OSCtxSw() // 任务级的任务切换宏
```

1. 与编译器有关的数据类型

　　μC/OS-Ⅱ 源代码不直接使用 C 语言中的 short、int 和 long 等数据类型，因为这些数据类型与编译器密切相关，不可移植。为了提高可移植性，μC/OS-Ⅱ 对它的一系列数据类型进行了重新定义。尽管 μC/OS-Ⅱ 不使用浮点数据，但为了方便起见，还是作了定义。

　　例如，在 16 位编译器上，INT16U 表示的数据类型是 16 位的无符号整数，变量的取值范围是 0～65 535。如果用 32 位编译器的话，那么这个 INT16U 就实际上被声明为无符号短整型数据，而不是无符号整型数据。但是，μC/OS-Ⅱ 所处理的仍然是 INT16U。

　　OS_STK 和 OS_CPU_SR 的数据类型需要根据 CPU 的堆栈入口宽度和程序状态字的宽度来定义。例如，MCS-51 系列单片机堆栈入口和程序状态字都是 8 位宽度，那么在 16 位的编译器上，可以将 OS_STK 和 OS_CPU_SR 声明为无符号 8 位数。如果处理器上的堆栈入口宽度是 16 位，并且编译器规定的无符号整型为 16 位数，那么就应该将 OS_STK 声明为无符号整型数据类型。所有的任务堆栈都必须用 OS_STK 来声明数据类型。

　　移植与编译器有关的代码，必须仔细阅读编译器手册，找到对应于 μC/OS-Ⅱ 的标准

C 数据类型。

2. OS_ENTER_CRITICAL( )和 OS_EXIT_CRITICAL( )

OS_ENTER_CRITICAL( )和 OS_EXIT_CRITICAL( )是 μC/OS-Ⅱ 定义的两个宏，主要用于实现禁止和允许中断，这样做目的是隐藏编译器厂商提供的具体实现方法，移植时，只要修改这两个宏就行了，而不用修改所有的相关代码。

在第 3 章中已经介绍过，实现这两个宏的方法主要有三种。第一种也是最简单的实现方法，它在 OS_ENTER_CRITICAL( )和 OS_EXIT_CRITICAL( )中直接调用处理器指令来禁止和允许中断；

第二种实现 OS_ENTER_CRITICAL( )和 OS_EXIT_CRITICAL( )的方法是先将中断禁止状态保存到堆栈中，然后禁止中断，而执行 OS_EXIT_CRITICAL( )的时候只是从堆栈中恢复原来的中断状态。

第三种实现 OS_ENTER_CRITICAL( )和 OS_EXIT_CRITICAL( )的方法是用局部变量来保存中断开关状态。

选择哪一种方法，取决于用户想牺牲什么，得到什么。如果用户仅仅希望简单快速地实现，而不关心在调用服务后中断的状态，那么可以选择第一种方法执行。如果用户想在调用服务后确保中断的原始状态，可以根据具体情况选择第二种或者第三种方法。

3. OS_STK_GROWTH

OS_STK_GROWTH 宏定义决定了堆栈生长的方向，OS_STK_GROWTH 置 0 表示堆栈从下往上生长；OS_STK_GROWTH 置 1 表示堆栈从上往下生长。之所以要这样处理是因为 μC/OS-Ⅱ 在建立任务和检验堆栈时需要知道栈顶和栈底的具体位置，例如在任务控制块中就要给出栈顶和栈底。堆栈的实际生长方向取决于具体的微处理器结构，例如 Intel MCS-51 系列 CPU 堆栈的生长方向是向上的，Intel x86 系列以及其他大多数 CPU 堆栈的生长方向全部都是向下的，而 ARM 系列 CPU 堆栈则提供了上下两个生长方向的选项。μC/OS-Ⅱ 可以设置成两种情况都处理的状态。

4. OS_TASK_SW( )

OS_TASK_SW( )是一个宏，当发生任务切换时需要调用它。μC/OS-Ⅱ 的任务切换很简单，它实际上就是人为地模拟了一次中断的过程：首先将要挂起的任务的全部 CPU 寄存器内容推入它自己的任务栈，然后再将准备就绪的最高优先级任务的任务栈中的全部内容弹出来，这样被恢复运行的任务就可以从被中断的那一点准确地继续往下执行了。这个模拟中断的过程就是由 OS_TASK_SW( )宏来实现的。

OS_TASK_SW( )产生中断的方法一般有两种：一是利用微处理器提供的软中断或陷阱（TRAP）指令来完成，例如在 Intel、AMD 80x86、Motorola 680x0/CPU32、Motorola 68HC11 等处理器中都有这样的指令；如果微处理器没有软中断或者陷阱指令，那么可以采用程序调用的方法，将任务栈的结构设置成与中断堆栈结构一样来实现，例如 MCS-51 系列单片机。不管用哪种方法来实现，都必须将处理程序的向量地址指向汇编语言函数 OSCtxSw( )。

10.1.3 OS_CPU_C.C 代码的移植

如表 10.1 所示，在 OS_CPU_C.C 文件中有 10 个函数要求用户进行修改，但是其中唯一必要的是 OSTaskStkInit()函数,其余 9 个都是用于扩展的用户接口函数,μC/OS-Ⅱ要求必须声明,但未必包含任何代码。

1. OSTaskStkInit()函数

OSTaskStkInit()函数为 OSTaskCreate()和 OSTaskCreateExt()函数所调用,用于任务栈的初始化,初始化后的任务栈看起来像刚刚发生过一次中断并将所有的寄存器都保存进了堆栈的情形一样。初始化任务栈结构如图 10.2 所示,它主要完成四项任务:① 仿真带参数指针 ppdata 的函数调用;② 接着保存任务代码的首地址指针,当调用 OSStart()函数启动时,为第一次运行提供任务代码的首地址指针,应用任务的代码便从这里开始执行;③ 初始化任务栈结构,保存 CPU 寄存器内容,尽管这些寄存器内容可能在第一次运行时没有起什么作用,但仍然要设计成完整的结构,以便于计算代码的指针;④ 返回栈顶指针给调用者,调用者又将这个指针传递给任务控制块,并且放在任务控制块数据结构的最前面,这样就可以用汇编语言来方便地进行读写。

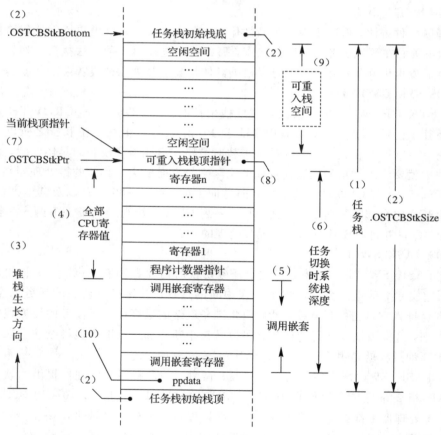

图 10.2 初始化任务栈结构

OSTaskStkInit()函数原型如下:

void ∗ OSTaskStkInit(void (∗ task)(void ∗ pd), void ∗ ppdata, OS_STK ∗ ptos, INT16U opt) reentrant

函数有如下四个参数:

（1）task 是任务代码的指针。

（2）ppdata 是当任务开始执行时传递给任务的参数指针，图 10.2 描述了 C 编译器用堆栈传递参数的情况。

（3）ptos 是分配给任务堆栈的栈顶指针。

（4）opt 用于设定 OSTaskCreateExt() 的选项，指定是否允许堆栈检验，是否将堆栈清零，是否进行浮点操作等。当用 OSTaskCreate() 函数调用时，设置为 0。

OSTaskStkInit() 函数的示意性代码如程序清单 10.2 所示，它返回一个栈顶指针给调用者。

程序清单 10.2　OSTaskStkInit() 函数示意性代码

```
void * OSTaskStkInit (void ( * task)(void * pd), void * ppdata, OS_STK * ptos, INT16U
opt) reentrant
    {
    仿真带参数指针 PPdata 的函数调用；
    在堆栈的起始处保存堆栈长度；
    仿真中断响应，将任务代码首地址指针推入堆栈；
    按照预先设计的寄存器值初始化堆栈结构；
    return ((void * )ptos);                          // 返回栈顶指针给调用者
    }
```

2. 其余函数

如表 10.2 所示，OS_CPU_C.C 文件中的其余 9 个函数都是 μC/OS - Ⅱ 的用户功能扩展函数，可以由用户根据需要自行编写。这 9 个函数的裁减可以通过设置如表 10.2 所示的配置常量来实现，通过 OS_CFG.H 文件可配置这些常量。

（1）OSTaskCreateHook() 函数在用 OSTaskCreate() 或 OSTaskCreateExt() 建立任务的时候会被调用，允许用户以自己的方式来扩展任务建立函数的功能。例如用户可以初始化和存储与任务相关的浮点寄存器以及其他寄存器的内容等。它没有任何返回值。调用该函数时中断是开放的。

（2）OSTaskDelHook() 函数在任务被删除时会被调用，它不返回任何值。

（3）OSTaskSwHook() 函数在发生任务切换时会被调用，在任务级任务切换 OSCtxSw() 和中断级任务切换 OSIntCtxSw() 这两个函数中都无一例外地会调用该函数。调用期间中断一直是被禁止的，代码的多少会直接影响到中断的响应时间，所以应尽量简化代码。OSTaskSwHook() 没有任何参数，也不返回任何值。

（4）OSTaskStatHook() 函数用来扩展统计任务的功能，每秒钟都会被 OSTaskStat() 调用一次。该函数没有任何参数，也不返回任何值。

（5）OSTimeTickHook() 在每个时钟节拍都会被 OSTaskTick() 调用，它在 μC/OS - Ⅱ 真正处理时钟节拍之前被调用，目的在于使用户能先处理紧急事务。该函数没有任何参数，也不返回任何值。

（6）OSTCBInitHook() 函数在 OS_TCBInit() 函数中会被调用，允许用户做一些与初始化任务控制块有关的处理。

（7）OSTaskIdleHook() 函数在 OSTaskIdle() 函数中会被调用，可以用来实现某些 CPU 的低功耗工作模式。

(8) OSInitHookBegin()函数在系统进入 OSInit()函数后会被立即调用,用这个函数可以把与 OS 有关的初始化代码添加进 OSInit()函数。

(9) OSInitHookEnd()函数与 OSInitHookBegin()相似,不同的只是它在 OSInit()函数返回前被调用。

表 10.2　μC/OS‐Ⅱ的 9 个扩展功能函数的配置常量一览表

函　数	配　置　常　量	说　　　明
系统配置	OS_CPU_HOOKS_EN	当该常量清 0 时,屏蔽所有扩展函数
OSInitHookBegin()	OS_INIT_HOOK_BEGIN_EN	该常量清 0 时,屏蔽该函数,置 1 时,允许调用
OSInitHookEnd()	OS_INIT_HOOK_END_EN	该常量清 0 时,屏蔽该函数,置 1 时,允许调用
OSTaskCreateHook()	OS_TASK_CREATE_HOOK_EN	该常量清 0 时,屏蔽该函数,置 1 时,允许调用
OSTaskDelHook()	OS_TASK_DEL_HOOK_EN	该常量清 0 时,屏蔽该函数,置 1 时,允许调用
OSTaskSwHook()	OS_TASK_SW_HOOK_EN	该常量清 0 时,屏蔽该函数,置 1 时,允许调用
OSTaskStatHook()	OS_TASK_STAT_HOOK_EN	该常量清 0 时,屏蔽该函数,置 1 时,允许调用
OSTCBInitHook()	OS_TCB_INIT_HOOK_EN	该常量清 0 时,屏蔽该函数,置 1 时,允许调用
OSTimeTickHook()	OS_TIME_TICK_HOOK_EN	该常量清 0 时,屏蔽该函数,置 1 时,允许调用
OSTaskIdleHook()	OS_TASK_IDEL_HOOK_EN	该常量清 0 时,屏蔽该函数,置 1 时,允许调用

10.1.4　OS_CPU_A.ASM 代码的移植

μC/OS‐Ⅱ的移植要求用户编写如下 4 个汇编语言函数:

(1) OSStartHighRdy():最高优先级就绪任务启动函数。

(2) OSCtxSw():任务级任务切换函数。

(3) OSIntCtxSw():中断级任务切换函数。

(4) OSTickISR():时钟节拍中断服务子程序。

如果编译器支持插入汇编语言代码,就可以将这部分代码编写在 OS_CPU_C.C 文件中,而没有必要使用单独的汇编语言文件。

1. OSStartHighRdy()函数

OSStartHighRdy()函数使准备就绪的最高优先级任务开始运行,为 OSStart()函数所调用。OSStartHighRdy()总是假设 OSTCBHighRdy 指向的是准备就绪的优先级最高的任务的任务控制块。在 μC/OS‐Ⅱ中,处于就绪状态的任务的堆栈中保存的是全部 CPU 寄存器内容,其情形就好像中断保存寄存器进入堆栈的情形一样。堆栈指针储存在任务控制块最前面。当需要运行准备就绪的最高优先级任务时,只需要将保存在该任务堆栈中的所有处理器寄存器按顺序弹出来,并且执行中断的返回就可以了,这就是 OSStartHighRdy()函数的任务之一。OSStartHighRdy()函数的另一个任务是在最高优先级任务恢复运行前将 OSRunning 设置成"TRUE",这可以在该函数内实现,也可以在 OSTaskSwHook()函数中实现,因为函数 OSStartHighRdy()一开始就会调用 OSTaskSwHook()。OSStartHighRdy()函数示意性代码如程序清单 10.3 所示。

程序清单 10.3　OSStartHighRdy()函数示意性代码

```
void OSStartHighRdy (void)
{
调用用户扩展函数 OSTaskSwHook();
OSRunning= TRUE;
取得将要恢复的任务的堆栈指针:
    Stack pointer = OSTCBHighRdy ->OSTCBStkPtr;
将所有寄存器内容从任务栈中弹出来;
执行中断返回指令;
}
```

2. OSCtxSw()函数

OSCtxSw()是一个任务级的任务切换函数,它为 OS_Sched()函数所调用来执行软中断或者 CPU 陷阱指令。该函数的主要功能是保存当前任务的 CPU 寄存器和将即将运行的任务的 CPU 寄存器内容从相应的任务栈中弹出来。调用该函数前,μC/OS-Ⅱ早已将指针 OSTCBCur 指向了当前任务的任务控制块,OS_Sched()函数还需要将准备就绪的最高优先级任务的地址装载到 OSTCBHighRdy 中,然后通过调用 OS_TASK_SW()函数来执行软中断或陷阱指令。调用 OS_Sched()函数时,中断服务、陷阱或异常处理程序的入口向量地址必须指向 OSCtxSw()函数。

OSCtxSw()函数示意性代码如程序清单 10.4 所示,这部分代码必须用汇编语言编写,因为用户不能直接用 C 语言访问 CPU 寄存器。值得注意的是在执行 OSCtxSw()和用户扩展函数 OSTaskSwHook()的过程中,中断是禁止的。

程序清单 10.4　OSCtxSw()函数示意性代码

```
void OSCtxSw(void){
    保存处理器寄存器;
    将当前任务的堆栈指针保存到当前任务的 OS_TCB 中:
        OSTCBCur ->OSTCBStkPtr = Stack pointer;
    调用用户扩展函数 OSTaskSwHook();
    OSTCBCur  = OSTCBHighRdy;
    OSPrioCur = OSPrioHighRdy;
    得到需要恢复的任务的堆栈指针:
        Stack pointer = OSTCBHighRdy ->OSTCBStkPtr;
    将所有处理器寄存器从新任务的堆栈中恢复出来;
    执行中断返回指令;
}
```

3. OSIntCtxSw()函数

OSIntCtxSw()是中断级任务切换函数,它为 OSIntExit()函数所调用,从 ISR 中执行切换功能,它的绝大多数代码与 OSCtxSw()函数相同,可以共用许多代码。在移植时,可以将程序跳转到 OSCtxSw() 函数中以减少 OSIntCtxSw() 函数代码量。与 OSCtxSw() 函数不同的是 ISR 已经将 CPU 寄存器推进了堆栈，而不再需要 OSCtxSw() 函数中保存 CPU 寄存器的那一段代码，这是因为 OSIntCtxSw() 函数是在 ISR 中被调用的，所以可以确信所有的 CPU 寄存器都被正确地保存到了被中断的任务的堆栈之中。

OSIntCtxSw() 函数示意性代码如程序清单 10.5 所示，这部分代码必须用汇编语言编写，因为用户不能直接用 C 语言访问 CPU 寄存器。

程序清单 10.5　OSIntCtxSw() 函数示意性代码

```
void OSIntCtxSw(void){
    调整堆栈指针来去掉在调用过程中压入堆栈的多余内容;
    将当前任务堆栈指针保存到当前任务的 OS_TCB 中:
        OSTCBCur->OSTCBStkPtr = 堆栈指针;
    调用用户扩展函数 OSTaskSwHook();
    OSTCBCur  = OSTCBHighRdy;
    OSPrioCur = OSPrioHighRdy;
    得到需要恢复的任务的堆栈指针:
        堆栈指针 = OSTCBHighRdy->OSTCBStkPtr;
    将所有处理器寄存器从新任务的堆栈中恢复出来;
    执行中断返回指令;
}
```

4. OSTickISR() 函数

OSTickISR() 是一个时钟节拍函数，它为系统提供一个时钟资源来实现时间的延时和期满功能。一般地，时钟节拍的频率应该在 10～100 Hz 之间，即每秒钟产生 10～100 个时钟中断。

时钟节拍正确的使用方法是在 OSStart() 函数运行后，在运行的第一个任务中初始化时钟节拍并允许中断。通常容易犯的错误是在调用 OSInit() 函数和 OSStart() 函数之间初始化并允许时钟节拍中断，这样做的可能后果是如果在第一个任务开始运行前时钟节拍中断就发生了，此时 μC/OS - II 的运行状态还不确定，所以可能导致应用程序崩溃。

OSTickISR() 函数示意性代码如程序清单 10.6 所示，这部分代码必须用汇编语言编写，因为用户不能直接用 C 语言访问 CPU 寄存器。为了缩短运行时间，可以直接操作 OSIntNesting，使其加 1，而不必调用 OSIntEnter() 函数。

程序清单 10.6　OSTickISR() 函数示意性代码

```
void OSTickISR(void) {
    关中断;
    保存处理器寄存器的值;                      // 处理临界段代码
    调用 OSIntEnter() 或是将 OSIntNesting 加 1;  // 通知内核进入中断
    开中断;
    调用 OSTimeTick();                         // 调用节拍服务程序
    调用 OSIntExit();                          // 通知内核退出中断
    关中断;
    恢复处理器寄存器的值;                      // 处理临界段代码
    开中断;
```

执行中断返回指令；

}

10.1.5　移植代码的测试

在代码修改并移植结束后，紧接着要进行的工作就是测试，测试的目的就是验证所移植的代码是否能正常地工作，这也可能是移植过程中最复杂的工作，但必不可少。

测试的主要方法是：首先，在没有应用程序的情况下进行，让内核自己测试自己，以确保自身运行状况没有错误，简单的测试代码如程序清单 10.7 所示。这样做有两个好处：① 避免使本来就复杂的事情变得更加复杂；② 如果出现问题，可以知道问题出在内核代码上而不是应用程序；其次，当多任务调度运行成功后，再逐步添加应用程序。

程序清单 10.7　最简单的测试代码

```
# include "includes.h"
void main()
{
OSInit();
OSStart();
}
```

测试的主要次序如下：

(1) 确保 C 编译器、汇编编译器及连接器正常工作；

(2) 验证 OSTaskStkInit()和 OSStartHighRdy()函数；

(3) 验证 OSCtxSw()函数；

(4) 验证 OSIntCtxSw()函数。

这些测试可以用少量的任务和中断来实现。

10.2　基于 MCS‑51 单片机的移植实例

μC/OS‑Ⅱ在 MCS‑51 单片机上的移植实例主要由杨屹先生完成，后又经肖洋先生修改，全部采用 Keil C51 大模式编译。

10.2.1　OS_CPU.H 代码的移植

OS_CPU.H 头文件在 MCS‑51 单片机上的移植代码如程序清单 10.8 所示。

程序清单 10.8　OS_CPU.H 头文件在 MCS‑51 单片机上的移植代码

```
/* * * * * * * * * * * *      与编译器有关的数据类型      * * * * * * * * * * * */
typedef unsigned char    BOOLEAN;           // 不能使用 bit 定义，因为在结构体里无法使用
typedef unsigned char    INT8U;             // 无符号 8 位数
typedef signed char      INT8S;             // 有符号 8 位数
typedef unsigned int     INT16U;            // 无符号 16 位数
typedef signed int       INT16S;            // 有符号 16 位数
typedef unsigned long    INT32U;            // 无符号 32 位数
typedef signed long      INT32S;            // 有符号 32 位数
typedef float            FP32;              // 单精度浮点数
```

```
typedef double          FP64;                        // 双精度浮点数
typedef unsigned char   OS_STK;                      // 定义堆栈入口宽度为 8 位
typedef unsigned char   OS_CPU_SR;                   // 定义 CPU 状态字的宽度为 8 位
/* * * * * * * * * * * * *      与处理器有关的代码      * * * * * * * * * * * * */
#if   OS_CRITICAL_METHOD==1
    #define   OS_ENTER_CRITICAL()   EA=0  // 直接禁止中断
    #define   OS_EXIT_CRITICAL()    EA=1  // 直接允许中断
#endif
#if   OS_CRITICAL_METHOD==2
    #define   OS_ENTER_CRITICAL()              // 未用
    #define   OS_EXIT_CRITICAL()               // 未用
#endif
#if   OS_CRITICAL_METHOD==3
    #define   OS_ENTER_CRITICAL()   cpu_sr = IE & 0x80; IE &= 0x7F // 禁止中断
    #define   OS_EXIT_CRITICAL()    IE |= cpu_sr                   // 允许中断
#endif
#define   OS_STK_GROWTH     0       // MCU-51 堆栈从下往上增长   1=向下,0=向上
#define   OS_TASK_SW()      OSCtxSw()       // 任务级任务切换宏
```

10.2.2 OS_CPU_C.C 代码的移植

在 MCS-51 单片机上主要移植 OS_CPU_C.C 文件中的 OSTaskStkInit()函数,其余 9 个函数可以不作处理。移植实例如程序清单 10.9 所示。

程序清单 10.9   MCS-51 的 OSTaskStkInit()函数移植实例

```
void * OSTaskStkInit (void ( * task)(void * pd), void * ppdata, OS_STK * ptos, INT16U opt) re-
entrant
{
    OS_STK * stk;
    ppdata  = ppdata;
    opt     = opt;                       // opt 没被用到,保留此语句防止告警产生
    stk     = (OS_STK * )ptos;           // 任务堆栈最低有效地址
    * stk++ = 15;                        // 任务堆栈长度
    * stk++ = (INT16U)task & 0xFF;       // 任务代码地址低 8 位
    * stk++ = (INT16U)task >> 8;         // 任务代码地址高 8 位
    * stk++ = 0x00;                      // PSW
    * stk++ = 0x0A;                      // ACC
    * stk++ = 0x0B;                      // B
    * stk++ = 0x00;                      // DPL
    * stk++ = 0x00;                      // DPH
    * stk++ = 0x00;                      // R0
    * stk++ = 0x01;                      // R1
    * stk++ = 0x02;                      // R2
    * stk++ = 0x03;                      // R3
```

```
* stk++ = 0x04;                        // R4
* stk++ = 0x05;                        // R5
* stk++ = 0x06;                        // R6
* stk++ = 0x07;                        // R7
// 不保存 SP，任务切换时根据用户堆栈长度计算得出
* stk++ = (INT16U)(ptos+MaxStkSize) >> 8;   // ? C_XBP 可重入栈栈顶指针高 8 位值
* stk++ = (INT16U)(ptos+MaxStkSize) & 0xFF; // ? C_XBP 可重入栈栈顶指针低 8 位值
return ((void *)ptos);                 // 为了提高计算效率，这里不返回当
                                       // 前栈顶指针，而是返回初始栈顶
}
```

10.2.3　OS_CPU_A.ASM 代码的移植

OS_CPU_A.ASM 的移植主要包含 OSStartHighRdy()、OSCtxSw()、OSIntCtxSw()
和 OSTickISR() 等 4 个函数代码。除此之外，MCS‑51 系列单片机的各种中断服务子程
序也可以仿照 OSTickISR() 函数代码段的编写方法添加在 OS_CPU_A.ASM 文件的末尾，
限于篇幅有限，本书不做介绍。移植实例如程序清单 10.10 所示。

程序清单 10.10　OS_CPU_A.ASM 代码的移植实例

```
$ NOMOD51                   // 这里不使用编译器已预定义的寄存器名称，以避免重复定义
EA      BIT     0A8H.7      //定义寄存器名称，这里可以使用当前寄存器名称
SP      DATA    081H
B       DATA    0F0H
ACC     DATA    0E0H
DPH     DATA    083H
DPL     DATA    082H
PSW     DATA    0D0H
TR0     BIT     088H.4
EX0     BIT     0A8H.0
EX1     BIT     0A8H.2
TH0     DATA    08CH
TL0     DATA    08AH
        NAME OS_CPU_A；模块名
;定义重定位段
? PR? OSStartHighRdy? OS_CPU_A      SEGMENT CODE
? PR? OSCtxSw? OS_CPU_A             SEGMENT CODE
? PR? OSIntCtxSw? OS_CPU_A          SEGMENT CODE
? PR? OSTickISR? OS_CPU_A           SEGMENT CODE
;声明引用全局变量和外部子程序
        EXTRN DATA (? C_XBP)         ;声明可重入栈栈顶指针，用于保存可重入局部变量
        EXTRN IDATA (OSTCBCur)       ;声明指向当前任务控制块的指针变量
        EXTRN IDATA (OSTCBHighRdy)   ;声明指向准备就绪的优先级最高的 TCB 的指针变量
        ;声明 3 个 unsigned char 类型变量
        EXTRN IDATA (OSRunning)      ;声明多任务启动标志变量
```

```
        EXTRN IDATA（OSPrioCur）      ；声明当前任务优先级变量
        EXTRN IDATA（OSPrioHighRdy）；声明准备就绪的最高优先级变量
        ；声明 4 个外部子程序
        EXTRN CODE（_? OSTaskSwHook）；声明任务的扩展用户子程序
        EXTRN CODE（_? OSIntEnter）  ；声明中断进入子程序
        EXTRN CODE（_? OSIntExit）   ；声明中断退出子程序
        EXTRN CODE（_? OSTimeTick）  ；声明时钟节拍服务子程序
；对外声明 4 个不可重入函数
        PUBLIC OSStartHighRdy
        PUBLIC OSCtxSw
        PUBLIC OSIntCtxSw
        PUBLIC OSTickISR
；分配堆栈空间。只关心大小，堆栈起点由 Keil C 决定，通过标号可以获得 Keil C 分配的 SP 起点。
? STACK SEGMENT IDATA
        RSEG ? STACK
OSStack：
        DS 40H                        ；分配硬件堆栈的容量
OSStkStart IDATA OSStack－1           ；硬件堆栈最低地址－1
；定义压栈出栈宏
PUSHALL     MACRO
        PUSH    PSW
        PUSH    ACC
        PUSH    B
        PUSH    DPL
        PUSH    DPH
        MOV     A，R0                  ；R0～R7 入栈
        PUSH    ACC
        MOV     A，R1
        PUSH    ACC
        MOV     A，R2
        PUSH    ACC
        MOV     A，R3
        PUSH    ACC
        MOV     A，R4
        PUSH    ACC
        MOV     A，R5
        PUSH    ACC
        MOV     A，R6
        PUSH    ACC
        MOV     A，R7
        PUSH    ACC
        ；PUSH   SP                    ；不必保存 SP，任务切换时由相应程序调整
        ENDM
```

```
POPALL          MACRO
        ; POP    ACC                     ; 不必保存 SP，任务切换时由相应程序调整
        POP      ACC                     ; R0～R7 出栈
        MOV      R7，A
        POP      ACC
        MOV      R6，A
        POP      ACC
        MOV      R5，A
        POP      ACC
        MOV      R4，A
        POP      ACC
        MOV      R3，A
        POP      ACC
        MOV      R2，A
        POP      ACC
        MOV      R1，A
        POP      ACC
        MOV      R0，A
        POP      DPH
        POP      DPL
        POP      B
        POP      ACC
        POP      PSW
        ENDM
; 子程序
        RSEG ? PR? OSStartHighRdy? OS_CPU_A；准备就绪的最高优先级任务启动程序
        OSStartHighRdy：
        USING 0                          ; 上电后 51 自动关中断，此时不必用 CLR EA 指令
                                         ; 因为到此处还未开中断，本程序退出后，才开中断
        LCALL _? OSTaskSwHook   ; 调用外部扩展函数
OSCtxSw_in：
                                         ; OSTCBCur ⇒DPTR    获得当前 TCB 指针
        MOV      R0，♯LOW（OSTCBCur）; 获得 OSTCBCur 指针低地址，指针占 3 字节
                                         ; ＋0 类型＋1 高 8 位数据＋2 低 8 位数据
                                         ; 全局变量 OSTCBCur 保存在 IDATA 中
        INC      R0
        MOV      DPH，@R0                 ; 获取 OSTCBCur 指针高 8 位值
        INC      R0
        MOV      DPL，@R0                 ; 获取 OSTCBCur 指针低 8 位值
        ; OSTCBCur ->OSTCBStkPtr ⇒ DPTR    获取任务栈指针
        INC      DPTR                    ; .OSTCBStkPtr is void 指针，指针占 3 字节
                                         ; ＋0 类型＋1 高 8 位数据＋2 低 8 位数据
        MOVX     A，@DPTR                 ; 获取任务栈指针高 8 位值
```

```
        MOV      R0，A
        NC       DPTR
        MOVX     A，@DPTR          ；获取任务栈指针低 8 位值
        MOV      R1，A
        MOV      DPH，R0
        MOV      DPL，R1           ；任务栈指针⇒DPTR
                                   ；任务栈深度值保存在任务栈起始单元处
        MOVX     A，@DPTR          ；任务栈中是 unsigned char 类型数据
        MOV      R5，A             ；任务栈深度 ⇒R5
                                   ；任务栈内容 ⇒系统栈
        MOV      R0，#OSStkStart   ；系统栈起始地址－1
restore_stack：
        INC      DPTR
        INC      R0
        MOVX     A，@DPTR
        MOV      @R0，A
        DJNZ     R5，restore_stack
        ；恢复硬件堆栈指针 SP
        MOV      SP，R0
        ；恢复可重入栈栈指针 ？C_XBP
        INC      DPTR             ；可重入栈指针保存在任务栈的栈顶
        MOVX     A，@DPTR
        MOV      ？C_XBP，A        ；获取？C_XBP 指针高 8 位值
        INC      DPTR
        MOVX     A，@DPTR
        MOV      ？C_XBP+1，A      ；获取？C_XBP 指针低 8 位值
        ；设置 OSRunning ＝TRUE
        MOV      R0，#LOW（OSRunning）
        MOV      @R0，#01
        POPALL                    ；全部寄存器出栈
        SETB EA                   ；开中断
        RETI
        RSEG ？PR？OSCtxSw？OS_CPU_A      ；任务级任务切换程序
OSCtxSw：
        PUSHALL                   ；全部寄存器入栈

OSIntCtxSw_in：
                 ；获取堆栈长度和起址
        MOV      A，SP
        CLR      C
        SUBB     A，#OSStkStart
        MOV      R5，A             ；获取堆栈长度
        ；OSTCBCur ⇒DPTR   获得当前 TCB 指针
```

```
        MOV      R0，♯LOW（OSTCBCur）   ；获得 OSTCBCur 指针低地址，指针占 3 字节
                                      ；＋0 类型＋1 高 8 位数据＋2 低 8 位数据
                                      ；全局变量 OSTCBCur 在 IDATA 中
        INC      R0
        MOV      DPH，@R0              ；OSTCBCur 指针高 8 位值
        INC      R0
        MOV      DPL，@R0              ；OSTCBCur 指针低 8 位值
        ；OSTCBCur －＞OSTCBStkPtr ⇒DPTR   获取任务栈指针
                                      ；任务栈指针 OSTCBStkPtr 是 void 类型，占 3 字节
                                      ；＋0 类型＋1 高 8 位数据＋2 低 8 位数据
        INC      DPTR
        MOVX     A，@DPTR              ；获取任务栈指针高 8 位值
        MOV      R0，A
        INC      DPTR
        MOVX     A，@DPTR              ；获取任务栈指针低 8 位值
        MOV      R1，A
        MOV      DPH，R0
        MOV      DPL，R1               ；任务栈指针 ⇒ DPTR
        ；保存堆栈长度 ⇒任务栈
        MOV      A，R5
        MOVX     @DPTR，A；             ；保存在任务栈的初始栈顶（最低地址单元）
        MOV      R0，♯OSStkStart       ；获取硬件堆栈起始地址
        ；系统栈内容⇒任务栈
save_stack：
        INC      DPTR
        INC      R0
        MOV      A，@R0；                 读取系统栈内容
        MOVX     @DPTR，A；               系统栈内容⇒任务栈
        DJNZ R5，save_stack
        ；保存可重入栈指针？ C_XBP⇒任务栈当前栈顶
        INC      DPTR
        MOV      A，？C_XBP            ；？C_XBP 可重入栈指针高 8 位值
        MOVX     @DPTR，A              ；保存至任务栈
        INC      DPTR
        MOV      A，？C_XBP＋1          ；？C_XBP 可重入栈指针低 8 位值
        MOVX     @DPTR，A              ；保存至任务栈
        ；调用用户程序
        LCALL    _？OSTaskSwHook
        ；指针切换，OSTCBHighRdy⇒OSTCBCur，2 个 void 全局变量，占 3 字节，保存在 IDATA 中
        MOV      R0，♯OSTCBCur
        MOV      R1，♯OSTCBHighRdy
        MOV      A，@R1
        MOV      @R0，A
```

```
        INC     R0
        INC     R1
        MOV     A，@R1
        MOV     @R0，A
        INC     R0
        INC     R1
        MOV     A，@R1
        MOV     @R0，A
        ；OSPrioHighRdy ⇒OSPrioCur，2 个都是 unsigned char 类型变量，只占一个字节
        MOV     R0，＃OSPrioCur
        MOV     R1，＃OSPrioHighRdy
        MOV     A，@R1
        MOV     @R0，A
        LJMP    OSCtxSw_in
        RSEG ? PR? OSIntCtxSw? OS_CPU_A；中断级任务切换程序
OSIntCtxSw：
        ；调整 SP 指针去掉在调用 OSIntExit()，OSIntCtxSw()过程中压入堆栈的多余内容
        ；2 个 PC 指针占 4 字节，所以 SP＝SP－4
        MOV     A，SP
        CLR     C
        SUBB    A，＃4
        MOV     SP，A
        LJMP    OSIntCtxSw_in
        ；使用定时器 0 做时钟中断服务子程序，OSTickISR
        CSEG    AT      000BH       ；定时器 0 中断入口
        LJMP    OSTickISR
        RSEG ? PR? OSTickISR? OS_CPU_A
OSTickISR：
        USING   0
        CLR EA
        PUSHALL；                              全部寄存器入栈
        CLR     TR0
        MOV     TH0，＃3cH        ；定义 Tick＝50 次/秒(CPU ＝12MHz，12 个时钟)
        MOV     TL0，＃0b0H       ；OS_CPU_C.C  和   OS_TICKS_PER_SEC
        SETB    TR0
        LCALL   _? OSIntEnter    ；调用中断进入子程序
        SETB    EA
        LCALL   _? OSTimeTick    ；调用节拍服务子程序
        LCALL   _? OSIntExit     ；中断退出
        ；只有在中断嵌套的最外层，才执行以下语句
        CLR     EA
        POPALL                   ；全部寄存器出栈
        SETB    EA
```

```
        RETI                    ;模拟中断返回
    END
```

10.3　基于 ARM 处理器的移植实例

ARM 是目前嵌入式领域应用最广泛的 RISC 微处理器结构,当前有 ARM7、ARM9、ARM9E、ARM10、ARM11、ARMv-8A 等产品。此外,作为 ARM 公司合作伙伴的 Intel,也提供基于 XScale 微体系结构的相关处理器产品。所有的 ARM 处理器都共享 ARM 通用的基础体系结构。同时,由于 ARM 处理器具有多种工作模式,并支持两种不同的指令集:标准的 32 位 ARM 指令集和 16 位 Thumb 指令集,所以在移植时就比较复杂,需要考虑的问题也比较特殊。

10.3.1　移植规划

ARM 处理器有用户 usr、快速中断 fiq、通用中断 irq、管理 svc、中止 abt、未定义 und、系统 sys 等 7 种模式。除 usr 模式以外的其他模式都叫做特权模式,除 usr 和 sys 外的其他 5 种模式叫做异常模式。在 usr 模式下,对系统资源的访问是受限制的,也无法主动地改变处理器模式。异常模式通常都和硬件相关,例如中断或执行未定义指令等。系统模式除了是特权模式之外,其他特性与用户模式相同。

与移植相关的处理器模式有两种:svc 模式和 irq 模式,分别是操作系统保护模式和标准中断处理模式,它们之间的转换可以通过硬件方式或软件方式来完成。svc 是 CPU 上电缺省工作模式,处理器在这种模式下能执行任何指令,所以 μC/OS-Ⅱ 的任务是以 svc 模式工作的。当有硬件中断时,CPU 硬件自动完成从 svc 模式到 irq 的转换,在中断程序结束处,则需要通过编程的方法使得 CPU 从 irq 模式恢复到 svc 模式。

目前,适用于 ARM 处理器的编译器有很多,如 SDT、ADS、IAR、TASKING、MDK、KEIL 和 GCC 等,其中使用较多的是 SDT、ADS 和 GCC 等。SDT 和 ADS 都是 ARM 公司的产品,ADS 是 SDT 的升级版。本文所介绍的 ARM 移植实例适用于 ARM7 和 ARM9,既可以工作于 ARM 模式,也可以工作于 Thumb 模式,适用的开发工具是 MDK、IAR、ADS 和 Keil μVisoion 等编译器。

10.3.2　OS_CPU.H 代码的移植

OS_CPU.H 文件定义了与处理器及编译器相关的定义、宏、数据类型及一些全局函数声明。OS_CPU.H 文件在 ARM 中的移植代码如程序清单 10.11 所示。

程序清单 10.11　OS_CPU.H 文件在 ARM 中的移植代码

```
/ * * * * * *            定义与编译器有关的数据类型            * * * * * */
    typedef unsigned    char        BOOLEAN;        / * 布尔变量            */
    typedef unsigned    char        INT8U;          / * 无符号 8 位整型变量   */
    typedef signed      char        INT8S;          / * 有符号 8 位整型变量   */
    typedef unsigned    short       INT16U;         / * 无符号 16 位整型变量  */
```

typedef signed	short	INT16S;	/* 有符号 16 位整型变量	*/
typedef unsigned	int	INT32U;	/* 无符号 32 位整型变量	*/
typedef signed	int	INT32S;	/* 有符号 32 位整型变量	*/
typedef float		FP32;	/* 单精度浮点数(32 位长度)	*/
typedef double		FP64;	/* 双精度浮点数(64 位长度)	*/
typedefunsigned	int	OS_STK;	/* ARM 的堆栈入口总是 32 位宽度	*/
typedef unsigned		intOS_CPU_SR;	/* 定义 CPU 状态寄存器的尺寸(32 位)	
				*/

```
/*                        与 ARM7 和 ARM9 体系结构相关的一些定义                    */
#define      OS_CRITICAL_METHOD3
#if          OS_CRITICAL_METHOD == 3
#define      OS_ENTER_CRITICAL()   {cpu_sr = OS_CPU_SR_Save();}
#define      OS_EXIT_CRITICAL()    {OS_CPU_SR_Restore(cpu_sr);}
#endif


#define      OS_STK_GROWTH         1           /* 堆栈是从上往下长的              */
#define      OS_TASK_SW()          OSCtxSw()   /* 任务级任务切换宏               */


/* * * * * * * * * * * * * * * * * * * * * * * * * * * * * * * * * * * * * *
 *                             函数原型
 * * * * * * * * * * * * * * * * * * * * * * * * * * * * * * * * * * * * * */

#if OS_CRITICAL_METHOD == 3   /* 处理临界段代码的函数,详见 OS_CPU_A.ASM */
    OS_CPU_SROS_CPU_SR_Save(void);
    void OS_CPU_SR_Restore(OS_CPU_SR cpu_sr);
#endif

    void      OSCtxSw(void);
    void      OSIntCtxSw(void);
    void      OSStartHighRdy(void);
```

10.3.3 OS_CPU_C.C 代码的移植

OS_CPU_C.C 代码需要移植 10 个简单的相关函数,但在一般情况下,仅仅需要移植任务栈初始化函数 OSTaskStkInit(),其余 9 个函数可以用简单的空函数来实现。

要编写任务栈初始化函数,首先必须根据处理器的结构和特点确定任务栈的结构,也就是在堆栈增长方向上定义每个需要保存的寄存器位置。基于 ARM 的 μC/OS-Ⅱ 的任务运行在 SVC 模式下,其任务栈空间结构如图 10.3 所示,由高至低依次将保存着 PC、LR、R12、R11、R10、…、R1、R0、CPSR。

高地址	PC	= task	← ptos
	LR	= 0x14141414L	
	R12	= 0x12121212L	
	R11	= 0x11111111L	
	R10	= 0x10101010L	
	R9	= 0x09090909L	
	R8	= 0x05050505L	
	R7	= 0x05050505L	
	R6	= 0x05050505L	
	R5	= 0x05050505L	
	R4	= 0x04040404L	
	R3	= 0x03030303L	
	R2	= 0x02020202L	
	R1	= 0x01010101L	
	R0	= p_arg	← stk
低地址	CPSR	= ARM_SVC_MODE_???	

图 10.3 任务栈空间结构

有两点需要说明：一是，当前任务堆栈初始化完成后，OSTaskStkInit()函数返回新的堆栈指针 stk，在 OSTaskCreate()函数执行时，将会调用 OSTaskStkInit()函数的初始化过程，然后通过 OSTCBInit()函数调用，将返回的 SP 指针保存到该任务的 TCB 块中。二是，初始状态的堆栈是模拟了一次中断后的堆栈结构，因为任务创建后并不是立即就获得执行，而是通过 OS_Sched()函数进行调度分配，满足执行条件后才能获得执行。为了使这个调度简单一致，就预先将该任务的 PC 指针和返回地址 LR 都指向函数入口，以便被调度时从堆栈中恢复刚开始运行时的 CPU 现场。OSTaskStkInit()函数程序代码如程序清单 10.12 所示。

程序清单 10.12 OSTaskStkInit()函数程序代码

```
/* * * * * * * * * * * * * * * * * * * * * * * * * * * * * * * * *
* * 函数名称：OSTaskStkInit
* * 功能描述：任务堆栈初始化代码，本函数调用失败会使系统崩溃
* * 输   入：   task   任务开始执行的地址
* *             pdata  传递给任务的参数
* *             ptos   任务的堆栈开始位置
* *             opt    附加参数，具体意义参见 OSTaskCreateExt()的 opt 参数
* * 输   出：   栈顶指针位置
* * * * * * * * * * * * * * * * * * * * * * * * * * * * * * * * */
OS_STK * OSTaskStkInit (void ( * task)(void * pd), void * p_arg, OS_STK * ptos, INT16U
opt) reentrant
{
    OS_STK   * stk;
    INT32U   task_addr;

    opt       = opt;                        //  opt 未使用，保留此句以避免编译时出现警告错误
    stk       = ptos;                       // 装载堆栈指针
    task_addr = (INT32U)task & ~1;          // 屏蔽低位，以适应任务运行在 THUMB 模式下
```

```
    *(stk)    = (INT32U)task_addr；      // 任务入口地址
    *(-- stk) = (INT32U)0x14141414L；    // R14 (LR)
    *(-- stk) = (INT32U)0x12121212L；    // R12
    *(-- stk) = (INT32U)0x11111111L；    // R11
    *(-- stk) = (INT32U)0x10101010L；    // R10
    *(-- stk) = (INT32U)0x09090909L；    // R9
    *(-- stk) = (INT32U)0x08080808L；    // R8
    *(-- stk) = (INT32U)0x07070707L；    // R7
    *(-- stk) = (INT32U)0x06060606L；    // R6
    *(-- stk) = (INT32U)0x05050505L；    // R5
    *(-- stk) = (INT32U)0x04040404L；    // R4
    *(-- stk) = (INT32U)0x03030303L；    // R3
    *(-- stk) = (INT32U)0x02020202L；    // R2
    *(-- stk) = (INT32U)0x01010101L；    // R1
    *(-- stk) = (INT32U)p_arg；          // R0，任务传递的第一个参数用 R0 传递
    if ((INT32U)task & 0x01) {           // 检查任务是在 THUMB 还是在 ARM 模式下运行
       *(-- stk) = (INT32U)ARM_SVC_MODE_THUMB  // CPSR（允许 IRQ 和 FIQ 都中断，
                                                // THUMB 模式）
    } else {
       *(-- stk) = (INT32U)ARM_SVC_MODE_ARM；   // CPSR （允许 IRQ 和 FIQ 都中断，
                                                // ARM 模式）
    }

    return (stk)；
  }
```

10.3.4 OS_CPU_A.ASM 代码的移植

一般地，OS_CPU_A.ASM 代码的移植主要包含 5 个相当简单的汇编语言函数。但是，由于不能用 C 语言直接保存和恢复 CPU 寄存器，所以还必须增加另外 10 个异常程序处理函数，这 15 个函数是：

OS_CPU_SR_SAVE()：关中断函数

OS_CPU_SR_RESTORE()：开中断函数

OSStartHighRdy()：启动就绪的最高优先级任务函数

OSCtxSw()：任务级任务切换函数

OSIntCtxSw()：中断级任务切换函数

OS_CPU_ARM_ExceptInitVect()：异常中断向量初始化函数

OS_CPU_ARM_ExceptResetHndlr()：RESET 异常处理函数

OS_CPU_ARM_ExceptUndefInstrHndlr()：非法指令异常处理函数

OS_CPU_ARM_ExceptSwiHndlr()：软中断异常处理函数

OS_CPU_ARM_ExceptPrefetchAbortHndlr()：非法预取指令异常中止处理函数

OS_CPU_ARM_ExceptDataAbortHndlr()：数据读写异常中止处理函数

OS_CPU_ARM_ExceptAddrAbortHndlr()：地址异常中止处理函数

OS_CPU_ARM_ExceptIrqHndlr()：标准中断请求异常处理函数

OS_CPU_ARM_ExceptFiqHndlr()：快速中断请求异常处理函数

OS_CPU_ExceptHndlr()：全局异常处理函数

　　CPU 的异常中断向量的初始化是由 OS_CPU_ARM_InitExceptVect() 函数实现的，一般地，这个程序的代码不一定非得写在 μC/OS-Ⅱ 系统文件中，也不一定非得用这个文件名，而是可以根据具体需要写在 BSP 代码或者其他系统硬件初始化代码中，该函数将 8 个异常中断向量映射给 8 个中断异常处理程序：OS_CPU_ARM_ExceptXYZHndlr()。这 8 个程序都需要保存 R0～R12 和 LR，以及调用全局程序 OS_CPU_ARM_ExceptHndlr() 函数，由这个全局函数确定所发生的异常中断是要中断任务还是要中断另一个异常中断，也就是确定当前 CPU 执行的是任务还是异常中断。如果当前执行的是任务，则程序转向 OS_CPU_ARM_ExceptHndlr()_BreakTask() 函数；如果当前执行的是异常中断，则程序转向 OS_CPU_ARM_ExceptHndlr()_BreakExcept() 函数。最终，不管是中断任务还是异常中断，都要调用一个与 CPU 及系统相关的 BSP 处理函数 OS_CPU_ExceptHndlr()。除了 OS_CPU_ExceptHndlr() 函数外，所有函数都是用汇编语言编写的，可以用在任何一种 ARM 处理器上。ARM 中断处理流程如图 10.4 所示。OS_CPU_A.ASM 代码如程序清单 10.13 所示。

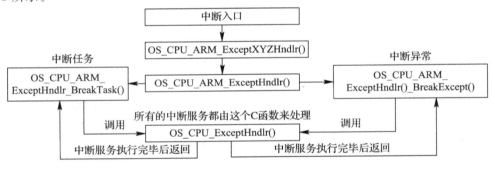

图 10.4　ARM 中断处理流程图

程序清单 10.13　OS_CPU_A.ASM 代码程序

```
* * * * * * * * * * * * * * * * * * * * * * * * * * * * * * * * * * * * * * * *
                              PUBLIC 函数
; * * * * * * * * * * * * * * * * * * * * * * * * * * * * * * * * * * * * * * *
        IMPORT   OSRunning              ;μC/OS-Ⅱ运行标志
        IMPORT   OSPrioCur              ;当前任务的优先级
        IMPORT   OSPrioHighRdy          ;将要运行的任务的优先级
        IMPORT   OSTCBCur               ;指向当前任务 TCB 的指针
        IMPORT   OSTCBHighRdy           ;指向将要运行的任务 TCB 的指针
        IMPORT   OSIntNesting           ;中断嵌套计数器
        IMPORT   OSIntExit              ;中断退出函数
        IMPORT   OSTaskSwHook           ;任务切换的扩展函数
        ;5 个主要函数
```

```
        EXPORT   OS_CPU_SR_Save                              ;关中断函数
        EXPORT   OS_CPU_SR_Restore                           ;开中断函数
        EXPORT   OSStartHighRdy                              ;启动就绪的最高优先级任务函数
        EXPORT   OSCtxSw                                     ;任务级任务切换函数
        EXPORT   OSIntCtxSw                                  ;中断级任务切换函数
                                                             ;异常程序处理函数
        EXPORT   OS_CPU_ARM_ExceptResetHndlr                 ;RESET 异常处理函数
        EXPORT   OS_CPU_ARM_ExceptUndefInstrHndlr            ;非法指令异常处理函数
        EXPORT   OS_CPU_ARM_ExceptSwiHndlr                   ;软中断异常处理函数
        EXPORT   OS_CPU_ARM_ExceptPrefetchAbortHndlr         ;非法取指令异常中止处理函数
        EXPORT   OS_CPU_ARM_ExceptDataAbortHndlr             ;数据读写异常中止处理函数
        EXPORT   OS_CPU_ARM_ExceptAddrAbortHndlr             ;地址异常中止处理函数
        EXPORT   OS_CPU_ARM_ExceptIrqHndlr                   ;标准中断请求异常处理函数
        EXPORT   OS_CPU_ARM_ExceptFiqHndlr                   ;快速中断请求异常处理函数
        IMPORT   OS_CPU_ExceptHndlr                          ;全局异常处理函数


;************************************************************************
;                              定义常量
;************************************************************************


OS_CPU_ARM_CONTROL_INT_DIS              EQU      0xC0        ;禁止 FIQ 和 IRQ
OS_CPU_ARM_CONTROL_FIQ_DIS              EQU      0x40        ;禁止 FIQ
OS_CPU_ARM_CONTROL_IRQ_DIS              EQU      0x80        ;禁止 IRQ
OS_CPU_ARM_CONTROL_THUMB                EQU      0x20        ;设置 THUMB 模式
OS_CPU_ARM_CONTROL_ARM                  EQU      0x00        ;设置 ARM 模式


OS_CPU_ARM_MODE_MASK                    EQU      0x1F
OS_CPU_ARM_MODE_USR                     EQU      0x10
OS_CPU_ARM_MODE_FIQ                     EQU      0x11
OS_CPU_ARM_MODE_IRQ                     EQU      0x12
OS_CPU_ARM_MODE_SVC                     EQU      0x13
OS_CPU_ARM_MODE_ABT                     EQU      0x17
OS_CPU_ARM_MODE_UND                     EQU      0x1B
OS_CPU_ARM_MODE_SYS                     EQU      0x1F


OS_CPU_ARM_EXCEPT_RESET                 EQU      0x00
OS_CPU_ARM_EXCEPT_UNDEF_INSTR           EQU      0x01
OS_CPU_ARM_EXCEPT_SWI                   EQU      0x02
OS_CPU_ARM_EXCEPT_PREFETCH_ABORT        EQU      0x03
OS_CPU_ARM_EXCEPT_DATA_ABORT            EQU      0x04
```

```
OS_CPU_ARM_EXCEPT_ADDR_ABORT          EQU      0x05
OS_CPU_ARM_EXCEPT_IRQ                 EQU      0x06
OS_CPU_ARM_EXCEPT_FIQ                 EQU      0x07
```

```
; * * * * * * * * * * * * * * * * * * * * * * * * * * * * * * * * * *
;                    代码生成指令(CODE GENERATION DIRECTIVES)
; * * * * * * * * * * * * * * * * * * * * * * * * * * * * * * * * * *
    REQUIRE8
    PRESERVE8


; * * * * * * * * * * * * * * * * * * * * * * * * * * * * * * * * * *
;                    用第三种方法处理中断的函数
; 函数原型：OS_CPU_SR    OS_CPU_SR_Save(void);
;            void        OS_CPU_SR_Restore (OS_CPU_SR    os_cpu_sr);
;            OS_ENTER_CRITICAL();    // os_cpu_sr = OS_CPU_SR_Save()
;            OS_EXIT_CRITICAL();     // OS_CPU_SR_Restore(cpu_sr)
; * * * * * * * * * * * * * * * * * * * * * * * * * * * * * * * * * *
    AREA CODE, CODE, READONLY
    CODE32


OS_CPU_SR_Save
    MRSR0, CPSR                                    ；将程序状态字 CPSR 保存在 R0 中
ORR   R1, R0, ＃OS_CPU_ARM_CONTROL_INT_DIS   ；设置 CPSR 中的 IRQ 和 FIQ 位
                                                ；禁止所有中断
    MSR   CPSR_c, R1
    BX   LR                                        ；禁止中断，CPSR 保存在 R0 中，返回


OS_CPU_SR_Restore
    MSR   CPSR_c, R0
    BX   LR


; * * * * * * * * * * * * * * * * * * * * * * * * * * * * * * * * * *
;描述：启动多任务 void OSStartHighRdy(void)
; Note(s) : 1) OSStartHighRdy() MUST:
;                    a) Call OSTaskSwHook() then,
;                    b) Set OSRunning to TRUE,
;                    c) Switch to the highest priority task.
; * * * * * * * * * * * * * * * * * * * * * * * * * * * * * * * * * *
    AREA CODE, CODE, READONLY
    CODE32
```

```
OSStartHighRdy
                                          ;切换到 SVC 模式
    MSR     CPSR_c, #(OS_CPU_ARM_CONTROL_INT_DIS | OS_CPU_ARM_MODE_SVC)
    LDR     R0, __OS_TaskSwHook            ; OSTaskSwHook();
    MOV     LR, PC
    BX      R0
    LDR     R0, __OS_Running               ; OSRunning = TRUE;
    MOV     R1, #1
    STRB    R1, [R0]

                                          ;切换到最高优先级任务
    LDR     R0, __OS_TCBHighRdy            ;取最高优先级任务的 TCB 地址
    LDR     R0, [R0]                       ;取堆栈指针
    LDR     SP, [R0]                       ;切换到新堆栈

    LDR     R0, [SP], #4                   ;弹出新任务的 CPSR
    MSR     SPSR_cxsf, R0
    LDMFD   SP!, {R0 - R12, LR, PC}^       ;弹出新任务的 CPU 寄存器内容
; * * * * * * * * * * * * * * * * * * * * * * * * * * * * * * * * * * * * * * *
;                      任务级切换函数 OSCtxSw()
;描述:1) 在 FIQ 和 IRQ 中断都禁止的情况下, 在 SVC 模式下调用 OSCtxSw()函数
;        2) OSCtxSw()函数示意性代码见程序清单 10.4
;        3) 有关入口:
;                OSTCBCur       指向要挂起任务的 OS_TCB
;                OSTCBHighRdy   指向要恢复任务的 OS_TCB
; * * * * * * * * * * * * * * * * * * * * * * * * * * * * * * * * * * * * * * *
    AREA CODE, CODE, READONLY
    CODE32
OSCtxSw
                                          ;保存当前任务的 CPU 寄存器内容
    STMFD   SP!, {LR}                      ;保存返回地址
    STMFD   SP!, {LR}
    STMFD   SP!, {R0 - R12}                ;保存寄存器
    MRS     R0, CPSR                       ;保存当前 CPSR
    TST     LR, #1                         ;检查是否是在 THUMB 模式下调用
    ORRNE   R0, R0, #OS_CPU_ARM_CONTROL_THUMB      ;如果是, 则设置 T - bit
    STMFD   SP!, {R0}

    LDR     R0, __OS_TCBCur                ; OSTCBCur ->OSTCBStkPtr = SP
    LDR     R1, [R0]
    STR     SP, [R1]
```

```
        LDR      R0，__OS_TaskSwHook              ; OSTaskSwHook（）；
        MOV      LR，PC
        BX       R0

        LDR      R0，__OS_PrioCur                 ; OSPrioCur = OSPrioHighRdy；
        LDR      R1，__OS_PrioHighRdy
        LDRB     R2，[R1]
        STRB     R2，[R0]

        LDR      R0，__OS_TCBCur                  ; OSTCBCur   = OSTCBHighRdy；
        LDR      R1，__OS_TCBHighRdy
        LDR      R2，[R1]
        STR      R2，[R0]

        LDR      SP，[R2]                         ; SP = OSTCBHighRdy ->OSTCBStkPtr；
                                                 ; 恢复新任务寄存器内容
        LDMFD    SP！，{R0}                       ; 弹出新任务的 CPSR
        MSR      SPSR_cxsf，R0
        LDMFD    SP！，{R0 - R12，LR，PC}^          ; 弹出新任务的 CPU 寄存器内容

; * * * * * * * * * * * * * * * * * * * * * * * * * * * * * * * * * * * * * * *
;                      中断级任务切换函数 OSIntCtxSw（）
; 描述：1）在 FIQ 和 IRQ 中断都禁止的情况下，在 SVC 模式下调用 OSIntCtxSw（）
;        2）OSIntCtxSw（）函数的示意性代码见程序清单 10.5
;        3）有关入口：
;                OSTCBCur           指向要挂起任务的 OS_TCB
;                OSTCBHighRdy       指向要恢复任务的 OS_TCB
; * * * * * * * * * * * * * * * * * * * * * * * * * * * * * * * * * * * * * * *
        AREA CODE，CODE，READONLY
        CODE32


OSIntCtxSw
        LDR      R0，__OS_TaskSwHook              ; OSTaskSwHook（）；
        MOV      LR，PC
        BX       R0

        LDR      R0，__OS_PrioCur                 ; OSPrioCur = OSPrioHighRdy；
        LDR      R1，__OS_PrioHighRdy
        LDRB     R2，[R1]
```

```
    STRB    R2，[R0]


    LDR     R0，__OS_TCBCur                    ; OSTCBCur  = OSTCBHighRdy;
    LDR     R1，__OS_TCBHighRdy
    LDR     R2，[R1]
    STR     R2，[R0]


    LDR     SP，[R2]                           ; SP ＝ OSTCBHighRdy -＞OSTCBStkPtr;
                                              ; 恢复新任务的 CPU 寄存器内容
    LDMFD SP!，{R0}                            ; 弹出新任务的 CPSR
    MSR     SPSR_cxsf，R0


LDMFD       SP!，{R0 - R12，LR，PC}ˆ            ; 弹出新任务的 CPU 寄存器内容


; * * * * * * * * * * * * * * * * * * * * * * * * * * * * * * * * * * * * *
;                             RESET 异常处理函数
; 寄存器的用法：    R0              保存异常类型
;                  R1、R2、R3       保存返回 PC
; * * * * * * * * * * * * * * * * * * * * * * * * * * * * * * * * * * * * *
    AREA CODE，CODE，READONLY
    CODE32
OS_CPU_ARM_ExceptResetHndlr

                                              ; 在本例程中返回的 LR 偏移量为 0
                                              ; 实际上无法返回
    STMFD SP!，{R0 - R12，LR}                   ; 工作寄存器入栈
    MOV     R3，LR                             ; 保存 LR
    MOV     R0，♯OS_CPU_ARM_EXCEPT_RESET ; 设置异常 OS_CPU_ARM_EXCEPT_RESET 的 ID
    B       OS_CPU_ARM_ExceptHndlr            ; 跳转到 global exception handler.
; * * * * * * * * * * * * * * * * * * * * * * * * * * * * * * * * * * * * *
;                             非法指令异常处理函数
; 寄存器的用法：    R0              保存异常类型
;                  R1、R2、R3       保存返回 PC
; * * * * * * * * * * * * * * * * * * * * * * * * * * * * * * * * * * * * *
    AREA CODE，CODE，READONLY
    CODE32


OS_CPU_ARM_ExceptUndefInstrHndlr

                                              ; 返回的 LR 偏移量为 0
    STMFD SP!，{R0 - R12，LR}                   ; 工作寄存器入栈
    MOV     R3，LR                             ; 保存链接寄存器 Save link register
```

```
    MOV     R0，#OS_CPU_ARM_EXCEPT_UNDEF_INSTR      ;设置异常 ID
    B       OS_CPU_ARM_ExceptHndlr                 ;跳转到 global exception handler
; * * * * * * * * * * * * * * * * * * * * * * * * * * * * * * * * * * * * * *
;                                软中断异常处理函数
;寄存器的用法：  R0                             保存异常类型
;                R1、R2、R3                     保存返回 PC
; * * * * * * * * * * * * * * * * * * * * * * * * * * * * * * * * * * * * * *
AREA CODE，CODE，READONLY
    CODE32
OS_CPU_ARM_ExceptSwiHndlr
                                                   ;返回的 LR 偏移量为 0
    STMFD   SP!，{R0-R12，LR}                       ;工作寄存器入栈
    MOV     R3，LR                                 ;保存寄存器 LR
    MOV     R0，#OS_CPU_ARM_EXCEPT_SWI              ;置软中断异常的 ID
    B       OS_CPU_ARM_ExceptHndlr                 ;跳转到 global exception handler
; * * * * * * * * * * * * * * * * * * * * * * * * * * * * * * * * * * * * *
;                                非法预取指令异常中止处理函数
;寄存器的用法：  R0               保存异常类型
;                R1、R2、R3        保存返回 PC
; * * * * * * * * * * * * * * * * * * * * * * * * * * * * * * * * * * * * * *
    AREA CODE，CODE，READONLY
    CODE32

OS_CPU_ARM_ExceptPrefetchAbortHndlr
    SUB     LR，LR，#4                              ;返回的 LR 偏移量为-4
    STMFD   SP!，{R0-R12，LR}                       ;工作寄存器入栈
    MOV     R3，LR                                 ;保存寄存器 LR
    MOV     R0，#OS_CPU_ARM_EXCEPT_PREFETCH_ABORT   ;设置非法读取异常 ID
    B       OS_CPU_ARM_ExceptHndlr                 ;跳转到 global exception handler
; * * * * * * * * * * * * * * * * * * * * * * * * * * * * * * * * * * * * * *
;                                数据读写异常中止处理函数
;寄存器的用法：R0                 保存异常类型
;              R1、R2、R3          保存返回 PC
; * * * * * * * * * * * * * * * * * * * * * * * * * * * * * * * * * * * * * *
    AREA CODE，CODE，READONLY
    CODE32

OS_CPU_ARM_ExceptDataAbortHndlr
    SUB     LR，LR，#8                              ;返回的 LR 偏移量为-8
    STMFD   SP!，{R0-R12，LR}                       ;工作寄存器入栈
```

```
        MOV       R3，LR                                    ; 保存寄存器 LR
        MOV       R0，#OS_CPU_ARM_EXCEPT_DATA_ABORT         ; 设置 ID
        B         OS_CPU_ARM_ExceptHndlr                    ; 跳转到 global exception handler
```
; *
;   地址异常中止函数
; 寄存器的用法：   R0   保存异常类型
;   R1、R2、R3   保存返回 PC
; *
```
AREA CODE，CODE，READONLY
    CODE32


OS_CPU_ARM_ExceptAddrAbortHndlr
    SUB       LR，LR，#8                               ; 返回的 LR 偏移量为-8
    STMFD     SP!，{R0-R12，LR}                        ; 工作寄存器入栈
    MOV       R3，LR                                   ; 保存寄存器 LR
    MOV       R0，#OS_CPU_ARM_EXCEPT_ADDR_ABORT        ; 设置 ID
    B         OS_CPU_ARM_ExceptHndlr                   ; 跳转到 global exception handler
```

; *
;   标准中断请求异常处理函数
; 寄存器的用法：R0   保存异常类型
;   R1、R2、R3   保存返回 PC
; *
```
    AREA CODE，CODE，READONLY
    CODE32


OS_CPU_ARM_ExceptIrqHndlr
    SUB       LR，LR，#4                         ; 返回的 LR 偏移量为-4
    STMFD     SP!，{R0-R12，LR}                  ; 工作寄存器入栈
    MOV       R3，LR                             ; 保存寄存器 LR
    MOV       R0，#OS_CPU_ARM_EXCEPT_IRQ         ; 设置标准中断请求异常的 ID
    B         OS_CPU_ARM_ExceptHndlr            ; 跳转到 global exception handler
```
; *
;   快速中断请求异常处理函数
; 寄存器的用法：R0   保存异常类型
;   R1、R2、R3   保存返回 PC
; *
```
AREA CODE，CODE，READONLY
    CODE32
OS_CPU_ARM_ExceptFiqHndlr
```

```
    SUBLR, LR, ♯4                                    ；返回的 LR 偏移量为 - 4
    STMFD      SP!，{R0 - R12，LR}                    ；工作寄存器入栈
    MOV        R3, LR                                ；保存寄存器 LR
    MOV        R0，♯OS_CPU_ARM_EXCEPT_FIQ            ；设置快速中断请求异常 ID
    B          OS_CPU_ARM_ExceptHndlr                ；跳转到 global exception handler
; * * * * * * * * * * * * * * * * * * * * * * * * * * * * * * * * * * * * * * * * * *
;                                全局异常处理函数
; 寄存器的用法：R0                                      保存异常类型
;              R1、R2、R3                              保存返回 PC
; * * * * * * * * * * * * * * * * * * * * * * * * * * * * * * * * * * * * * * * * * *
    AREA CODE，CODE，READONLY
    CODE32
OS_CPU_ARM_ExceptHndlr
    MRS        R1，SPSR                ；保存 CPSR（例如异常的 SPSR）
                                       ；确定任务中断还是异常中断
                                       ；SPSR.Mode ＝ SVC：任务
                                       ；SPSR.Mode ＝ FIQ，IRQ，ABT，UND：其他异常中断
                                       ；SPSR.Mode ＝ USR：不支持
    AND        R2, R1, ♯OS_CPU_ARM_MODE_MASK
    CMP        R2,     ♯OS_CPU_ARM_MODE_SVC
    BNE        OS_CPU_ARM_ExceptHndlr_BreakExcept
; * * * * * * * * * * * * * * * * * * * * * * * * * * * * * * * * * * * * * * * * * *
;                                异常处理函数：任务中断
; 寄存器用法：   R0           保存异常类型
;              R1           保存异常的 SPSR
;              R2           保存异常的 CPSR
;              R3           保存返回的 PC
;              R4           保存异常的 SP
; * * * * * * * * * * * * * * * * * * * * * * * * * * * * * * * * * * * * * * * * * *
AREA CODE，CODE，READONLY
    CODE32

OS_CPU_ARM_ExceptHndlr_BreakTask
    MRS        R2，CPSR                                ；保存 CPSR
    MOV        R4，SP                                  ；保存 SP

           ；切换到 SVC 模式且禁止中断
    MSR        CPSR_c，♯(OS_CPU_ARM_CONTROL_INT_DIS │ OS_CPU_ARM_MODE_SVC)
           ；将任务的 CPU 寄存器内容保存到任务堆栈中去
    STMFD      SP!，{R3}                               ；任务的 PC 入栈
```

```
        STMFD      SP!, {LR}                        ; 任务的 LR 入栈
        STMFD      SP!, {R5 - R12}                  ; 任务的 R12 - R5 入栈
        LDMFD      R4!, {R5 - R9}                   ; 将任务的 R4 - R0 从异常堆栈中移到任务栈中
        STMFD      SP!, {R5 - R9}
        STMFD      SP!, {R1}                        ; 任务的 CPSR 入栈

                                                    ; if (OSRunning == 1)
        LDR        R1, _OS_Running
        LDRB       R1, [R1]
        CMP        R1, #1
        BNE        OS_CPU_ARM_ExceptHndlr_BreakTask_1
                                                    ; 处理中断嵌套跟踪计数器
        LDR        R3, _OS_IntNesting               ; OSIntNesting++
        LDRB       R4, [R3]
        ADD        R4, R4, #1
        STRB       R4, [R3]

        LDR        R3, _OS_TCBCur                   ; OSTCBCur -> OSTCBStkPtr = SP
        LDR        R4, [R3]
        STR        SP, [R4]


OS_CPU_ARM_ExceptHndlr_BreakTask_1
        MSR        CPSR_cxsf, R2                    ; 恢复中断模式

        LDR        R1, _OS_CPU_ExceptHndlr          ; 执行异常处理函数
        MOV        LR, PC;                          OS_CPU_ExceptHndlr(except_type = R0)
        BX         R1
                   ; 必须调整异常堆栈指针,因为在恢复任务的 CPU 寄存器时异常堆栈没有被使用
        ADD        SP, SP, #(14 * 4)
                                                    ; 切换到 SVC 模式且禁止中断
        MSR        CPSR_c, #(OS_CPU_ARM_CONTROL_INT_DIS | OS_CPU_ARM_MODE_SVC)
                                                    ; 调用 OSIntExit()
        LDR        R0, _OS_IntExit
        MOV        LR, PC
        BX         R0
                                                    ; 恢复新任务的 CPU 寄存器
        LDMFD      SP!, {R0}                        ; 弹出新任务的 CPSR
        MSR        SPSR_cxsf, R0
        LDMFD      SP!, {R0 - R12, LR, PC}^          ; 弹出新任务的 CPU 寄存器
; * * * * * * * * * * * * * * * * * * * * * * * * * * * * * * * * * * * * * * * * *
```

```
;                        异常处理函数：异常中断
; 寄存器用法：          R0        保存异常类型
;                       R1
;                       R2
;                       R3
; * * * * * * * * * * * * * * * * * * * * * * * * * * * * * * * * * * * * * *
OS_CPU_ARM_ExceptHndlr_BreakExcept
    MRS        R2, CPSR                           ; 保存异常的 CPSR
                                                  ; 转换到 SVC 模式且禁止中断
    MSR        CPSR_c, #(OS_CPU_ARM_CONTROL_INT_DIS | OS_CPU_ARM_MODE_SVC)
                                                  ; 处理中断嵌套跟踪计数器
    LDR        R3, _OS_IntNesting                 ; OSIntNesting++
    LDRB       R4, [R3]
    ADD        R4, R4, #1
    STRB       R4, [R3]


    MSR        CPSR_cxsf, R2                       ; 恢复中断模式


    LDR        R3, _OS_CPU_ExceptHndlr            ; 执行异常处理函数
    MOV        LR, PC;                            OS_CPU_ExceptHndlr(except_type = R0);
    BX         R3
                                                  ; 切换到 SVC 模式且禁止中断
    MSR        CPSR_c, #(OS_CPU_ARM_CONTROL_INT_DIS | OS_CPU_ARM_MODE_SVC)
                                                  ; 处理中断嵌套跟踪计数器
    LDR        R3, __OS_IntNesting                ; OSIntNesting --
    LDRB       R4, [R3]
    SUB        R4, R4, #1
    STRB       R4, [R3]


    MSR        CPSR_cxsf, R2                       ; 恢复中断模式
                                                  ; 恢复所保存的 CPU 寄存器
    LDMFD      SP!, {R0 - R12, PC}^               ; 弹出工作寄存器，从异常函数返回
;* * * * * * * * * * * * * * * * * * * * * * * * * * * * * * * * * * * * * *
;                           指针变量
;* * * * * * * * * * * * * * * * * * * * * * * * * * * * * * * * * * * * * *
    AREA CODE, CODE, READONLY
    CODE32
_OS_Running
    DCD        OSRunning
_OS_PrioCur
```

```
    DCD        OSPrioCur
_OS_PrioHighRdy
    DCD        OSPrioHighRdy
_OS_TCBCur
    DCD        OSTCBCur
_OS_TCBHighRdy
    DCD        OSTCBHighRdy
_OS_IntNesting
    DCD        OSIntNesting
_OS_TaskSwHook
    DCD        OSTaskSwHook
_OS_IntExit
    DCD        OSIntExit
_OS_CPU_ExceptHndlr
    DCD        OS_CPU_ExceptHndlr

    END
```

所有的中断服务都由 C 语言函数 OS_CPU_ExceptHndlr() 实现，其中包括时钟节拍中断函数 OSTickISR()。OS_CPU_ExceptHndlr() 实际上是应用程序，而不是 μC/OS-Ⅱ 的系统程序，可以根据具体需要编写。OS_CPU_ExceptHndlr() 函数示意性代码如程序清单 10.14 所示。

程序清单 10.14　OS_CPU_ExceptHndlr() 函数示意性代码

```
void     OS_CPU_ExceptHndlr(INT32U except_type){
    /* 根据中断类型(except_type)确定具体操作 */
    if (an FIQ or IRQ){
        while(中断设备存在){
            清中断源；
            处理中断；
        }
    }
}
```

习　　题

(1) 移植的概念是什么?

(2) μC/OS-Ⅱ 移植的前提是什么? 写出移植的主要内容。

(3) 如何进行移植后的测试?

第 *11* 章

应 用 实 例

本章主要介绍 μC/OS - Ⅱ 基于 MCS - 51 处理器和 ARM 处理器的两个应用实例。第一个应用实例采用自顶向下的工程设计方法,比较全面地描述了一种嵌入式应用系统的工程设计流程;第二个应用实例主要描述了信号量和消息队列在 ARM 中的应用。

11.1 基于 MCS - 51 处理器的应用实例

11.1.1 设计目标

应用非分光差分红外光谱分析技术,设计一种某型气体质量检测仪。当气体浓度不低于 95% 时,判定为合格产品;否则,判定为不合格产品。

11.1.2 总体设计

1. 简单的需求分析

根据设计要求,系统简要需求分析说明如表 11.1 所示。

表 11.1 简要需求一览表

需求类型	项 目	说 明
功能性需求	系统名称	××气体质量检测系统
	设计目标	应用非分光差分红外光谱分析技术,设计某型气体质量检测仪
	系统输入	(1) 一个传感器气体输入端口,用于驳接待测气样气瓶,引入待测气体 (2) 一个功能按键,用于发出"系统误差校正"指令
	系统输出	(1) 一个液晶屏(LCD),用于显示检测结果 (2) 一个 UART 端口,用于向上位机传送数据 (3) 一个传感器气体输出端口,用于排放输入传感器内被测气体
	功能描述	当系统检测出某型气体浓度值≥95% 时,即判定被测气体为合格产品;否则,判定为不合格产品

续表

需求类型	项　目	说　明
功能性需求	系统形式	便携手持式
	测量模式	上电自动连续检测
	显示模式	LCD 实时显示检测结果
	供电模式	直流 DC12V，既可驳接通用 AC220 V/DC12 V 电源适配器，也可驳接车载电源接口
非功能性需求	制造成本	××（要求低成本）
	功　耗	××
	体　积	××（要求小巧，以易便携）
	重　量	××（要求轻量，以易便携）

2. 系统功能与技术指标说明

根据设计目标的技术需求，系统所涉及的功能与技术指标说明如表 11.2 所示。

表 11.2　功能与技术指标说明一览表

项　目		说　明
液晶显示内容	(1)开机画面	第 1 行：Refrigerant
		第 2 行：Identifier V1.0
	(2)测量结果	第 1 行：字符"B"＋"B 通道峰峰值数值"＋"判定结果"
		第 2 行：字符"A"＋"A 通道峰峰值数值"＋"吸收度倒数"
上传数据内容	(1)开机上传	第 1 行：字符串"Refrigerant Identifier V1.0"
		第 2 行：字符串"System Warmup..."
	(2)测量结果	第 1 列：吸收度倒数数值
		第 2 列：通道 B 峰峰值数值
		第 3 列：通道 A 峰峰值数值
数据上传模式	实时上传	
系统预热时间	≤2 分钟	
测量响应时间	≤30 秒	
测量精度	±1%	
分辨率	满量程×1%	
灵敏度	1%（浓度）	
量程	0～100%，不分段	
测量模式	连续，自动测量	
误差校正模式	手动、单次	

续表

项　目	说　明	
供 电 模 式	直流 DC12V，既可驳接通用 AC220 V/DC12 V 电源适配器，也可驳接车载电源接口	
功 耗 模 式	简易模式，强制手动关机	
使 用 环 境	(1)工作温度	$-10℃\sim45℃$
	(2)相对湿度	95%
	(3)海拔高度	$0\sim2700$ m
制 造 成 本	××(要求低成本)	
体　　　积	××(要求小巧，以易便携)	
重　　　量	××(要求轻量，以易便携)	

3. 关键技术及其解决方案

在一般测量系统中，具有共性的关键问题主要有两类：

(1) 实现系统功能性需求的技术途径，例如：

· 满足系统工作稳定与可靠的理论与方法；

· 满足系统测量精度、分辨率和灵敏度等关键指标的理论与方法。

(2) 实现系统非功能性需求的技术途径，例如：

· 满足系统低成本实现的理论与方法；

· 满足系统易于便携的理论与方法。

根据系统需求和功能指标要求，本系统主要的关键问题是低成本、高精度、高分辨率和高灵敏度地实现对某型气体的产品质量检测(浓度分析)，且系统仪器具有小巧便携的特性。针对这一问题，本系统采用的主要方法之一是选择具有较高集成度的 MCS-51 内核 CPU Aduc842 来解决。Aduc842 CPU 是一款内部集成了高速、高精度、高分辨率 AD 转换器和 62k Bytes Flash/EE program ROM、2304 Bytes data RAM、4k Flash/EE data ROM、I^2C 总线的模拟嵌入式系统，用一块这样的集成电路、配以少量的相关电路就可以完成所有的输入输出控制、模数变换和计算功能，不仅可以满足系统高精度、高分辨率和高灵敏度等技术指标的实现需求，而且还简化了电路设计，降低了系统复杂性，提高了可靠性，较好地满足了系统"低成本"和"小巧便携"的设计目标。但是，采用这款 CPU 又面临新的问题：内部 RAM 容量仅有 2304 Bytes，不能满足 $\mu C/OS-II$ 普通模式任务栈管理模式对 RAM 用量的需求，如果在外部扩展 RAM，又增加了系统的复杂性。为了解决这一问题，摒弃外部扩展 RAM，最大限度地简化电路设计，降低系统复杂性，实现"低成本"和"小巧便携"的设计目标，系统拟以采用优化任务栈管理模式，实现原理与方法详见第 3.2.1 节所描述的相关内容。

4. 系统体系结构设计

根据上述讨论，系统采用三层体系结构，自底向上分别是硬件层、操作系统层和应用程序层。系统软硬件设计主要配置如表 11.3 所示。

表 11.3　系统软硬件设计主要配置一览表

系统分层	项　目	说　明
硬 件 配 置	嵌入式 CPU	Aduc842，单时钟周期 8052 20MIPS 内核，内置 420 KSPS 12-bit ADC、62k Bytes Flash/EE program ROM、2304 Bytes data RAM、4k Flash/EE data ROM、液晶 I^2C 总线
	探　测　器	某型热释电双元探测器
	光　　源	某型光谱光源
	前置放大器	AD820，双路
	信号放大器	AD820，双路
	信号滤波器	MAX7400，双路
	光源调制器	IRFU120 场效应管、AD820、康铜精密电阻等构成的程控恒流源
	液晶显示器	LCD1602，I^2C 总线
	UATR/RS232 变换器	某型
	AC220 V/DC12 V 电源适配器	某型
操作系统配置	μC/OS-II	V2.00
应用开发软件	开 发 环 境	KeilμVision 4.00a
	串口调试工具	超级终端，Hyper Terminal.exe
	Aduc842 代码下载工具	Windows Serial Downloader(V6.7)
	USB/RS232 转换驱动软件	HL-340USB 转串口驱动

11.1.3　系统电路设计

1. 系统电路总体设计

根据系统设计目标要求，系统电路原理的设计如图 11.1 所示，简要说明如下：

(1) ADUC842 单片机的 P0 端口是 8 个 12 位高速 ADC，传感器的两路输出分别连接至单片机 ADUC842 的 P1.0 和 P1.1 两端口，实现 A/D 转换。

(2) 光源及其调制电路由某型红外光源 L1、IRFU120 MOS 场效应管 T1、康铜精密电阻 R3、集成运放 A1 和电阻 R2 组成，采用 2 Hz 恒流调制；T1、R3、A1 和 R2 组成恒流源电路。流经光源的电流 I 的大小和频率受单片机控制，其中：$I = \dfrac{U_0}{R_3}$，U_0 是单片机 DAC 输出电压。

(3) 按键 P1 与单片机 INT0 端口连接，按键压下引起中断，实现系统误差校正。

(4) ADUC842 单片机 UART 端口通过 RS-232 接口电路实现与上位机的通信。

(5) ADUC842 单片机通过 I^2C 端口与液晶屏连接，实现数据显示。

（6）通过单片机 P3.5 端口控制一个 LED 发光管，用于指示 CPU 工作状态。当 CPU 正常工作时，LED 以 10 Hz 的频率闪烁，否则不闪烁。

（7）采用 ADUC842 内置 WDT 对系统进行监控，以防止程序跑飞。

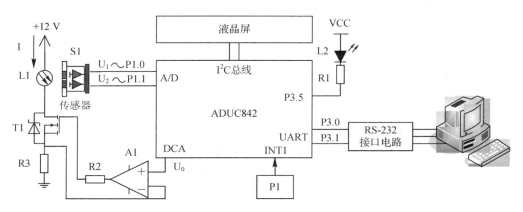

图 11.1　系统电路原理框图（信号处理电路省略）

2. 单元电路模块设计

系统主要按功能模块分类描述各个单元电路的设计，给出详细的电路图，说明各种电路参数。鉴于电路设计不是本文的主要讨论对象，所以略去这部分内容。

11.1.4　系统程序设计

1. 系统程序总体设计

根据设计需求分析，系统程序总体设计如图 11.2 所示，规划为 7 个任务以实现预期目标，其中：

（1）系统初始化任务：对系统硬件诸如串口、时钟节拍定时器、WDT 定时、中断等的初始化设置，它只运行一次就自我删除。

（2）工作状态指示任务：对 L1 和 R1 组成的 LED 指示灯电路进行控制，其目的是直观地监视 CPU 是否正常工作。

（3）系统监控任务：监控 CPU 内置 WDT 定时器，防止程序跑飞。

（4）光源调制任务：用 CPU 的 DAC 输出端口控制恒流源电路，实现对光源信号强度和频率的控制。

（5）数据采集与处理任务：对传感器输出的两路正弦信号进行采样，分别计算出两路正弦信号的幅值，按公式（11.1）进行数据处理。

$$x = \log\left(\frac{U_1}{U_2}\right) \tag{11.1}$$

（6）系统误差校正任务：通过 P1 键，实现对系统信号误差的校正处理。

（7）数据显示与上传任务：以液晶屏显示系统计算结果，并通过串行方式实现数据上传。

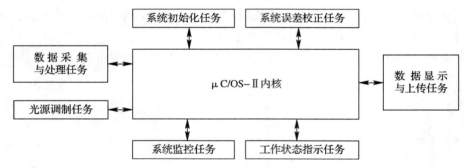

图 11.2　程序设计总体框图

程序采用 Keil C51 和 MCS-51 汇编语言进行设计，编译环境为 Keil C μVision4.00a、μC/OS-Ⅱ采用 V2.00 版本。所涉及程序模块一览表如表 11.4 所示。

表 11.4　程序模块一览表

序号	模块名称	作　用	描　　　　述
1	main()	主程序	用于初始化 μC/OS-Ⅱ、创建事件和任务以及启动 μC/OS-Ⅱ
2	InitSystem()	系统初始化任务	初始化中断、看门狗、液晶显示器等，该任务只运行一次
3	Watchdog()	系统监控任务	用 CPU 内置 WDT 对系统进行监视，以防止程序跑飞
4	Int1Proc()	系统误差校正任务	任务平时因等待信号量处于挂起状态。当 P1 按键压下，引发 CPU 外部中断 1 产生中断，这个中断服务子程序通过调用信号量发送函数向任务发送信号量，任务得到信号量后即进行系统误差校正
5	PowerLed()	工作状态指示任务	工作状态指示任务，主要用于监视 CPU 工作是否正常，用 P3.5 端口控制 LED，当 LED 闪烁时表示 CPU 工作正常；否则工作不正常
6	DACOut()	光源调制任务	输出频率和幅度可调的方波信号，控制恒流源电路，实现对光源的调制
7	DataDisplay()	显示与上传任务	通过 I²C 向液晶屏发送数据实现数据显示，通过 UATR 方式向上位机发送数据
8	ADCRead()	数据采集与处理任务	数据采集与处理任务，该任务在定时器 2 的支持下，对输入的两路正弦信号以每秒 2048 次的速率连续且交替各采样 1024 次。ADC 每次采样完毕后，产生一个中断使 CPU 转入中断服务子程序 ADC，这个 ISR 将调用 ADCIntrupt() 子程序，ADCIntrupt() 向 ADCRead() 任务发送一个信号量，通知 ADCRead()任务读取采样数据。当两个 1024 数据采样完毕后，进行数据处理
9	InitTimer0()	子程序	定时器 0 初始化程序，用于产生时钟节拍，属于 OS_CUP_C.C
10	InitSerial()	子程序	串口初始化程序
11	InitSerialBuffer()	子程序	串口缓冲区初始化程序

续表

序号	模块名称	作用	描述
12	InitTimer2()	子程序	定时器 2 初始化，用于触发 ADC 开始采样，每秒触发 2048 次
13	ADCInInit()	子程序	单片机内置 ADC 初始化程序
14	ADCIntrupt()	子程序	用 C 语言编写的 ADC 中断服务的子程序，用于发送邮箱消息
15	system.h	头文件	应用程序总头文件，声明函数、定义各种变量
16	aduc842_I2C.c	子程序	ADUC842 I^2C 总线应用程序，来源于 www.analog.com
17	LcdDisplay.c	子程序	I^2C 型 LCD1602 液晶显示器应用程序，由厂商提供
18	LiquidCrystal_I2C.h	子程序	同上
19	LiquidCrystal_I2C.c	子程序	同上
20	START_AD.A51	启动	START_AD.A51 启动程序

2. 应用头文件程序设计

应用头文件 system.h 程序设计如程序清单 11.1 所示。

程序清单 11.1　system.h 头文件实现代码

```
/* * * * * * * * * * * * * * * * * * * * * * * * * * * * * * * * * * *
模块名：system.h
功　能：应用程序系统变量声明、定义
作　者：吴永忠
单　位：合肥工业大学计算机学院
日　期：2015 年 6 月 1 日
* * * * * * * * * * * * * * * * * * * * * * * * * * * * * * * * * * * */
#ifndef __system_H__
#define __system_H__
/* * * * * * * * * * * * * * * * * * * * * * * * * * * * * * * * * * *
                           单片机引脚定义
* * * * * * * * * * * * * * * * * * * * * * * * * * * * * * * * * * * */
sbit    WorkLedCtrl    =    0xb5;           // Port3 bit5 工作状态指示灯控制


/* * * * * * * * * * * * * * * * * * * * * * * * * * * * * * * * * * *
                        LCD 模块硬件连线定义
* * * * * * * * * * * * * * * * * * * * * * * * * * * * * * * * * * * */
sbit    DIPIN    =0xb0;              // 废弃    DI 对应单片机引脚
sbit    CLKPIN    = 0xb1;            // 废弃    CLK 对应单片机引脚
sbit    EPIN    = 0xb0;              // 废弃    E 对应单片机引脚


/* * * * * * * * * * * * * * * * * * * * * * * * * * * * * * * * * * *
                        LCD 模块函数声明
* * * * * * * * * * * * * * * * * * * * * * * * * * * * * * * * * * * */
extern void Delay3ms(void);                 // 延时 3 ms 子程序
```

```
extern void TransBit(bit d);                                    // 送 1 位数据到液晶显示控制器子程序
extern void TransByte(unsigned char d);                         // 送 1 字节数据到液晶显示控制器子程序
extern void LcdWriteCmd(unsigned char c);                       // 送控制字到液晶显示控制器子程序
extern void LcdWriteData(unsigned char d);                      // 送数据到液晶显示控制器子程序
extern void LcdReset(void);                                     // 液晶显示控制器初始化子程序
extern void LcdClear(void);                                     // 清屏
extern void LocateXY(unsigned char x,unsigned char y);                // 定字符位置
extern void PutFloatNum(unsigned char x,unsigned char y,float datauf);      // 显示浮点数
extern void PutNumber(unsigned char x,unsigned char y,unsigned int dataui); // 显示整数
extern void PutStr(unsigned char x,unsigned char y,unsigned char * str);    // 定位写字符串子程序
extern void PutChar(unsigned char x,unsigned char y,unsigned char c);       // 在字符位置写字符子程序


/* * * * * * * * * * * * * * * * * * * * * * * * * * * * * * * * * * * * * * * *
                              声明任务
 * * * * * * * * * * * * * * * * * * * * * * * * * * * * * * * * * * * * * * * */
voidInitSystem(void * ppdata)       reentrant;              // 系统初始化任务
voidPowerLed(void * ppdata )        reentrant;              // 工作状态指示任务
voidWatchdog( void * ppdata)        small reentrant;        // 系统监控任务
voidADCRead(void * ppdata)          reentrant;              // 数据采样与处理任务
voidDAC1Out(void * ppdata)          small reentrant;        // 光源调制任务
voidDataDisplay(void * ppdata)      reentrant;              // 数据显示与上传任务
voidInt1Proc(void * ppdata)         reentrant;              // 系统误差校正任务


/* * * * * * * * * * * * * * * * * * * * * * * * * * * * * * * * * * * * * * * *
                              声明子程序
 * * * * * * * * * * * * * * * * * * * * * * * * * * * * * * * * * * * * * * * */
voidInitTimer2()                    reentrant;              // 初始化定时器 2
voidADCInInit(void)                 reentrant;              // 初始化 ADC


/* * * * * * * * * * * * * * * * * * * * * * * * * * * * * * * * * * * * * * * *
                            声明中断服务子程序
 * * * * * * * * * * * * * * * * * * * * * * * * * * * * * * * * * * * * * * * */
void   ADCIntrupt()                 reentrant;              // ADC 中断服务子程序
void   Intr1Serv()                  reentrant;              // 外部中断 1 子程序


/* * * * * * * * * * * * * * * * * * * * * * * * * * * * * * * * * * * * * * * *
                            声明 EEPROM 读写函数
 * * * * * * * * * * * * * * * * * * * * * * * * * * * * * * * * * * * * * * * */
void   WriteEEprom(unsigned int pageAddr, unsigned long Data) reentrant; // EEPROM 存储器数据写
unsigned long ReadEEprom(unsigned int pageAddr)               reentrant;// EEPROM 存储器数据读


/* * * * * * * * * * * * * * * * * * * * * * * * * * * * * * * * * * * * * * *
                    定义与 ReadAdc() 数据采集与处理任务有关的变量
```

```
* * * * * * * * * * * * * * * * * * * * * * * * * * * * * * * * * * * * * * /
# define      AverMax         10      // 循环队列数组最大元素为 10，AverMax<=10，超过此
                                       // 值必须加大任务栈容量，每递增 1，该任务栈容量加 8
# define      AdDotMAX        2048    // 每周期两通道采样点总数 = 采样频率 f/信号周期
# define      TRUE            1
# define      FAULSE          0
float         xdata           CurrentChA;          // A 通道当前峰峰值
float         xdata           CurrentChB;          // B 通道当前峰峰值
float         xdata           CurrentCon;          // 吸收度
float         ChaAver,        ChbAver;             // 平均值
float         conA,           conB;                // 两通道系统误差校正比例系数


/ * * * * * * * * * * * * * * * * * * * * * * * * * * * * * * * * * * * * *
                       定义 7 个任务堆栈容量
* * * * * * * * * * * * * * * * * * * * * * * * * * * * * * * * * * * * * * /
# define      ADCReadStkSize          150     // 数据采集与处理任务堆栈容量
# define      InitSystemStkSize       24      // 系统初始化任务堆栈容量
# define      PowerLedStkSize         50      // 工作状态指示任务堆栈容量
# define      WatchdogStkSize         50      // 系统监控任务堆栈容量
# define      Int1ProcStkSize         60      // 系统误差校正任务堆栈容量
# define      DAC1OutStkSize          60      // 光源调制任务堆栈容量
# define      DataDisplayStkSize      60      // 数据显示与上传任务堆栈容量


/ * * * * * * * * * * * * * * * * * * * * * * * * * * * * * * * * * * * * *
                         声明 7 个任务堆栈
* * * * * * * * * * * * * * * * * * * * * * * * * * * * * * * * * * * * * * /
OS_STK       xdata     ADCReadStk[ADCReadStkSize];              // 数据采集与处理任务堆栈
OS_STK       xdata     InitSystemStk[InitSystemStkSize];        // 系统初始化任务堆栈
OS_STK       xdata     PowerLedStk[PowerLedStkSize];            // 工作状态指示任务堆栈
OS_STK       xdata     WatchdogStk[WatchdogStkSize];            // 系统监控任务堆栈
OS_STK       xdata     Int1ProcStk[Int1ProcStkSize];           // 系统误差校正任务堆栈
OS_STK       xdata     DAC1OutStk[DAC1OutStkSize];              // 光源调制任务堆栈
OS_STK       xdata     DataDisplayStk[DataDisplayStkSize];      // 数据显示与上传任务堆栈


/ * * * * * * * * * * * * * * * * * * * * * * * * * * * * * * * * * * * *
                        定义 7 个任务优先级
* * * * * * * * * * * * * * * * * * * * * * * * * * * * * * * * * * * * * /
# define      InitSysPrio     4       // 系统初始化任务优先级
# define      WDTPrio         6       // 系统监控任务优先级
# define      DAC1Prio        8       // 光源调制任务优先级
# define      DisplayPrio     10      // 数据显示与上传任务优先级
# define      Int1Prio        14      // 系统误差校正任务优先级
# define      LedPrio         16      // 工作状态指示任务优先级
```

```
# define        ADCPrio      18              // 数据采集与处理任务优先级
/ * * * * * * * * * * * * * * * * * * * * * * * * * * * * * * * * * * * *
                定义 2 个用于变更的任务优先级
* * * * * * * * * * * * * * * * * * * * * * * * * * * * * * * * * * * * /
# define        FirstPrio    5
# define        SecondPrio   9


/ * * * * * * * * * * * * * * * * * * * * * * * * * * * * * * * * * * * *
                声明 3 个信号量指针
* * * * * * * * * * * * * * * * * * * * * * * * * * * * * * * * * * * * /
OS_EVENT        * ADCISem;
OS_EVENT        * Int1Sem;
OS_EVENT        * AdcToDisplaySem;


# endif
```

3. 应用主程序设计

应用主程序 mail()函数设计如程序清单 11.2 所示。

程序清单 11.2   main()函数实现代码

```
# include   <includes.h>                 // μC/OS-Ⅱ 总头文件

# include   <stdio.h>                     // 5 个 C51 头文件
# include   <string.h>
# include   <math.h>
# include   <stdlib.h>
# include   <intrins.h>


# include   <system.h>                    // 应用程序头文件
# include   <aduc842_I2C.c>               // I²C 接口程序头文件
# include   "LcdDisplay.c"                 // 3 个液晶显示器应用程序
# include   "LiquidCrystal_I2C.h"
# include   "LiquidCrystal_I2C.c"

void   main (void) {

    OSInit();                             // 多任务初始化

    InitTimer0();                         // 初始化时钟节拍定时器
    InitSerial();                         // 初始化串口
    InitSerialBuffer();                   // 初始化串口缓冲区

    ADCISem = OSSemCreate(0);             // 建立一个信号量,通知采样已经结束
    Int1Sem= OSSemCreate(0);             // 建立一个信号量,通知处理中断 1 校正系统误差
    AdcToDisplaySem = OSSemCreate(0);    // 建立一个信号量,同步实现显示与上传任务
```

```
OSTaskCreateExt(      InitSystem,
                      (void ＊)0,
                      &InitSystemStk[0],
                      InitSysPrio,
                      InitSysPrio,
                      &InitSystemStk[InitSystemStkSize－1],
                      InitSystemStkSize,
                      (void ＊)0,
                      OS_TASK_OPT_STK_CHK＋OS_TASK_OPT_STK_CLR);
                                                // 应用系统初始化
OSTaskCreateExt (     Watchdog,
                      (void ＊)0,
                      &WatchdogStk[0],
                      WDTPrio,
                      WDTPrio,
                      &WatchdogStk[WatchdogStkSize－1],
                      WatchdogStkSize,
                      (void ＊)0,
                      OS_TASK_OPT_STK_CHK＋OS_TASK_OPT_STK_CLR);
                                                // 系统监控
OSTaskCreateExt (     Int1Proc,
                      (void ＊)0,
                      &Int1ProcStk[0],,
                      Int1Prio,
                      Int1Prio,
                      &Int1ProcStk[Int1ProcStkSize－1],
                      Int1ProcStkSize,(void ＊)0,
                      OS_TASK_OPT_STK_CHK＋OS_TASK_OPT_STK_CLR);
                                                // 系统误差校正
OSTaskCreateExt (     PowerLed,
                      (void ＊)0,
                      &PowerLedStk[0],
                      LedPrio,
                      LedPrio,
                      &PowerLedStk[PowerLedStkSize－1],
                      PowerLedStkSize,
                      (void ＊)0,
                      OS_TASK_OPT_STK_CHK＋OS_TASK_OPT_STK_CLR);
                                                // 工作状态指示
OSTaskCreateExt (     DataDisplay,
                      (void ＊)0,
                      &DataDisplayStk[0],
```

```
                    DisplayPri,
                    DisplayPrio,
                    &DataDisplayStk[DataDisplayStkSize-1],
                    DataDisplayStkSize,
                    (void*)0,
                    OS_TASK_OPT_STK_CHK+OS_TASK_OPT_STK_CLR);
                                                    // 显示与上传
    OSTaskCreateExt (   DAC1Out,
                    (void*)0,
                    &DAC1OutStk[0],
                    DAC1Prio,
                    DAC1Prio,
                    &DAC1OutStk[DAC1OutStkSize-1],
                    DAC1OutStkSize,
                    (void*)0,
                    OS_TASK_OPT_STK_CHK+OS_TASK_OPT_STK_CLR);
                                                    // 光源调制
    OSTaskCreateExt (ADCRead,
                    (void*)0,
                    &ADCReadStk[0],
                    ADCPrio,
                    ADCPrio,
                    &ADCReadStk[ADCReadStkSize-1],
                    ADCReadStkSize,
                    (void*)0,
                    OS_TASK_OPT_STK_CHK+OS_TASK_OPT_STK_CLR);
                                                    // 数据采集与处理
    OSStart();
}
```

4. 应用任务程序设计

应用任务程序设计如程序清单 11.3～程序清单 11.15 所示。

程序清单 11.3　InitSystem()函数实现代码

```
/* * * * * * * * * * * * * * * * * * * * * * * * * * * * * * * * * * * * * * * * * * *
模 块 名:InitSystem
功     能:初始化系统参数
入口参数:无
出口参数:无
 * * * * * * * * * * * * * * * * * * * * * * * * * * * * * * * * * * * * * * * * * */
void InitSystem(void * ppdata) reentrant {
    long        temp1;
    ppdata      = ppdata;
    for(; ; ){
/* * * * * * * * * * * * * * * * * * * * * * * * * * * * * * * * * * * * * * * * * */
```

```
                             配置中断
* * * * * * * * * * * * * * * * * * * * * * * * * * * * * * * * * * * */
     EA      =      0;
     IT0     =      1;              // 外部中断 0，沿有效
     EX0     =      0;              // 禁止 INT0 中断
     ET0     =      1;              // 允许定时器 0 中断
     ES      =      1;              // 允许串行中断
     IT1     =      1;              // 外部中断 1，沿有效
     EX1     =      0;              // 允许 INT1 中断


/* * * * * * * * * * * * * * * * * * * * * * * * * * * * * * * * * * * */
                           初始化液晶模块
* * * * * * * * * * * * * * * * * * * * * * * * * * * * * * * * * * * */
     LiquidCrystal_I2C(0x4e，16，2);
     init();
     begin(16，2，0);
     blink_on();
     backlight();


/* * * * * * * * * * * * * * * * * * * * * * * * * * * * * * * * * * * */
                         液晶屏显示开机信息
/* * * * * * * * * * * * * * * * * * * * * * * * * * * * * * * * * * * */
     printstrI2C(1，0，"Refrigerant");
     printstrI2C(2，0，"Identifier V1.0");
     PutStr(0，2，"Refrigerant");
     PutStr(1，2，"Identifier");


/* * * * * * * * * * * * * * * * * * * * * * * * * * * * * * * * * * * */
                            上传开机信息
* * * * * * * * * * * * * * * * * * * * * * * * * * * * * * * * * * * */
     PrintStr("Refrigerant\\t");
     PrintStr("Identifier V1.0\\n");
     PrintStr("System Warmup...\\n");


/* * * * * * * * * * * * * * * * * * * * * * * * * * * * * * * * * * * */
                      读 A、B 通道系统误差校正系数
* * * * * * * * * * * * * * * * * * * * * * * * * * * * * * * * * * * */
     temp1   =      ReadEEprom(1);
     conA    =      temp1/1000.0;
     temp1   =      ReadEEprom(2);
     conB    =      temp1/1000.0;


/* * * * * * * * * * * * * * * * * * * * * * * * * * * * * * * * * * *
```

初始化系统监控模块

```
/* * * * * * * * * * * * * * * * * * * * * * * * * * * * * * * * * * * * * * *
        EA        =        0；
        WDWR      =        1；
        WDCON     =        0x72；              // 初始化看门狗：2 秒中断一次
        EA        =        1；

        OSTaskDel(OS_PRIO_SELF)；              // 自我删除
    }
}
```

程序清单 11.4 InitTimer2()函数实现代码

```
/* * * * * * * * * * * * * * * * * * * * * * * * * * * * * * * * * * * * * * *
模 块 名：     InitTimer2()
功     能：    定时器 2 初始化
入口参数：
出口参数：
描     述：    用于 ADC 转换触发
               Clk = 时钟频率
               f = 采样频率
               当 f = 8192 次/s
               则(PCAP2H，RCAP2L)=0xF800= 65536−Clk/f)
               当 f = 4096 次/s
               则(PCAP2H，RCAP2L)=0xF000=(65536−Clk/f)
               当 f = 2048 次/s
               则(PCAP2H，RCAP2L)=0xE000=(65536−Clk/f)
               当 f = 1024 次/s
               则(PCAP2H，RCAP2L)=0xC000=(65536−Clk/f)
* * * * * * * * * * * * * * * * * * * * * * * * * * * * * * * * * * * * * * */
void InitTimer2() reentrant {
    T2CON     =        0x00；
    RCAP2H    =        0xE0；
    RCAP2L    =        0x00；          // 时钟=16.777 216 MHz，采样频率 f=2048
    TH2       =        0xE0；
    TL2       =        0x00；
    ET2       =        0；             // 禁止定时器 2 中断
    TR2       =        0；             // 定时器 2 停止计数
}
```

程序清单 11.5 Watchdog()函数实现代码

```
/* * * * * * * * * * * * * * * * * * * * * * * * * * * * * * * * * * * * * * *
模 块 名：  Watchdog
```

功　　能：　系统监控

描　　述：　每 1200 ms 刷新一次

```
* * * * * * * * * * * * * * * * * * * * * * * * * * * * * * * * * * * * * * */
void Watchdog(void * ppdata) small reentrant {
    ppdata        =        ppdata;
    for(; ; ){
        WDWR        =        1;
        WDCON       =        0x72;
        OSTimeDlyHMSM(0, 0, 1, 200);
    }
}
```

程序清单 11.6　PowerLed()函数实现代码

```
/* * * * * * * * * * * * * * * * * * * * * * * * * * * * * * * * * * * * * * *
```

模块名：　PowerLed

功　　能：　工作状态指示

控制端口：　P3.5

入口参数：　无

描　　述：　指示系统工作状态是否正常，若正常，指示灯每秒闪烁一次，否则不闪。

```
* * * * * * * * * * * * * * * * * * * * * * * * * * * * * * * * * * * * * * */
void PowerLed(void * ppdata ) reentrant {
    ppdata        = ppdata;
    for(; ; )
    {
        WorkLedCtrl = ~WorkLedCtrl;
        OSTimeDlyHMSM(0, 0, 1, 0);
    }
}
```

程序清单 11.7　ADCInInit()函数实现代码

```
/* * * * * * * * * * * * * * * * * * * * * * * * * * * * * * * * * * * * * * *
```

模块名：　ADCInInit

功　　能：　A/D 转换器初始化

描　　述：　用定时器 2 溢出中断触发 ADC 开始新的一次模数变换

```
* * * * * * * * * * * * * * * * * * * * * * * * * * * * * * * * * * * * * * */
void ADCInInit( void ) reentrant {
    ADCCON1    = 0x8e;        // ADC 上电，内部参考源，32 分频，4 时钟采样保持，T2 触发
    ADCCON2    = 0x00;        // 单次转换，第 1 个通道
    TR2        = 1;           // 启动定时器 2
    EADC       = 1;           // 允许 ADC 中断
}
```

程序清单 11.8 ADCIntrupt()函数实现代码

```
/* * * * * * * * * * * * * * * * * * * * * * * * * * * * * * * * * * * * *
模 块 名： ADCIntrupt
功    能： 采样中断服务子程序
描    述： 当 ADC 变换结束后会产生一个中断，ADCIntrupt 被这个中断服务子程序调用，用于发
          送一个信号量，通知数据采集与处理任务读取 ADC 缓冲区数据
* * * * * * * * * * * * * * * * * * * * * * * * * * * * * * * * * * * * */
void ADCIntrupt() reentrant
{
    OSSemPost(ADCISem);              // 发信号，通知线程读取数据
}
```

程序清单 11.9 ADCRead()函数实现代码

```
/* * * * * * * * * * * * * * * * * * * * * * * * * * * * * * * * * * * * *
模 块 名： ADCReed
功    能： 模数转换
描    述： 1. 对两路传感器输出信号进行变换，一路测量信号，一路参考信号
          2. 用 T2 作触发，每秒 2048 次，两路交替采样，每个采样 1024 次
             最大采样速率＜＝4096 次
          3. ADC 通道与传感器通道对应关系：
                  ADC0＝参考信号，通道 B，对应传感器 CH2
                  ADC1＝测量信号，通道 A，对应传感器 CH1
时    间： 2015.7.8
作    者： 吴永忠
单    位： 合肥工业大学计算机与信息学院
* * * * * * * * * * * * * * * * * * * * * * * * * * * * * * * * * * * * */
void ADCRead(void * ppdata)  reentrant {
    INT8U   err;
    INT8U   acount     = 0;                  // 循环队列计数器
    INT16U  i;
    INT16U  ChaMax = 0, ChaMin = 0, ChbMax = 0, ChbMin = 0, temp1, temp2, temp3, tempdata;
    INT16U  xdata averA[AverMax] = 0;
    INT16U  xdata     averB[AverMax] = 0;
    float       tempA, tempB;

    ppdata      = ppdata;
    InitTimer2();
    for(; ; ){
    OSTaskChangePrio(ADCPrio, FirstPrio);    // 采样前提高任务优先级，确保采样期间独占 CPU
    WDWR      =     1;
    WDCON     =     0x72;                     // 清 WDT 定时器
    ChaMax    =     0;
```

```
ChaMin      =      65535；
ChbMax      =      0；
ChbMin      =      65535；

ADCInInit()；                                    // 初始化 ADC
EX1        =      0；                            // 采样期间，禁止外部按键中断
for(i = 0，i < AdDotMAX，i++)                    // 保持 1 Hz 时的采样间隔
{
        OSSemPend(ADCISem，0，&err)；// 等待采样结束信号

        if(ADCCON2 == 0x00)              // 两个通道轮流采样
        {
                averB[acount] = ((ADCDATAH&0x0F)<<8)+ADCDATAL；
                                                        // 读 B 通道信号采样值
                ADCON2   = 0x01；                        // 切换至 A 通道采样
                if (averB[acount] > ChbMax)              // 计算最大值
                    ChbMax = averB[acount]；
                else if (averB[acount] < ChbMin)        // 计算最小值
                    ChbMin = averB[acount]；
        }
        else
        {
                averA[acount] = ((ADCDATAH&0x0F)<<8)+ADCDATAL；
                                                        // 读 A 通道信号采样值
                ADCCON2   = 0x00；                        // 切换至 B 通道采样
                if (averA[acount] > ChaMax)              // 计算最大值
                    ChaMax = averA[acount]；
                else if (averA[acount] < ChaMin)        // 计算最小值
                    ChaMin = averA[acount]；
        }
}
// 一周期信号采样结束
TR2        =      0；                            // 定时器 2 计数停止
EADC       =      0；                            // 禁止 ADC 中断
ADCCON1 = ADCCON1&0x7F；                          // 关闭 ADC
EX1        =      0；                            // 数据采集结束，允许按键中断
OSTaskChangePrio(FirstPrio，ADCPrio)；            // 恢复任务原有优先级

        averB[acount] = ChbMax - ChbMin；        // 计算当前 B 通道峰峰值
        averA[acount] = ChaMax - ChaMin；        // 计算当前 A 通道峰峰值

        // 循环队列，计算 B 通道平均峰峰值
        tempdata = 0；
```

```
temp1      = averB[acount];
temp2      = averB[acount];
for(i = 0, i < AverMax, i++){
    temp3 = averB[i];
    if(temp3 > temp1) temp1   = temp3;
    else
    {
        if(temp3 < temp2)
        temp2   = temp3;
    }
    tempdata = tempdata + averB[i];
}
tempB = (float)(tempdata - temp1 - temp2)/(AverMax - 2);
                                        // 去除最大值和最小值后平均


// 计算 A 通道平均峰峰值
tempdata = 0;
temp1      = averA[acount];
temp2      = averA[acount];
for(i = 0, i < AverMax, i++){
    temp3 = averA[i];
    if(temp3 > temp1)    temp1 = temp3;
    else {
        if(temp3 < temp2) temp2 = temp3;
    }
    tempdata = tempdata + averA[i];
}
tempA = (float) (tempdata - temp1 - temp2)/(AverMax - 2);
                                        // 去除最大值和最小值后平均
acount++;
if(acount == AverMax ) acount = 0;                  // 循环

OSTaskChangePrio(ADCPrio, SecondPrio);              // 提高任务优先级，保护全局变量
    ChbAver = tempB * 2.5 * 1000.0/4096.0;          // B 通道数据转换为电压值
    ChaAver = tempA * 2.5 * 1000.0/4096.0;          // A 通道数据转换为电压值
    CurrentChB =   ChbAver * conB;                  // 校正 B 通道系统误差
    CurrentChA =   ChaAver * conA;                  // 校正 A 通道系统误差
    CurrentCon = CurrentChA/CurrentChB * 100.0;     // 吸收度的倒数
OSTaskChangePrio(SecondPrio, ADCPrio);              // 恢复任务原有优先级
OSSemPost(AdcToDisplaySem);                         // 发信号量，通知显示与上传任务
                                                    // 有新数据需要刷新

OSTimeDlyHMSM(0, 0, 1, 0);
}
```

}

程序清单 11.10 DataDisplay()函数实现代码

```
/* * * * * * * * * * * * * * * * * * * * * * * * * * * * * * * * * * * * * *
模 块 名：DataDisplay
功    能：显示数据与上传数据
作    者：吴永忠
时    间：2015.5.15
单    位：合肥工业大学
 * * * * * * * * * * * * * * * * * * * * * * * * * * * * * * * * * * * * * */
void DataDisplay(void * ppdata)    reentrant {
    INT8        Uerr；
    char        str[10]；
    ppdata      = ppdata；

    for(；；){
        OSSemPend(AdcToDisplaySem，0，&err)；    // 等待数据采样与处理任务的新数据
        PrintStr("C:")；PrintFloatNum(CurrentCon)；    // 上传"C：吸收度"
        PrintStr("\\tB:")；PrintFloatNum(CurrentChB)；  // 上传"B：峰峰值"
        PrintStr("\\tA:")；PrintFloatNum(CurrentChA)；  // 上传"A：峰峰值"
        PrintStr("\\n")；

        clear()；                                  // 清液晶屏
        sprintf (str，"%s %5.1f"，"B"，CurrentChB)；  // 数字转换为字符
        printstrI2C(1，0，str)；                     // 行，列，字符，传送至液晶屏显示
        sprintf (str，"%s %5.1f"，"A"，CurrentChA)；
        printstrI2C(2，0，str)；
        if(CurrentCon > 350.0) printstrI2C(1，10，"PASS")；
                                                   // 此时表明含量≥95％，判定为合格产品
        else printstrI2C(1，10，"FALSE")；          // 判定为不合格产品
        sprintf (str，"%s %3.1f"，"C"，CurrentCon)；
        sprintf (str，"%4.1f"，CurrentCon)；
        printstrI2C(2，10，str)；
    }
}
```

程序清单 11.11 WriteEEprom()函数实现代码

```
/* * * * * * * * * * * * * * * * * * * * * * * * * * * * * * * * * * * * * *
模 块 名：WriteEEprom
功    能：将数据写入 EEPROM
描    述：pageAddr：CPU 片内 EEPROM 页地址，每页 4 个字节
```

Data：数据

```
* * * * * * * * * * * * * * * * * * * * * * * * * * * * * * * * * * * * * */
void WriteEEprom(unsigned int pageAddr，unsigned long Data) reentrant {
    EADRH   = (unsigned char)pageAddr/256；            // 高 8 位页地址
    EADRL   = (unsigned char)(pageAddr - EADRH * 256)；  // 低 8 位页地址
    ECON    = 0x05；                                    // 擦除后方可写入
    EDATA1  = (unsigned char)(Data/65536)；             // 高 8 位数据
    EDATA2  = (unsigned char)((Data - EDATA1 * 65536)/256)；   // 中 8 位数据
    EDATA3  = (unsigned char)(Data - EDATA1 * 65536 - EDATA2 * 256)；  // 低 8 位数据
    ECON    = 0x02；                                    // 写入
}
```

程序清单 11.12   ReadEEprom()函数实现代码

```
/* * * * * * * * * * * * * * * * * * * * * * * * * * * * * * * * * * * * * *
模 块 名：ReadEEprom
功    能：从 EEPROM 中读出数据
描    述：pageAddr：页地址
返 回 值：数据
* * * * * * * * * * * * * * * * * * * * * * * * * * * * * * * * * * * * * */
unsigned long ReadEEprom(unsigned int pageAddr) reentrant {
    EADRH = (unsigned char)pageAddr/256；            // 页地址
    EADRL = (unsigned char)(pageAddr - EADRH * 256)；
    ECON  = 0x01；                                    // 读取数据
    return (EDATA1 * 65536＋EDATA2 * 256＋EDATA3)；
}
```

程序清单 11.13   Intr1Serv()函数实现代码

```
/* * * * * * * * * * * * * * * * * * * * * * * * * * * * * * * * * * * * * *
模 块 名：Intr1Serv
功    能：调用信号量
描    述：在外部中断 0 服务子程序中调用,用于与系统误差校正任务同步
作    者：吴永忠
时    间：2015.03.14
单    位：合肥工业大学
* * * * * * * * * * * * * * * * * * * * * * * * * * * * * * * * * * * * * */
void Intr1Serv() reentrant {

    OSSemPost(Int1Sem)；          // 发信号,通知系统误差校正任务,进行系统误差校正
}
```

程序清单 11.14　Intr1Proc() 函数实现代码

```
/ * * * * * * * * * * * * * * * * * * * * * * * * * * * * * * * * * * * * *
模 块 名：Intr1Proc
功     能：按键中断处理程序
描     述：校正系统误差
作     者：吴永忠
时     间：2015.03.14
单     位：合肥工业大学
 * * * * * * * * * * * * * * * * * * * * * * * * * * * * * * * * * * * * * * /
void Int1Proc( void * ppdata)   reentrant {
    INT8U       err;
    float       temp1;
    long        temp2;

    ppdata        = ppdata;
    for(; ; ){
        OSSemPend(Int1Sem, 0, &err);          // 等待按键中断
        EX1 = 0;                               // 禁止 INT1，避免多次中断
        clear();                               // 液晶屏清屏
        printstrI2C(1, 0, "calibrating.....");  // 行、列、字符
        printstrI2C(2, 0, "waiting a moment");  // 行、列、字符

        // 计算 A 通道系统误差校正的比例系数 conA
        temp1        = 2000.0/ChaAver;
        conA         = temp1;
        temp2 = (long)(temp1 * 1000.0);
        WriteEEprom(1, temp2);                 // 保存在第一页中

        // 计算 B 通道系统误差校正的比例系数 conB
        temp1        = 2000.0/ChbAver;
        conB         = temp1;
        temp2        = (long)(temp1 * 1000.0);
        WriteEEprom(2, temp2);                 // 保存在第二页中
        EX1          = 1;
        OSTimeDlyHMSM(0, 0, 5, 0);
    }
}
```

程序清单 11.15　DACOut() 函数实现代码

```
/ * * * * * * * * * * * * * * * * * * * * * * * * * * * * * * * * * * * * *
模 块 名：DACOut
功     能：光源调制，输出方波信号，控制光源调制电路的电流强度和频率
```

作　　者：吴永忠
时　　间：2012.12.02
备　　注：90 mA 电流是光源发红的最大临界电流
单　　位：合肥工业大学
　＊＊＊＊＊＊＊＊＊＊＊＊＊＊＊＊＊＊＊＊＊＊＊＊＊＊＊＊＊＊＊＊＊＊＊＊＊＊＊/

```
void DAC1Out(void * ppdata)   small reentrant  {
    unsigned char   DAC0Flag = 0;
    ppdata = ppdata;
    DACCON = 0x7f;                      // 初始化 DAC：12 位模式，输出范围 0～5 V，
                                        // DAC 输出正常，低字节写更新
    CFG842   =   CFG842&0xDF;           // 使能输出缓冲器
    for(; ; ){
        if (DAC0Flag == 0) {           // 输出高电平
            DAC0H    =   0x03;
            DAC0L    =   0x75;
            DAC0Flag =   1;
        }

        else {                         // 输出低电平
            DAC0H    =   0x00;
            DAC0L    =   0x00;
            DAC0Flag =   0;
        }
        OSTimeDlyHMSM(0, 0, 0, 500);   // 控制光源频率＝ 1 Hz
    }
}
```

5. 中断服务程序设计

考虑到接用 C 语言写中断服务子程序比较困难，所以这个实例用到的按键中断和 ADC 采样结束中断服务子程序是用汇编语言编写的，必须在 OS_CPU_A.ASM 文件中修改和添加程序代码。需要修改和添加的代码如程序清单 11.16 所示。

程序清单 11.16　需要修改和添加的 OS_CPU_A.ASM 文件

```
$ NOMOD51
        EA      BIT      0A8H.7
        SP      DATA     081H
        B       DATA     0F0H
        ACC     DATA     0E0H
        DPH     DATA     083H
        DPL     DATA     082H
        PSW     DATA     0D0H
        TR0     BIT      088H.4
        EX0     BIT      0A8H.0
        EX1     BIT      0A8H.2
```

```
        TH0        DATA      08CH
        TL0        DATA      08AH
        TF2        BIT       0C8H.7
        CCF1       BIT       0C0H.1
        CF         BIT       0C0H.7
        CR         BIT       0C0H.6
        ADCI       BIT       0D8H.7
        ES         BIT       0A8H.4
        CH         data      0f9H
        CL         data      0e9H


        NAME OS_CPU_A                      ;模块名
;添加，定义重定位段
        ? PR?Int1ISR? OS_CPU_A            SEGMENT CODE
        ? PR?Timer2ISR? OS_CPU_A          SEGMENT CODE
        ? PR?ADCISR? OS_CPU_A             SEGMENT CODE


;添加，声明引用全局变量和外部子程序
        EXTRN CODE  (_?Timer2Intrupt);    定时器 2 中断外部代码
        EXTRN CODE  (_?ADCIntrupt);       ADC 模块中断外部代码
        EXTRN CODE  (_?Intr1Serv);        外部中断 INT1


;* * * * * * * * * * * * * * * * * * * * * * * * * * * * * * * * * * *
;模 块 名:OSTickISR
;程 序 名:时钟节拍中断服务子程序
;功    能:时钟节拍发生器
;来    源:系统程序，需根据时钟节拍频率等参数修改
;* * * * * * * * * * * * * * * * * * * * * * * * * * * * * * * * * * *
        CSEG       AT     000BH      ; OSTickISR
        LJMP       OSTickISR         ; 使用定时器 0
        RSEG ? PR? OSTickISR? OS_CPU_A
OSTickISR:
        CLR        EA
        USING      0
        PUSHALL
        SETB       EA
        CLR        TR0
        MOV        TH0,      #5cH     ;定义 Tick＝400 次/秒(即 0.0025 秒/次),时钟＝16.777216
        MOV        TL0,      #29H     ; OS_CPU_C.C  和   OS_TICKS_PER_SEC
        SETB       TR0
        CLR        EA
        LCALL      _? OSIntEnter
        SETB       EA
```

```
            LCALL      _? OSTimeTick
            LCALL      _? OSIntExit
            CLR        EA
            POPALL
            SETB       EA
            RETI


; * * * * * * * * * * * * * * * * * * * * * * * * * * * * * * * * * * * * * *

; 模 块 名：Time2Interrupt
; 程 序 名：定时器 2 中断服务子程序
; 功    能：每次中断触发 ADC 开始一次转换，由硬件自带完成
; 来    源：需要添加的用户程序
; * * * * * * * * * * * * * * * * * * * * * * * * * * * * * * * * * * * * *

            CSEG       AT     002BH        ; Time2Interrupt
            LJMP       Timer2ISR           ; 使用定时器 2
            RSEG ? PR? Timer2ISR? OS_CPU_A
Timer2ISR：
            CLR        EA
            USING      0
            PUSHALL
            CLR        TF2                 ; 清定时器 2 中断标志
            LCALL      _? OSIntEnter       ; 通知内核进入中断
            SETB       EA
            LCALL      _? OSIntExit        ; 通知内核退出中断
            CLR        EA
            POPALL
            SETB       EA
            RETI
; * * * * * * * * * * * * * * * * * * * * * * * * * * * * * * * * * * * *
; 模 块 名：ADCInterrupt
; 程 序 名：ADC 中断服务子程序
; 功    能：ADC 转换完毕引发一次中断，在中断子程序中调用信号量函数，发送同步信号，通知数据
;          采集与处理任务读取 ADC 缓冲区
; 来    源：需要添加的用户程序
; * * * * * * * * * * * * * * * * * * * * * * * * * * * * * * * * * * *
            CSEG       AT     0033H        ; ADCInterrupt
            LJMP       ADCISR
            RSEG ? PR? ADCISR? OS_CPU_A
ADCISR：
            CLR        EA
            USING  0
```

```
        PUSHALL
        CLR      ADCI              ;清中断标志
        LCALL    _? OSIntEnter     ;通知内核进入中断
        SETB     EA
        LCALL    _? ADCIntrupt     ;调中断服务子程序
        LCALL    _? OSIntExit      ;通知内核退出中断
        CLR      EA
        POPALL
        SETB     EA
        RETI
```

```
; * * * * * * * * * * * * * * * * * * * * * * * * * * * * * * * * * *
;模 块 名:Intr1Serv
;程 序 名:INT1 中断服务子程序
;功    能:压下系统误差校正键后,引发一次 INT1 中断,中断调用信号量函数,同步系统误差校正
;          任务
;来    源:需要添加的用户程序
; * * * * * * * * * * * * * * * * * * * * * * * * * * * * * * * * * *
        CSEG     AT      0013H     ;INT1,按键
        LJMP     Int1ISR
        RSEG ? PR? Int1ISR? OS_CPU_A
Int1ISR:
        CLR      EA
        USING    0
        PUSHALL
        LCALL    _? OSIntEnter          ;通知内核进入中断
        SETB     EA
        LCALL    _? Intr1Serv           ;调中断服务子程序
        LCALL    _? OSIntExit           ;通知内核退出中断
        CLR      EA
        POPALL
        SETB     EA
        RETI
```

6. InitTimer0( )程序修改

InitTimer0()是用作时钟节拍发生器定时器 0 的初始化代码程序,应用前需要根据时钟节拍频率重新配置。程序代码如程序清单 11.17 所示。

程序清单 11.17　InitTimer0()函数程序代码

```
void InitTimer0(void)   reentrant  {
    TMOD  =   TMOD&0xF0;
    TMOD  =   TMOD|0x01;     // 模式 1(16 位定时器),仅受 TR0 控制
    TH0   =   0x5c;          // 定义 Tick=400 次/秒(即 2.5 ms/次),时钟=16.777216 MHz
    TL0   =   0x29;          // OS_CPU_A.ASM 和   OS_TICKS_PER_SEC
```

```
        //ET0    =1;              // 允许 T0 中断,此时 EA=0(51 上电缺省值),中断还不会发生,
                                  // 满足在 OSStart() 前不产生中断的要求
                                  // 注释掉 InitTimer0 函数里的 ET0=1,
                                  // 保证在 OSStart() 前不开时钟中断,
                                  // 在最高优先级任务里开 T0 中断:(切记是最高优先级任务)
        TR0 = 0;
}
```

7. OS_CFG.H 文件中的设置

OS_CFG.H 文件中的设置如程序清单 11.18 所示。

程序清单 11.18　CFG.H 实现代码

```
/ * * * * * * * * * * * * * * * * * * * * * * * * * * * * * * * * * * * * * * *

                                  μC/OS-II
                            The Real-Time Kernel
              (c) Copyright 1992-1998,Jean J. Labrosse, lantation, L
                            All Rights Reserved
                      Configuration for Intel 80x86 (Large)

File:       OS_CFG.H
By:         Jean J. Labrosse

* * * * * * * * * * * * * * * * * * * * * * * * * * * * * * * * * * * * * * * */
# define    MinStkSize                  24
# define    OS_MAX_EVENTS               6            // 最大 ECB 数量,最小为 2
# define    OS_MAX_MEM_PART             2            // 最大内存控制块数量,最小为 2
# define    OS_MAX_QS                   3            // 最大队列控制块数量,最小为 2
# define    OS_MAX_TASKS                10           // 最大任务控制块数量,最小为 2
# define    OS_LOWEST_PRIO              24           // 最低任务优先级,最小为 63
# define    OS_TASK_IDLE_STK_SIZE       MinStkSize   // 空闲任务堆栈容量
# define    OS_TASK_STAT_EN             0            // 统计任务不用
# define    OS_CPU_HOOKS_EN             1            // 处理器接口函数


/ * * * * * * * * * * * * * * * * * * * * * * * * * * * * * * * * * * * * * * *
                        定义邮箱管理,不用邮箱,全部定义为 0
* * * * * * * * * * * * * * * * * * * * * * * * * * * * * * * * * * * * * * * */
# define    OS_MBOX_EN                  0
# define    OS_MBOX_ACCEPT_EN           0
# define    OS_MBOX_POST_EN             0
# define    OS_MBOX_POST_OPT_EN         0
# define    OS_MBOX_QUERY_EN            0


/ * * * * * * * * * * * * * * * * * * * * * * * * * * * * * * * * * * * * * * *
                        定义内存和队列管理,不用,定义为 0
* * * * * * * * * * * * * * * * * * * * * * * * * * * * * * * * * * * * * * * */
# define    OS_MEM_EN                   0
# define    OS_Q_EN                     0
```

```
/ * * * * * * * * * * * * * * * * * * * * * * * * * * * * * * * * *
                        定义信号量管理
 * * * * * * * * * * * * * * * * * * * * * * * * * * * * * * * * */
# define   OS_SEM_EN                     1
# define   OS_SEM_ACCEPT_EN              0
# define   OS_SEM_QUERY_EN               0


/ * * * * * * * * * * * * * * * * * * * * * * * * * * * * * * * * *
                        定义任务管理
 * * * * * * * * * * * * * * * * * * * * * * * * * * * * * * * * */
# define   OS_TASK_CHANGE_PRIO_EN        1
# define   OS_TASK_CREATE_EN             0
# define   OS_TASK_CREATE_EXT_EN         1
# define   OS_TASK_DEL_EN                1
# define   OS_TASK_SUSPEND_EN            0
# define   OS_TASK_QUERY_EN              0
# define   OS_VERSION_EN                 0
/ * * * * * * * * * * * * * * * * * * * * * * * * * * * * * * * * *
                        定义时钟频率
 * * * * * * * * * * * * * * * * * * * * * * * * * * * * * * * * */
# define   OS_TICKS_PER_SEC              400
```

8. START_AD.A51 程序的修改

为了使程序正常运行，还必须在 START_AD.A51 文件中做某些修改、添加和设置，代码如程序清单 11.19 所示。

程序清单 11.19　需要修改的 START_AD.A51 文件代码

```
; 修改后的代码，配置存储器
        XRAMEN        EQU    1          ; 使用片内 XDATA   RAM
        EXSP          EQU    0          ; 使用 8 位堆栈指针
        IDATALEN      EQU    0100H      ; IDATA 的数量
        XDATASTART    EQU    0H         ; XDATA 的起始地址
        XDATALEN      EQU    800H       ; XDATA 的数量
        XBPSTACK      EQU    1          ; 定义 large reentrant 模式
        XBPSTACKTOP   EQU    800H       ; 设置可重入栈栈顶指针初始值

; 添加如下代码，定义 CPU 寄存器符号
        sfr     SP      =      0x81;
        sfr     SPH     =      0xB7;
        sfr     CFG842  =      0xAF;
        sfr     P2      =      0xA0;
```

```
sfr        PLLCON =           0xd7；
STARTUP1：
    mov        PLLCON，         #00h              ；设置振荡器时钟＝16.777216 MHz
```

9. 其余程序说明

限于篇幅，实例所涉及的 InitSerial（ ）、InitSerialBuffer（ ）、aduc842 _ I²C. c、LcdDisplay.c LiquidCrystal_I²C.h、LiquidCrystal_I²C.c 等程序代码不再一一列出，其中：InitSerial（ ）、InitSerialBuffer（ ）来源于基于 MCS－51 的 μC/OS－Ⅱ自带的系统程序；aduc842_I²C.c 来源于 www.analog.com；LiquidCrystal_I²C.h、LiquidCrystal_I²C.c 来源于 LCD1602 提供的应用程序。

11.2 基于 ARM 处理器的应用实例

这是一个 μC/OS-Ⅱ基于 ARM 的应用程序实例，ARM 应用系统将串口接收到的图形数据显示在液晶屏上。如图 11.3 所示，应用程序主要由串行数据接收中断服务子程序 UART_Exception（）、外部扩展函数 UART_Hook（）、图形数据处理任务 DataProcTask（）和图形绘制显示任务 GraphDispTask（）组成。从图中可以看出，这个实例使用队列进行单向同步，使用信号量进行双向同步。当 ARM 串口硬件检测到外部发送来的数据后，产生中断，系统转入 UART_Exception（）中断服务子程序，读取串口数据，每 4 个字节封装成一个报文，通过消息队列 ReMsgQeue 将报文发送给 DataProcTask（）任务。当消息队列为空时，DataProcTask（）任务平时因等待消息队列 ReMsgQeue 而处于挂起状态；一旦队列中有消息到来，这个任务优先级最高的任务立即转入运行，将收到的消息报文进行解包处理，存入显示缓冲区；当接收完毕一帧数据（50 条消息）后，向图形绘制显示任务 GraphDispTask（）发送信号量 SendSem，通知 GraphDispTask（）任务有一帧图形数据需要绘制，GraphDispTask（）任务立即得到信号量 SendSem 而转入就绪。但是，由于 GraphDispTask（）优先级低，还不能得到 CPU 使用权。DataProcTask（）继续运行，调用 OSSemPend（）函数等待 GraphDispTask（）回复信号量 AckSem，DataProcTask（）因得不到信号量而被迫挂起。这时，由于 GraphDispTask（）已经就绪，所以立即得到 CPU 使用权。为了防止队列负荷过重，GraphDispTask（）随机回复信号量 AckSem，DataProcTask（）任务再次因得到信号量而转入运行。GraphDispTask（）任务仅当在 DataProcTask（）任务等待队列消息的时隙中，转入运行、完成图形绘制与显示。

要正确地运行基于 μC/OS-Ⅱ 的 ARM 程序，还需要添加如下 4 个操作系统使用的系统函数：目标系统初始化函数 TargetIint（）、时钟初始化函数 Time0_init（）、全局中断服务子程序 OS_CPU_ExceptHndlr（）、时钟及节拍中断服务子程序 Time0_irq（）。限于篇幅，本文不介绍这些函数。另外，基于同样的理由对与液晶屏有关的 2 个程序：液晶屏初始化函数 GUI_Initialize（）和清屏函数 GUI_ClearSCR（）也不具体介绍。

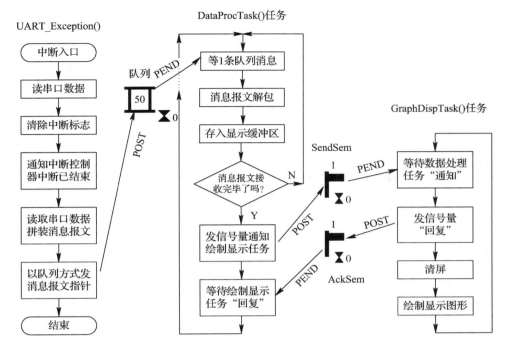

图 11.3　ARM 应用实例程序流程图

这个应用实例的代码如程序清单 11.20～11.25 所示。

程序清单 11.20　main()函数实现代码

```
/ * * * * * * * * * * * * * * * * * * * * * * * * * * * * * * * * * * * * * *

模块名称：      main

任    务：     启动代码

功    能：     创建 2 个信号量，1 个消息队列和 2 个任务

入口参数：      无

出口参数：      无

* * * * * * * * * * * * * * * * * * * * * * * * * * * * * * * * * * * * * * /

# include        "includes.h"

# define    TaskStk    512                    // 定义堆栈尺寸


static       INT8U        i;

static       INT8U     TempBuf[200];          // 队列消息指针指向的数据缓存区


OS_STK     DataProcTaskStk[TaskStk];          // 声明图形数据处理任务堆栈

OS_STK     GraphDispTaskStk[TaskStk];         // 声明图形绘制显示任务堆栈


OS_EVENT   * SendSem;;                         // 定义"通知"信号量事件指针

OS_EVENT   * AckSem;                           // 定义"回复"信号量事件指针

OS_EVENT   * ReMsgQeue;                        // 定义消息队列事件指针

void       * MsgQeueTb[50];                    // 定义消息队列的指针数组
```

```
INT8U      DispBuf [200];
void       DataProcTask(void * ppdata)      reentrant;      // 图形数据处理任务
void       GraphDispTask(viod * ppdata)     reentrant;      // 图形绘制显示任务
void       UART_Exception(void)             reentrant;      // 串行接收中断服务子程序
void       UART_INT_Init  (void)            reentrant;      // 串口中断初始化程序
void       UART_Init(void)                  reentrant;      // 串口初始化程序

void       TargetIint(void)                 reentrant;      // 目标系统初始化函数(本文略)
void       Time0_init(void)                 reentrant;      // 时钟初始化函数(本文略)
void       OS_CPU_ExceptHndlr(INT32U except_type);         // 全局中断服务子程序(本文略)
extern  void  Time0_irq(void);                             // 时钟及节拍中断服务子程序(本文略)

void       GUI_Initialize()                 reentrant;      // 液晶屏初始化函数(本文略)
void       GUI_ClearSCR()                   reentrant;      // 液晶屏清屏函数(本文略)


void   main(void){
       TargetIint();                                        // 目标系统初始化
       Time0_init() ;                                       // 时钟初始化
       UART_Init();                                         // 初始化串口
       UART_INT_Init();                                     // 串口中断初始化程序
       GUI_Initialize();                                    // 初始化液晶屏
       OSInit();
       SendSem     = OSSemCreate(0);                        // 创建"通知"信号量
       AckSem      = OSSemCreate(0);                        // 创建"回复"信号量
       ReMsgQeue   = OSQCreate(&MsgQeueTb[0], 50);// 创建消息队列,可存放 50 条消息
       OSTaskCreate ( DataProcTask, (void * )0, &DataProcTaskStk[TaskStk - 1], 6 );
                                                            // 创建图形数据处理任务

       OSTaskCreate (GraphDispTask, (void * )0, &GraphDispTaskStk[TaskStk - 1], 8);
                                                            // 创建图形绘制显示任务
       OSStart();
}
```

程序清单 11.21   DataProcTask()函数实现代码

```
/ * * * * * * * * * * * * * * * * * * * * * * * * * * * * * * * * * * * * * * * * * * * * *
模块名称:         DataProcTask
任    务:         图形数据处理
功    能:         从队列中接收串口发来的数据,接收 50 条消息分解为 200 个字节,存入显示缓
                  冲区
入口参数:         无
出口参数:         无

 * * * * * * * * * * * * * * * * * * * * * * * * * * * * * * * * * * * * * * * * * * * * */
voidDataProcTask(void * ppdata)   reentrant {
```

```
    INT8U        i, j, err;
    INT32U       Rec_data;
    BOOLEAN      stat;
    ppdata   =   ppdata;


    for(; ; ){
        stat = TRUE;
        i= 0;
        while( stat ){                          // 接收 50 条消息, 完成一帧数据的接收
            &Rec_data = (INT32U * ) OSQPend(ReMsgQeue, 0, &err);   // 得到一条消息
            for(j= 0; j < 4; ++){               // 将每条消息分解为 4 字节, 存入帧缓冲区
                DispBuf[4 * i +j ] = (INT8U)(Rec_data & 0xFF);
                Rec_data >>= 8;
            }
            i++;
            if(i <50) sata = TRUE;
            else    stat= FALSE;
        }
        OSSemPost(SendSem);                      // 通知图形绘制显示任务, 绘制显示图形
        OSSemPend(AckSem, 0, &err);   // 等待图形绘制显示任务回复
    }
}
```

程序清单 11.22　GraphDispTask()函数实现代码

```
/ * * * * * * * * * * * * * * * * * * * * * * * * * * * * * * * * * * * * * * * * *
模块名称:        GraphDispTask
任   务:        图形绘制显示
功   能:        根据显示缓冲区中的数据在屏幕上绘图
入口参数:        无
出口参数:        无
 * * * * * * * * * * * * * * * * * * * * * * * * * * * * * * * * * * * * * * * * */
voidGraphDispTask( void * ppdata )   reentrant {
    INT8U    i, err;
    ppdata = ppdata;
    for(; ; ){
        OSSemPend( SendSem, 0, &err );                       // 等待通知
        OSSemPost( AckSem);                                  // 立即回复, 减轻消息队列的负担
        GUI_ClearSCR();                                      // 清屏
        for( i = 0; i < 200; i++ ) GUI_Point(i, 240 - DispBuf[i] * 240 / 256, RED);
                                                             // 绘制图形
    }
}
```

程序清单 11.23 UART_Exception()函数实现代码

```
/* * * * * * * * * * * * * * * * * * * * * * * * * * * * * * * * * *
  模块名称：      UART_Exception
  任   务：      串口接收中断服务子程序
  功   能：      一次读取 4 个字节，封装成一帧数据，发送给消息队列
  入口参数：      无
  出口参数：      无
 * * * * * * * * * * * * * * * * * * * * * * * * * * * * * * * * * */
void UART_Exception(void)  reentrant {               // 串行接收中断服务子程序
        INT8U      j;
        INT32U     temp;
        OS_ENTER_CRITICAL();                         // 关中断，禁止更高级中断打入
        Temp       = U0IIR;                          // 清除中断寄存器标志
        VICVectAddr = 0;                             // 通知中断控制器中断结束
    for(j = 0; j++; j <4) {
        TempBuf[i] = U0RBR;                          // 从串口取出数据，拼装成 32 位
        i++;
        if(i >=200) i = 0;
    }
    OSQPost(ReMsgQeue, (void *)& TempBuf[i-3]);     // 发送消息
    OS_EXIT_CRITICAL();                              // 开中断
}
```

程序清单 11.24 UART_Init()函数实现代码

```
/* * * * * * * * * * * * * * * * * * * * * * * * * * * * * * * * * *
  模块名称：      UART_Init
  任   务：      串口初始化程序
  功   能：      初始化串口 UART，通信波特率 115200，8 位数据位，1 位停止位，无奇偶校验
  入口参数：      无
  出口参数：      无
 * * * * * * * * * * * * * * * * * * * * * * * * * * * * * * * * * */
void UART_Init(void) reentrant {
    INT8U      Fdiv;
    PINSEL0    = ( PINSEL0 & (~0x0F) ) | 0x05;       // 设置 UART 引脚
    U0FCR      = 0x41;                               // 使能 FIFO，设置触发点为 4 字节
    U0IER      = 0x01;                               // 允许 RBR 中断，即允许接收中断
    U0LCR      = 0x83;                               // DLAB = 1，可设置波特率
    Fdiv       = (Fpclk / 16)/115200;               // 设置波特率
    U0DLM      = Fdiv / 256;
    U0DLL      = Fdiv % 256;
    U0LCR      = 0x03;                               // DLAB = 0，波特率固定
```

}

程序清单 11.25　UART_INT_Init()函数实现代码

```
/ * * * * * * * * * * * * * * * * * * * * * * * * * * * * * * * * * * * * * * * *
模块名称：      UART_INT_Init
任   务：      串口中断初始化程序
功   能：      初始化串口中断，给串口中断选择为向量中断，分配向量通道号 1 给串口
入口参数：      无
出口参数：      无
* * * * * * * * * * * * * * * * * * * * * * * * * * * * * * * * * * * * * * * */
voidUART_INT_Init（void）   reentrant {
    VICIntSelect      = 0x00000000；           // 设置所有通道为 IRQ 中断
    VICVectCntl0      = 0x26；                  // UART 中断通道分配到 IRQ slot 0，优先级最高
    VICVectAddr0      = （int）UART_Exception；// 设置 UART 向量地址
    VICIntEnable      = 0x00000040；           // 使能 UART 中断
}
```

第 *12* 章

μC/OS - Ⅱ 几个版本的区别简介

与所有其他著名操作系统一样，μC/OS - Ⅱ 的发展速度很快，版本不断推陈出新，令人目不暇接。为了使读者能更好地把握 μC/OS - Ⅱ，本章选择了各个时期比较有代表性的四个版本 V2.52、V2.62、V2.76、V2.83，逐一进行简要地比较，讨论相邻两版本之间增加了哪些功能函数和配置常量。增加的函数和配置常量主要有两点作用：一是定义某些函数代码段的条件编译，即力图更加方便地裁剪它们；二是增强了对某些内核调试工具的支持，增加了一些函数和配置常量用来获取或设置某些信息，给调试提供方便。

本文比较的内容作者参考了 μC/OS - Ⅱ 在各版本源码中的文档说明和参考文件。至于有些代码的改写或删除只是为了简化代码或者增强其可读性，对系统功能没有影响，本书便没有介绍。

12.1　μC/OS - Ⅱ V2.52 与 V2.62 的区别

V2.52 与 V2.62 之间主要有如下区别：

（1）V2.62 增加了 OS_DEBUG.C 文件。文件中定义了一系列存储在 ROM 中的变量，当使用一些内核调试工具时，这些变量用于表示操作系统的相关运行状态以及配置等信息。当 OS_DEBUG_EN = 0 时，表示用户不使用内核调试工具，则不对此文件进行编译。只有当 OS_DEBUG_EN = 1 时才使能这些变量。

（2）V2.62 增加了一个用于限制定义事件名称的长度的配置常量 OS_EVENT_NAME_SIZE，信号量、互斥型信号量、邮箱、消息队列等名称的长度不能大于 OS_EVENT_NAME_SIZE 定义的字节数。相应地，增加了两个分别用于获取和设置事件名称的函数 OSEventNameGet()和 OSEventNameSet()，便于调试。

（3）V2.62 增加了一个用于限制定义事件标志组名称的长度的配置常量 OS_FLAG_NAME_SIZE，事件标志名称的长度不能超过 OS_FLAG_NAME_SIZE 定义的字节数。相应地，增加了两个分别用来获取和设置事件标志名称的函数 OSFlagNameGet()和 OSFlagNameSet()，便于调试。

（4）V2.62 增加了一个用于限制定义内存分区名称长度的配置常量 OS_MEM_NAME_SIZE，内存分区名称的长度不能超过 OS_MEM_NAME_SIZE 定义的字节数。相应地，增加了两个分别用来获取和设置内存分区名称的函数 OSMemNameGet()和 OSMemNameSet()，便于调试。

（5）V2.62 增加了一个用于限制定义用户任务名称长度的配置常量 OS_TASK_NAME_SIZE，用户任务名称的长度不能超过 OS_TASK_NAME_SIZE 定义的字节数。相应地，增加了两个分别用于获取和设置用户任务名称的函数 OSTaskNameGet() 和 OSTaskNameSet()，便于调试。

（6）V2.62 增加了配置常量 OS_TASK_PROFILE_EN。用户可以在每个任务的任务控制块中声明一些变量，用于跟踪任务切换次数、执行时间、占用的空间大小等。

（7）V2.62 增加了配置常量 OS_TASK_STAT_STK_CHK_EN。如果不使用统计任务（即 OS_TASK_STAT_EN＝0），当置 OS_TASK_STAT_STK_CHK_EN＝1 时，用户可以在任务中调用函数 OS_TaskStatStkChk() 来查看本身的堆栈大小。而如果 OS_TASK_STAT_EN＝1，则系统每秒钟都要检查任务堆栈的大小，开销比较大。

（8）V2.62 增加了配置常量 OS_TASK_SW_HOOK_EN。通常，μC/OS-Ⅱ 都需要编译任务切换扩展函数 OSTaskSwHook()，但当任务切换且不需要做其他操作时，可置 OS_TASK_SW_HOOK_EN＝0，系统编译时就会省略这段函数代码。

（9）V2.62 增加了配置常量 OS_TICK_STEP_EN。如果置 OS_TICK_STEP_EN＝1，用户可以使用 μC/OS-View 进行单步调试，通过 μC/OS-View 提供的命令每执行一次就让 μC/OS-Ⅱ 运行一个时钟周期，进而实时观察想要了解的相关信息，方便调试；然而，如果 OS_TIME_TICK_HOOK_EN＝1，则函数 OSTimeTickHook() 仍按照标准的时钟频率执行。

（10）V2.62 增加了配置常量 OS_TIME_TICK_HOOK_EN。通常 μC/OS-Ⅱ 在时钟中断代码内总会调用函数 OSTimeTickHook()，当需要用到时钟中断而又不需要做其他操作时，可置 OS_TIME_TICK_HOOK_EN＝0，系统编译时就会省略这段函数代码。

（11）V2.62 在 μC/OS-Ⅱ.H 文件中增加了一个声明"extern C"，从而使得用户可以用 C++ 编译器来编译 μC/OS-Ⅱ。

（12）一些对系统功能没有影响的代码的改写和删减这里不再赘述。

12.2　μC/OS-Ⅱ V2.62 与 V2.76 的区别

V2.62 与 V2.76 之间主要有如下区别：

（1）V2.76 用 OS_CFG_R.H 文件来替代 V2.62 中的 OS_CFG.H 文件，并放在与处理器无关部分的"Source"目录下，建议将其拷贝至用户的工程目录的 OS_CFG.H。

（2）V2.76 将 V2.62 中的 OS_DEBUG.C 文件改为 OS_DBG.C 文件，并增加了参考文件 OS_DBG_R.C。

（3）V2.76 在 μC/OS-Ⅱ.H 文件中包含了 OS_CPU.H 和 OS_CFG.H 文件，这样做的好处是用户不需要用其他库函数就能编译 μC/OS-Ⅱ。但必须注意的是：必须把这两个文件从 includes.h 总头文件中移除，否则发生重复包含错误。

（4）V2.76 增加了一个用于设置信号量的值的函数 OSSemSet()，当置 OS_SEM_SET_EN＝1 时，函数有效。

（5）一些对系统功能没有影响的代码的改写和删减这里不再赘述。

（6）V2.76 与 V2.62 相比没有什么功能上的增加和改变。

12.3 μC/OS-Ⅱ V2.76 与 V2.83 的区别

V2.76 与 V2.83 之间主要有如下区别：

（1）V2.83 在用户的工程中增加了 APP_CFG.H 文件，用于标明任务的优先级、堆栈长度以及其他与应用程序相关的配置等信息。

（2）V2.83 在用户的工程中增加了 OS_TMR.C 文件，用于提供给用户关于时钟管理器的新功能以及避免编译时报错。用户可以在应用程序中定义定时器，当定时器溢出时，将会调用一个函数，它可以执行用户想要执行的某些命令，比如发信号量等等。而这个函数则完全由用户定义和编写。

（3）V2.83 增加了新的时钟管理器服务函数，包括：OSTmrCreate()，创建一个定时器；OSTmrDel()，删除一个定时器；OSTmrRemainGet()，确定定时器还有多久溢出；OSTmrNameGet()，获取定时器名称；OSTmrStateGet()，获取定时器当前状态；OSTmrStart()，启动定时器；OSTmrStop()，暂停定时器。但是，在中断内不能调用以上函数。对时钟管理器的任务模式的描述如下：首先，必须置 OS_SEM_EN＝1 使得信号量操作有效，因为时钟管理器需要获取两个信号量。其次，在中断或任务中，通过调用 OSTmrSignal()函数以 OS_TMR_CFG_TICK_RATE 定义的频率发送已封装好的信号量 OSTmrSemSignal。OSTmrTask()持续等待这个信号量，当其被发送后，OSTmrTask() 再获得另外一个二进制信号量 OSTmrSem，就可以按应用程序中定义的定时器的数据结构对定时器进行数据更新。

（4）V2.83 在 μC/OS_Ⅱ.H 文件中包含了 APP_CFG.H、OS_CPU.H 和 OS_CFG.H，这样做的好处是用户可以不需要其他库函数就能编译 μC/OS-Ⅱ。

（5）V2.83 中，如果要使用定时器管理功能，就必须用在 APP_CFG.H 中声明的 OS_TASK_TMR_PRIO 来定义定时器任务的优先级。

（6）V2.83 的 OS_CFG_R.H 中增加如下几个配置常量：OS_TMR_EN，定时器管理配置常量；OS_TMR_CFG_MAX，用户定义的定时器的最大数量配置常量；OS_TASK_TMR_STK_SIZE，定时器任务堆栈大小配置常量；OS_TMR_CFG_NAME_SIZE，定时器名称最大长度配置常量；OS_TMR_CFG_TICKS_PER_SEC，定时器计数频率配置常量。

（7）V2.83 增加了用于标明用户是否使用 μC/OS-View 调试工具的配置常量 OS_VIEW_MODULE。

（8）一些对系统功能没有影响的代码的改写和删减这里不再赘述。

XDUP 469200

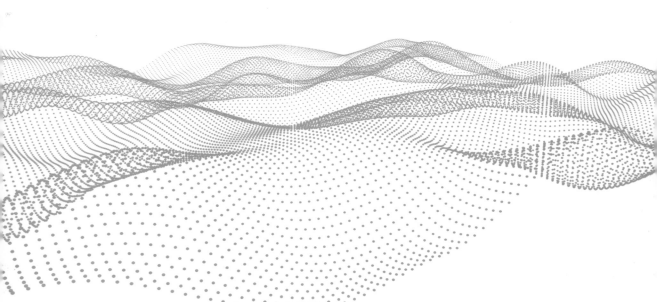

ISBN 978-7-5606-4400-4

封面设计：李尘工作室

定价：45.00元